砖体结构鸽舍外观

砖体结构鸽舍内部

塑料大棚鸽舍外观

塑料大棚鸽舍内部

青年鸽棚

开放式肉鸽舍

开放式种鸽舍

开放式食槽

保健砂杯

自动饮水器

节粮食槽

笼养食槽

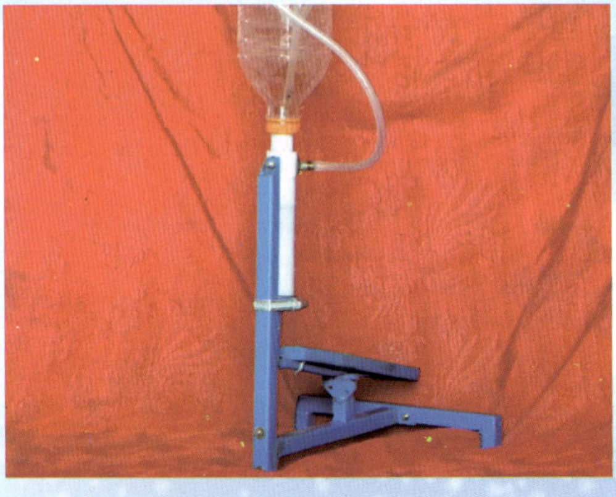

乳鸽哺喂机

承粪板

半自动清粪机

巢盆垫布

饲料除尘筛

饲料制粒机

小型饲料加工机组

储水罐

竹制鸽笼

种鸽笼

保健砂中草药添加剂

保健砂

原粮饲料

颗粒饲料与原粮

保健砂槽与食槽

抱窝孵化

亲鸽与出壳乳鸽

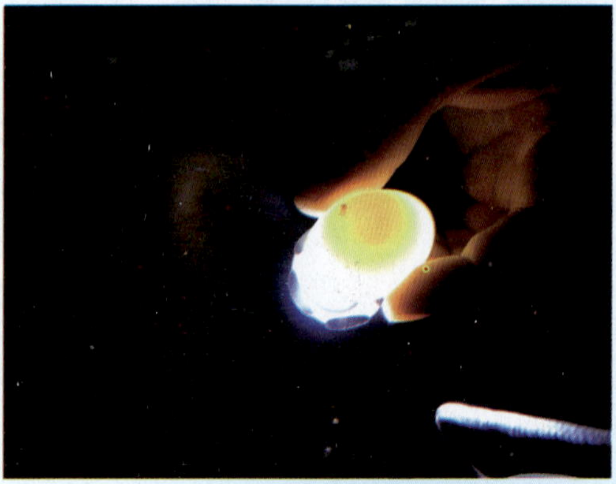

商品鸽蛋照检

孵化蛋盘

出雏盘

人工孵化

孵化箱蛋架

并蛋

察窝

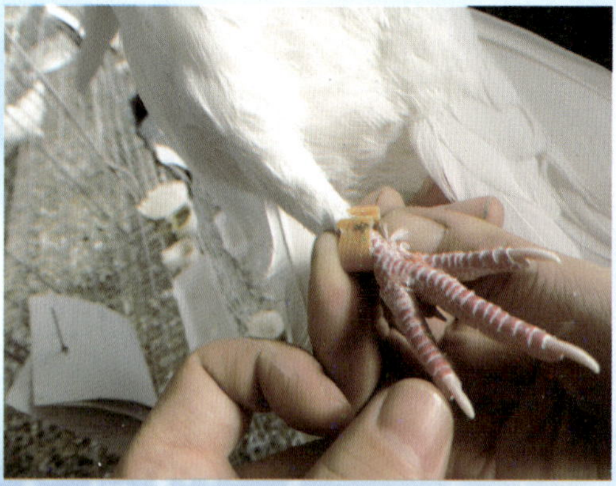

脚号

种鸽笼摆放

人工加料

乳鸽运输

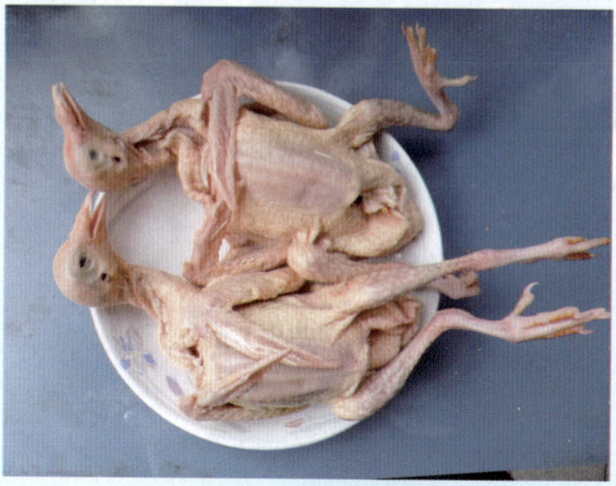

白条乳鸽

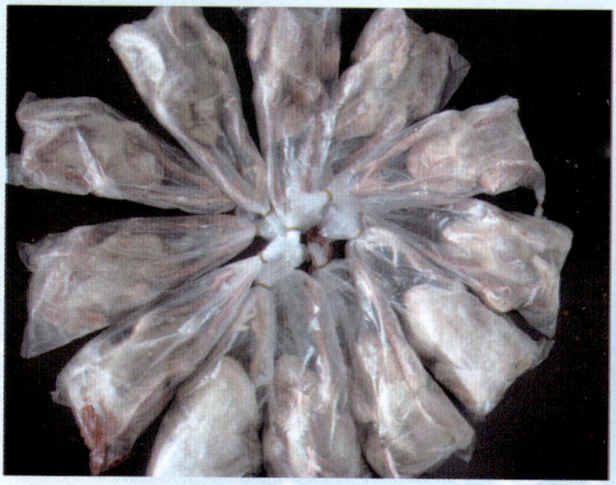

速冻乳鸽

鸽蛋包装

强农惠农丛书·特种动物养殖系列

肉鸽养殖关键技术

韩占兵　张立恒　主编

中原农民出版社
·郑州·

图书在版编目(CIP)数据

肉鸽养殖关键技术/韩占兵,张立恒主编.—郑州:中原农民出版社,2016.3
(强农惠农丛书·特种动物养殖系列)
ISBN 978-7-5542-1406-0

Ⅰ.①肉… Ⅱ.①韩… ②张… Ⅲ.①肉用型—鸽—饲养管理 Ⅳ.①S836

中国版本图书馆 CIP 数据核字(2016)第 060010 号

肉鸽养殖关键技术

韩占兵　张立恒　主编

出版社:中原农民出版社
地址:河南省郑州市经五路 66 号　**邮编**:450002
网址:http://www.zynm.com　**电话**:0371-65788655
发行单位:全国新华书店　**传真**:0371-65751257
承印单位:郑州市金汇彩印有限公司

投稿邮箱:1093999369@qq.com
交流 QQ:1093999369
邮购热线:0371-65724566

开本:890mm×1240mm　A5
印张:8
字数:225 千字　**插页**:16
版次:2016 年 4 月第 1 版　**印次**:2016 年 4 月第 1 次印刷

书号:ISBN 978-7-5542-1406-0　**定价**:20.00 元

本书作者

主　编　韩占兵　张立恒
副主编　赵金艳　韩瑞明　崔　锦
参　编　曹春阁　宋永谦　范佳英　肖曙光
陈理盾　李新正　王鑫磊

前　言

随着人们生活水平的不断提高，对优质禽肉、禽蛋的需求日益增加，肉鸽养殖具备了广阔的市场空间。乳鸽为肉鸽养殖主要产品，因其营养价值高、肉味鲜美，被人们广泛认可和接受。鸽蛋口感细腻、风味独特，近年来正逐步走进禽蛋市场，产品供不应求，是肉鸽养殖新的增长点。我国 30 多年的实践证明，肉鸽饲养方法简单、产品销路广、效益显著，已逐步成为农民发家致富的首选特禽养殖项目。

本书主要围绕肉鸽养殖关键技术这一主题，全面介绍了肉鸽生产概况、肉鸽品种选择及良种繁育技术、肉鸽养殖设备准备、肉鸽饲料配制、肉种鸽的饲养管理、商品乳鸽及鸽蛋的生产、肉鸽产品加工与营销以及肉鸽常见病防治等内容，以期达到少投入、多产出、多赚钱的目的。本书内容丰富，语言朴实，技术先进，可操作性强，非常适合有一定知识的农民朋友学习，也可以作为规模养殖企业技术人员的参考书。

本书在编写过程中，参阅了大量先贤时俊的相关资料，在此表示谢意。限于肉鸽生产的独特之处和作者的水平，不足之处在所难免，诚望读者和同仁提出宝贵意见，以便补充修正。

编　者

2016 年 3 月

目　录

第一章 认识肉鸽养殖产业

内容导读

肉鸽起源与驯化
肉鸽的经济价值
发展肉鸽养殖的优势
肉鸽养殖现状
肉鸽养殖前景
肉鸽养殖投资效益分析

一、肉鸽起源与驯化

1. 肉鸽的起源

鸽子属于鸟纲鸽形目鸠鸽科鸽属。家鸽是由原鸽经过人类长期驯化而来，目前原鸽在欧洲南部、地中海沿岸、中东、印度、朝鲜及我国仍有分布。原鸽成群结队生活，在海岸险岩和岩洞峭壁筑巢、栖息、繁衍后代。由于鸽子具有本能的爱巢欲，归巢性强，同时又有野外觅食的能力，是最早被驯化为家禽之一。早在 5 000 年前，古埃及人和古希腊人已经把野生原鸽驯养成为家鸽。

2. 肉鸽的驯化

大规模饲养肉鸽，作为一个畜牧产业，是近百年的事。其中美国、法国、意大利等肉鸽养殖发展较早，食用肉鸽市场广阔，发展形势也较好，并且培育了许多优良的肉鸽专用品种，如美国王鸽、法国蒙丹鸽、意大利的仑脱鸽等，并且推广到世界各地。《鸽经》是我国已知最早的一部记载鸽子的专著，据该书记载，我国养鸽的历史可以追溯到春秋战国时代，已有 3 000 多年历史。隋唐时期，在我国南方广州等地，已开始用鸽子通信。据记载，到了清代，广州就有人饲养一种“地白”鸽，估计就是现在的肉用鸽。

我国养鸽历史悠久，但肉鸽饲养作为商品生产，从 20 世纪 70 年代才发展起来，20 世纪 80 年代以后，肉鸽业在我国发展迅猛，成为畜牧业中的热门产业。我国南方沿海地区因具有得天独厚的地理优势，率先开始引进、饲养和发展肉鸽养殖，如广东省是传统肉鸽消费区域，而且紧邻香港、澳门两大肉鸽消费地，因此肉鸽产业发展最早，

1980年成立的广东省光明农场的大宝鸽场是我国最早的肉鸽规模饲养场，我国肉鸽养殖由东到西，从南到北，迅速发展。经过30多年的发展，肉鸽养殖业已在我国畜牧养殖业中确立了重要地位，各地宾馆、饭店不断推出以肉鸽为特色的菜肴，使其需求量不断增加，现如今肉鸽已不是人们陌生的食品了，鸽蛋的消费也开始崭露头角。目前，肉鸽养殖已成为我国畜牧业新的增长点。

二、肉鸽的经济价值

鸽子驯化后按用途分为肉鸽、信鸽、观赏鸽三大类，肉鸽经过专门化的产肉性能选育，在鸽子家族中属于体型最大的一种，早期生长迅速。肉鸽经过长期选育，不仅体重增加，而且繁殖性能（产蛋性能、孵化性能、育雏能力）也有了很大的提高。总结肉鸽的经济价值，有以下几个方面：

1. 肉用价值

随着人们生活水平的不断提高，对肉食品质、风味、安全的要求也越来越高。鸽肉以其独特的风味口感、营养丰富、无药残（肉鸽采食原粮饲喂）、方便烹饪、体型大小适中，受到消费者的普遍欢迎，特别是家庭消费越来越普遍。肉鸽饲养的主要目的是获取味美优质的鸽肉产品，满足人们对优质禽肉的需求。现代肉鸽生产的主要产品为乳鸽，乳鸽是指出壳后23～28天（不同地区、不同加工方法上市时间不同）的供人们食用的商品肉鸽。乳鸽的内脏器官比重很小，可食用部分比例高。半净膛率和全净膛率是衡量家禽产肉性能的主要指标。一般认为家禽屠宰率在85%以上、全净膛率在65%以上，肉用性能良好。据河南牧业经济学院养禽实验室测定，23～25日龄乳鸽的半净膛率达90.5%，全净膛率达85%，屠宰性能在家禽中也是首屈一指。

鸽肉肉质细嫩，营养丰富，蛋白质含量高达24.47%，含有人体所必需的氨基酸，且容易被消化吸收。乳鸽脂肪含量适中，不饱和脂肪酸比例高，脂肪在皮下、肌肉间分布均匀，适合烤、烧、焗等整只加工方法，外形美观，久食不厌，是广大人民群众的理想食品。鸽肉所含的钙、铁、铜等微量元素及维生素 A、维生素 E、B 族维生素都比鸡、鱼、牛、羊肉含量高，民间素有“一鸽胜九鸡”之说，虽然有所夸张，但可见其营养价值之高。

肉鸽早期生长速度快，最早 23 天即可上市，优良品种体重可以达到 500 克。如果饲养到 28 天，体重在 600 克以上，高的达到 700 克以上，笔者曾经观察到 28 天乳鸽体重高达到 850 克。乳鸽不仅增重快，羽毛生长也快，皮下脂肪沉积均匀，屠体美观。乳鸽 1 月龄左右能够离巢独立生活，此时体重有一个下降过程，肉质口感也略有下降，所以乳鸽应适时上市屠宰(图 1－1)。乳鸽上市体重是肉鸽养殖场重要的经济指标，一般要求上市体重在 500 克以上，否则影响消费者的食用信心。例如，广东省乳鸽分级标准为：特级，活重在 550 克以上；一级，活重在 500～550 克；二级，活重在 450～500 克；三级，活重在 400～450 克；活重 400 克以下为等外品，价格很低。因此，提高乳鸽上市体重是肉鸽养殖成功的关键之一。养殖场可以通过留种选育与加强饲养管理来提高乳鸽的上市体重。

图 1－1　上市的乳鸽

鸽精是鸽肉的深加工产品，是以鸽肉为主要基料、辅加维生素、奶粉等营养物质，添加味精、肌甘酸钠、食用香精等调味调香品，经粉碎、磨糊、造粒、烘干、振动等工序制成的疏酥微粒或粉状体的营养调味品。鸽精鲜度为同体积99%结晶味精鲜度的两倍，属调味品中具有高鲜度和富营养的新品种。

2. 蛋用价值

鸽蛋蛋壳洁白如玉，蛋重25克左右，其中蛋黄比例比鸡蛋、鸭蛋、鹅蛋低得多，仅占全蛋的25%，蛋白占全蛋的65%，蛋壳占10%。鸽蛋营养丰富，富含优质蛋白质和少量脂肪。鸽蛋蛋白晶莹剔透，口感细腻，风味独特，容易消化吸收，深受美食家的追崇。鸽蛋卵磷脂含量丰富，是人体大脑必需的营养成分，对预防老年痴呆具有很好的保健作用，特别适合老年人食用。近年来，在我国东南沿海与南方发达地区（如广州、温州、香港）以及东南亚国家都流行吃鸽蛋，鸽蛋是继乳鸽之后又一兴起的肉鸽养殖消费产品。种鸽在不孵化的情况下（将鸽蛋从巢盆中取走，不让其孵化），母鸽每隔10天左右产一窝蛋（2枚）。由于肉鸽吃的是五谷原粮和由多种矿物质、微量元素配制的保健砂，因此无药残，更显鸽蛋的珍贵。

在东南沿海，特别是浙江温州一带，民间有吃鸽蛋的习惯，妇女怀孕、生孩子、婴幼儿阶段都常食鸽蛋，全国以浙江省消费鸽蛋最多，目前已形成庞大的鸽蛋消费市场。广州市有些酒店向鸽场收购鸽蛋做高档菜式和高级甜品，市场需求也很大。江浙一带有企业专门饲养蛋鸽，新鲜鸽蛋直接供应市场，每枚鸽蛋价格平均可达4元。在广州，许多大型鸽场的未受精蛋被专业收购者收购后，在广州本地酒店销售，售价每千克80～120元。在河南省，已有公司开发高级鸽蛋礼品包装产品，每盒30多枚鸽蛋的礼品包装可卖100多元，可见鸽蛋产品市场一般以高档食品开发销售，市场前景看好。由于肉鸽产蛋量有限，鸽蛋的商品化也造成这些地区商品乳鸽产量减少，这也是乳鸽市场始终保持供不应求的一个主要原因。

鸽蛋除了食用外，用鸽蛋蛋白做成的化妆品也是一种特别有效的美容品，直接用蛋白做面膜也很受年轻女性喜欢。

3. 药用价值

肉鸽既是名贵佳肴，又是高级滋补品。我国的传统中药理论认为，肉鸽的肉、蛋、鸽粪皆可入药；鸽肉、鸽蛋有补肾、益气和解毒的功能；乳鸽清蒸食用，对神经衰弱、健忘失眠、体弱、阳痿具有良好的功效；鸽粪也有解毒的功能，可治恶疮疥癣等。其药用价值分述如下。

（1）鸽肉的药用价值　鸽肉不但营养丰富，而且还有一定的保健药用功效，对多种疾病的恢复有帮助。我国传统中医认为，鸽肉性平，味咸，入肝肾经。鸽肉易于消化，具有补肝益肾、益气补血、清热解毒、健脑补神、生津止渴等功效，对病后体弱、血虚闭经、头晕神疲、记忆力衰退有很好的食疗作用。《本草纲目》中记载“鸽羽色众多，唯白色入药”，而肉鸽主要以白色为主。乳鸽的骨内含有丰富的软骨素，可与鹿茸中的软骨素相媲美。经常食用乳鸽，具有提高皮肤细胞活力，增强皮肤弹性，改善血液循环，面色红润等功效。鸽肉含有丰富的B族维生素，对毛发脱落、毛发变色、贫血、湿疹也有很好的辅助治疗作用。鸽肉含有较多的支链氨基酸和精氨酸，可促进体内蛋白质的合成，加快创伤愈合，对产妇和手术患者有促进恢复的功效。

（2）鸽蛋的药用价值　中医药学认为，鸽蛋味甘、咸，性平，具有补肝肾、调益精气、滋阴补阳、美颜滑肤等功效。鸽蛋含有优质的蛋白质、磷脂、铁、钙、维生素A、维生素B_1、维生素D等营养成分，有改善皮肤细胞活性、皮肤弹性，增加颜面部红润（改善血液循环、增加血色素）等功能。用鸽蛋蛋白做面膜可以有效预防并祛除青春痘、祛除黄褐斑，有嫩肤、美白的功效。儿童多吃鸽蛋可以提高免疫力，有助于大脑发育。剖宫产产妇食用鸽蛋，能促进伤口愈合，减轻伤口的疼痛。

（3）鸽粪的药用价值　鸽粪性辛、温、微毒，可治恶疮疥癣、阴症腹痛。白鸽粪烧过，研细，水送服适量，可以驱除蛔虫。用白鸽粪加醋煮开3次，捣烂敷涂，1天3次，可治头痒生疮。

4. 观赏价值

现代肉鸽生产的主要用途为肉用、蛋用，也有部分白色肉鸽作为广场鸽供游人欣赏。回归自然是现代都市人群休闲度假的一种新时尚，在全国很多城市的广场、绿化带及游乐园中都放养着大量的广场鸽，广场鸽与人们一起嬉闹、游玩，和游人融为一体，越来越受到人们的喜爱和欢迎。

5. 鸽粪的利用

(1)生产有机肥　肉鸽消化道短，排粪频繁。鸽粪中有机质及氮、磷、钾含量高，是生产有机肥料的很好原料，别外，鸽粪对植物病害有很好的预防作用。例如在伊朗，鸽子肉是被禁止食用的，当地人从鸽子窝中收集鸽粪当作肥料种植瓜果蔬菜。在法国和意大利，用鸽粪培养的葡萄深受欢迎。肉鸽生产过程中产生的大量鸽粪，经发酵制成高档优质有机肥料或进一步制成生物复合肥，可以为养鸽场带来很好的经济效益，同时减少了粪便的随意排放，生态效益和社会效益也很明显。据测定，万只养鸽场年产鲜粪 380 吨，可生产有机肥 130 多吨。广东省中山市食品有限公司石岐鸽场利用鸽粪作为有机肥种植优质杨桃，不仅果品产量高，而且果质优良，达到有机食品标准。

(2)水产养殖饲料　鸽粪在水产养殖方面的应用前景非常可观，鸽粪中含有很多未完全消化利用的营养成分，发酵后适宜养鱼。鸽粪中含有很多致病菌和有害微生物，应完全发酵腐熟再使用，这样才不会对鱼类有影响。鸽粪要在岸上密封厌氧发酵后再用，在水中发酵会耗去大量水体溶氧和产生有毒有害物质而导致翻塘死鱼。发酵后的鸽粪用来养鲢鱼、鳙鱼等滤食性的鱼和罗非鱼、鲫鱼、鲤鱼、塘虱鱼等效果都很好，可以全程使用，但不宜用来养草鱼等草食性鱼类。鲜鱼捕捞上市后，鱼塘泥还可以用来栽培果树，种植蔬菜。

(3)生产活体饵料　特种水产养殖成本高，主要原因之一是饵料成本居高不下，如养殖甲鱼的饵料需 8 000 元/吨以上。通过使用鸽粪培养蝇蛆，再用蝇蛆喂养甲鱼，能大大节约养殖成本，经济效益显著。广西贵港市永顺光明鸽业有限公司在开展生物链模式技术研究的科研项目中，成功开发出的鸽粪培养蝇蛆高产技术已在广西地区全面推广。

(4)用作发酵沼气　在鸽场建设沼气池，用鸽粪发酵产气，沼气作能源可有效节省鸽场的能源开支，可用于照明、保温、生活用气等方面，既改善了鸽舍的环境，又节约能源，还可将沼气渣用于培育蔬菜、果树。广西南宁市京元鸽场，用鸽粪及生活污水发酵产生沼气，8 米^{3}的沼气池可以维持 10 人使用的日常能量来源，替代购买液化气，节约了成本，效益可观。

三、发展肉鸽养殖的优势

1. 种鸽利用年限长

鸽子属于单配制自繁禽类，养殖户饲养的成年鸽称为种鸽。种鸽的可利用繁殖年限比鸡、鸭、鹅等家禽长得多。一般来说，种鸽的可繁殖利用年限为 4～5 年，最长可以达到 8～10 年，其中以 2～3 岁种鸽繁殖力最为旺盛，在此期间，产蛋数量多，仔鸽的品质优良，后代可留种用。5 岁以上的种鸽繁殖性能开始逐年下降，但是也有个别种鸽 7～8 岁仍能保持较强的繁殖性能。因此，肉鸽养殖具有一次引种，多年受益的特点。一般引种当年就能收回引种费用，第二年可以收回全部建场投资，以后就属于净利润。养殖户每饲养 1 000 对种鸽，每年可以获得纯收入 5 万～10 万元。

2. 设备投资少

肉鸽适应性强，肉鸽养殖只需要建设种鸽舍即可投入生产，如需留种可以建设配套童鸽舍、青年鸽舍，而且房舍利用效率高，每平方米鸽舍建筑成本 300～400 元，可以饲养 4～5 对种鸽。种鸽繁殖笼为 3 层重叠式，每组笼可以饲养 12 对，仅需 150 元左右。饮水器用杯式或乳头式自动饮水设备，料槽、保健砂杯、巢盆为塑料制品，价格便宜，在购买笼具时一并配齐即可。

3. 饲养方法简单

肉鸽为晚成雏，母鸽产蛋后由公母亲鸽共同完成自然孵化、自然育雏，不需要人工孵化、人工育雏，因此劳动强度低。一个工人可以轻松管理 1 000～1 500 对种鸽，一个壮劳力可以管理 2 500 对。肉鸽自然育雏成活率较高，刚出壳几天，亲鸽嗉囊能够分泌鸽乳，用来哺喂幼鸽，通过鸽乳幼鸽能够获得母源抗体，其成活率高于其他家

禽，一般可以达到98%以上。肉鸽的传染病较少，即使在集约化饲养管理条件下，只要认真做好日常消毒和免疫接种工作，其他禽类易感染的毁灭性疾病在鸽身上一般不易发生。肉鸽一般需要免疫接种的疫病为鸽瘟（鸽新城疫）与鸽痘，禽流感流行的地区要免疫禽流感。

4. 乳鸽生长速度快

现代肉鸽品种在选育时，突出乳鸽的早期生长速度。刚出壳的雏鸽体重只有15克左右，经亲鸽哺育25天后，可长到500克以上，是出壳时体重的30多倍。由于乳鸽生长迅速，所以其饲料转化率也较高，料肉比仅为2∶1。生产中，乳鸽上市时间为23～28日龄，根据市场需要进行调整，比较灵活，产品不会积压。

5. 鸽肉属于无公害绿色食品

肉鸽饲料为没有加工过的颗粒状原粮（豌豆、玉米、小麦、高粱等），乳鸽成活率高、抗病力强，因此饲料中不需要添加抗菌药物和其他添加剂，保健砂的配方也选用天然原料（红泥、河沙、贝壳粉、骨粉、石粉、木炭、食盐等），因此鸽肉中不存在药物残留，产品为真正的绿色食品，深受消费者欢迎。

6. 乳鸽、鸽蛋销路好

肉鸽养殖不同于其他家禽的“全进全出”，其产品陆续上市，一般每隔3～5天上市一批乳鸽，不会形成产品积压。乳鸽作为肉鸽养殖的主要产品，已经被大多数消费者所接受，已经形成了成熟的消费市场与消费群体，需求量逐年增加。鸽肉营养丰富，味道鲜美，随着人们收入的增加和保健意识的增强，市场前景看好。目前主要市场在南方和东南沿海，如广东、广西、湖南、上海、浙江、福建、山东等地。北方主要集中在饭店中消费，消费量逐年增加，而且增加很快。鸽蛋作为禽蛋中的珍品，在北京、上海等大城市供不应求，在中小城市逐步走俏。

7. 效益稳定

据市场分析，肉鸽产品市场需求将以每年10%～15%的速度快速增长。在北京、天津、上海、广州等50个大城市，400克以上的优质白条肉鸽批发价上涨至15元/只以上，市场零售价上涨至18元/只；

全净膛重500克以上的乳鸽批发价上涨至17元/只。活乳鸽的市场售价远远高于白条肉鸽，达到20～25元/只。由于城镇居民对肉鸽需求量日益加大，肉鸽的货源缺口逐年增长，肉鸽养殖效益稳定，利润可观。以河南省为例，外销的活乳鸽比重越来越大，而且价格远远高于本地白条乳鸽的价格。

8. 肉鸽适应性强

肉鸽在热带、亚热带、温带和寒带都能生长，因此我国各个地区均可饲养。南北方由于气候条件有所差异，在房舍设计上不同，南方以通风防潮为主设计鸽舍，北方以保温隔热加机械通风设计鸽舍。

四、肉鸽养殖现状

近年来，世界肉鸽饲养业发展较快，逐步走向专业化生产的道路，不同规模的饲养场和专业户相继出现。如美国、澳大利亚、匈牙利、德国、法国、加拿大、意大利、捷克、马来西亚、泰国等国家和我国的香港、台湾以及广东等地区，已把肉鸽生产列为优质的肉品来源之一。美国的棕榈鸽场和白屋鸽场，每年饲养肉鸽50万～60万对，向全世界提供大批种鸽和冻鸽肉。目前仅深圳市，种鸽存栏就达37万对，年产乳鸽607万只。在广东、广西，近几年利用外资办起了许多肉鸽场，例如广州市白云区、花都区、增城市肉鸽存栏都超过100万对，占全省肉鸽存栏总量30%，是广东省肉鸽养殖最集中的区县，也是我国发展肉鸽产业的排头兵。目前，肉鸽养殖是广州市最具特色的养殖业，在农民增收方面占有重要地位。素有“鸽乡”之称的江西省高安县目前有3万多农户养肉鸽，全县种鸽饲养量达50万对。2010年以来，河南省肉鸽养殖发展速度加快，在北方各省区中占比重加大。此外，湖南、湖北、河北、江苏、上海、天津、北京、山东等省市都相继建立了种鸽繁育基地。随着人们生活水平的提高，对乳鸽的需求量逐年增加，肉鸽业将得到平稳的发展，已成为特禽养殖业中最具潜力的产业。但目前肉鸽养殖还存在良种率不高、品种老化和饲养管理水平不高等问题，同时规模化、集约化水平还有待提高。

肉鸽养殖虽然劳动强度不大，但是比较费工，而且需工人具有较高的责任心。在发达国家，由于人工费用昂贵，肉鸽养殖均是家庭式的，超过 1 000 对的肉鸽场几乎没有。而我国上万对的肉鸽场已有上百家，千对以上的鸽场在全国星罗棋布，但是养殖效益不一定同养殖规模成正比。养殖肉鸽可以很好利用闲散劳动力，老人、妇女即可完成。在肉鸽养殖设备更新和养殖技术创新上着力，提高肉鸽养殖机械化、自动化水平，这样才能使肉鸽养殖业得到更高水平的发展。

五、肉鸽养殖前景

1. 肉鸽饲养基础好

目前肉鸽饲养业在世界范围内发展迅速，已经逐步形成独立的产业，在国内外家禽饲养中占据重要地位。例如美国、法国、加拿大、比利时等国家不但养鸽业发达，历史悠久，饲养水平高，而且培育了不少优良的肉鸽品种。20 世纪 70 年代初，肉鸽养殖在我国兴起至今，经过 40 多年的发展，已经摸索出一整套的饲养管理和疫病防治技术，为养鸽业的健康发展提供了可靠的保证。

2. 肉鸽产品优势明显

乳鸽是由亲鸽自然孵化和哺育长大，而亲鸽则是以玉米、豌豆、小麦、高粱等原粮为食，饲料原粮不经过深加工和添加任何着色剂、防腐剂和药物等。肉鸽的抗病能力强，在乳鸽的生产过程中，较少使用药物和疫苗。鸽肉、鸽蛋营养丰富，味道鲜美，原粮饲养的乳鸽无药物残留，迎合了现代人们的消费观念，刺激了人们的消费欲望，因此市场越来越大。目前广州、上海、北京、天津、南京、武汉等大城市对乳鸽的需求量逐年增加，当地养殖远远不能满足需要，河南省、山东省的乳鸽外销增长迅速。特别是主要靠内地供货的香港市场，对乳鸽的需求量更是增长迅猛，年需求量已经达到 1 亿多只。“一鸽顶九鸡，无鸽不成席”在香港的饮食业中普遍流行。因此，肉鸽养殖业具有广阔的市场前景和发展空间。

3. 肉鸽养殖潜力好

港澳地区、广东省、上海市是传统的肉鸽养殖、消费区域。近年来，福建省、浙江省、江苏省、山东省、河南省的肉鸽业发展较快，养殖量增加较大，乳鸽、鸽蛋产量较高。在广东省、广西壮族自治区、海南省、安徽省、江苏省、上海市等肉鸽养殖已形成一定的区域性生产基地，仅广东省肉用种鸽存栏量已达 1 300 万对。随着我国特禽养殖业的发展与人们生活水平的提高，肉鸽消费已经不再是餐桌上的奢侈品，中小餐厅、饭店对乳鸽的需求量逐年增加，肉鸽业将得到平稳快速的发展。

4. 鸽蛋需求旺盛

鸽蛋以其独特的营养、口感与保健功能，成为肉鸽养殖新的增长点。早在 2 000 年前浙江、上海等经济发达地区就率先开发鸽蛋食谱，至今这些地区已形成庞大的鸽蛋消费市场，而且食用鸽蛋养生在经济发达地区逐步流行。每年的元旦和春节、端午节、中秋节是鸽蛋的销售旺季，价格最高时卖到每枚 4～5 元，因此北方很多养鸽场已形成每到秋季就开始销售鸽蛋至第二年正月的惯例，甚至有的养鸽场常年以生产鸽蛋为主。由于鸽蛋需求量的增加，在不增加存栏量的前提下，商品乳鸽产量减少，特别是元旦、春节期间，成乳鸽市场始终保持供不应求的局面。

六、肉鸽养殖投资效益分析

1. 鸽场的投资分析

鸽场的投资(以 1 000 对种鸽为例)：

(1)种鸽　购买种鸽是养殖肉鸽最大的支出之一，一般 6 月龄刚开产的种鸽售价为每对 130 元。1 000 对×100 元/对＝13 万元

(2)建筑物投资　鸽场的主要建筑为鸽舍，鸽舍建筑要求保温隔热且通风良好，其他建筑包括办公用房、饲料仓库、药房等。1 000 对种鸽：需要鸽舍面积 250 米^2(4 对/米^2)，饲料房面积 25 米^2，药房面积 10 米^2，办公室面积 15 米^2，合计建设面积 300 米^2。栏舍投资

250 米^2×200 元/米^2=5 万元，仓库办公等投资 50 米^2×500 元/米^2=2.25 万元，建筑物总投资为 7.25 万元。

(3)其他投资　鸽笼用具投资 1 000 对×20 元/对=2 万元。水电设备设施投资 1 000 对×3 元/对=0.3 万元，流动资金 2 万元(饲料、药物、工资等)，合计 4.3 万元

上述合计饲养 1 000 对种鸽总投资 21.55 万元。如果家庭养殖肉鸽，则不需要专门的房舍，可以利用家庭小院、闲置房屋，或者搭建简易鸽棚，固定资产投入较少，设备简单，投资小。

2. 效益分析

肉鸽饲养方法简单，种鸽自然孵化，自然育雏，不需要人工育雏，劳动强度低，容易成功。肉鸽抗病力强，药品、疫苗费用投入小。随着人们生活水平的提高，对绿色安全型畜禽产品需求增加，肉鸽养殖饲料为原粮，不添加抗菌药物和激素，产品无药残，产品受到欢迎，养殖效益稳定。一对肉鸽日食饲料约 100 克，每对种鸽年产 7～8 对乳鸽，种鸽引进后可以利用 5～7 年，繁殖速度快，一般当年即可收回种鸽成本。

目前市场肉鸽价格为每只 13～15 元，按每对种鸽年产 14 只(7 对)计算，年产值 200 元左右，扣除引种年平均费用、固定资产(鸽舍、鸽笼、用具)折旧、饲料费用、防病费用、资金利息等费用 100 元左右，每对肉鸽年可实现利润 100 元左右，每对种鸽最低 50 元纯收入是有保证的。肉种鸽普遍采用 3 层笼养，管理方便，一个劳动力可以管理种鸽 1 500～2 000 对。若一个劳动力管理 300～500 对，则不会耽误农活儿。

致富案例

规模养殖企业广州市良田鸽业有限公司肉鸽基地的效益分析：每对种鸽年平均生产乳鸽 20 只，每只乳鸽平均耗料 2.15 千克(包括产鸽耗料)，乳鸽生产成本分析如下：饲料，2.15 千克×3 元/千克=6.45 元；保健砂与消毒药品，0.3 元；人工成本，1 元；管理费用，

0.2元；水电及低耗品0.1元。合计8.0元/只。即每只乳鸽直接生产成本为8元（不包括折旧费），以目前全年平均每只12～13元销售计每只盈利为4～5元，除去折旧及其他费用每只1.5元，每生产1只乳鸽的利润为2.5～3.5元，目前平均每对种鸽年产20只乳鸽，每对种鸽平均创造利润为50～70元，饲养1万对种鸽年可获利50万～70万元。

3. 对周边环境影响小

肉鸽养殖对周边环境影响小。因为肉鸽养殖是采用全开放式的鸽舍（特别在广东），鸽子排出的粪便较干燥、无臭，且鸽场每3～5天及时将鸽粪清理后给农作物、果树作有机肥料，养鸽场基本没有废物、废水及废气产生，不会污染环境，是一项比较环保的养殖业。因此，养鸽业是特别适合我国广大农村发展的现代农业项目，农村具有发展肉鸽养殖的土地优势与劳动力优势，适度引导广大农村农民发展肉鸽养殖，是一项农村劳动力转移与农民工回乡创业的好项目。

五香鸭蛋

第二章　肉鸽的品种与选育

内容导读

肉鸽的外貌特征
肉鸽的生活习性
肉鸽的主要品种
肉鸽引种关键技术
肉鸽育种
肉鸽选育关键技术
肉鸽品种的提纯复壮措施

一、肉鸽的外貌特征

鸽子属于小型陆生禽类，头部圆球形，无冠髯。鸽子鼻孔上覆盖有柔软而膨胀的皮肤，称为蜡膜或鼻瘤，鼻瘤大小可以用来鉴别品种以及公母。鸽子颈部灵活，可以自由转动。鸽子眼圆，眼球稍突出，视力敏锐，眼睛周围有裸露的皮肤，称眼环。鸽子脚趾发达，脚上有四趾（三前一后，属离趾型），趾端具爪，白羽肉鸽脚趾颜色为红色，胫部及趾部均覆盖有角质状鳞片，可以根据脚趾颜色深浅、鳞片粗糙程度来辨别年龄。肉鸽经过长期的关闭笼养及不断选育，体形变大，肌肉丰满，原来纺锤形的体形已不复存在。肉鸽翅膀宽大，翼羽发达，有一定飞翔能力，需要关笼或围网饲养，防止飞走。肉鸽各部位名称见图 2—1。

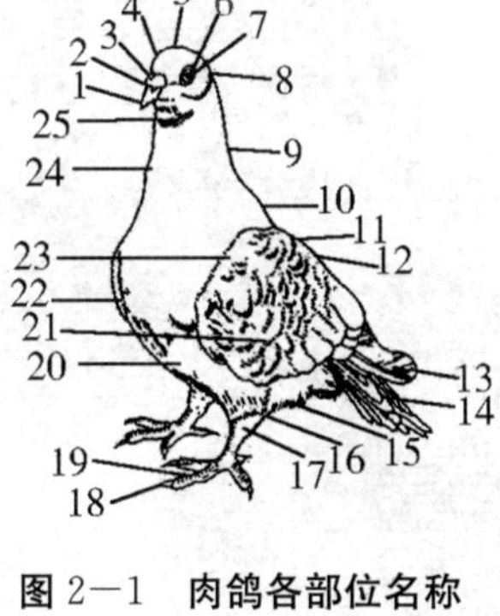

图 2—1 肉鸽各部位名称

1.喙 2.鼻孔 3.鼻瘤 4.前额 5.头顶 6.眼环 7.眼球 8.后头 9.颈 10.肩 11.背 12.鞍 13.主翼羽 14.尾羽 15.腹部 16.踝关节 17.胫 18.爪 19.趾 20.胸 21.翼 22.胸前 23.肩羽 24.颈前 25.咽部

鸽子羽色多种多样，有白色、黑色、绛色、灰二线、雨点等，同一品种可有几种不同的羽色。作为肉鸽，白色羽最受欢迎。

二、肉鸽的生活习性

1. 晚成雏

鸟类根据刚孵出的幼鸟的形态和生活力大致分为早成雏与晚成雏两种。家鸭、鹅等传统家禽均属于早成雏，一出壳即能独立活动、觅食。而肉鸽是目前家禽中唯一属于晚成雏的类型，刚出壳的幼鸽，体表只有少量纤细的绒毛，眼睛还没有睁开，腿脚软弱无力，不能站立，不能独立觅食，需要亲鸽哺喂鸽乳才能成活（见图 2—2）。所谓鸽乳，是指亲鸽嗉囊上皮细胞分泌的一种米黄色、黏稠状营养物质，主要成分中水分占 70%～80%，蛋白质 14%～16%，脂肪 6%～11.7%，灰分 1.0%～1.8%，碳水化合物 0.77%。乳鸽刚出壳时，鸽乳分泌最快，一般一昼夜可分泌 20 克左右。亲鸽哺喂时，幼鸽将喙插入其喙角，亲鸽伸颈低头，将鸽乳吐入幼鸽口中。

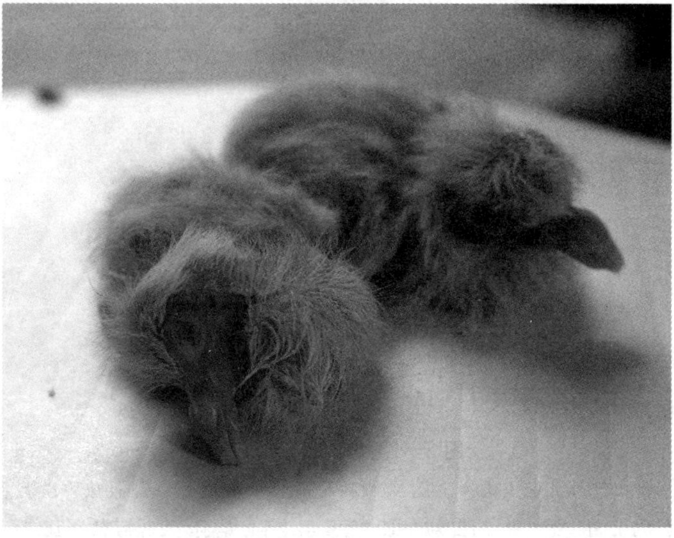

图 2—2　刚出壳的幼鸽

2. 单配制

肉鸽长到 6 个月左右身体发育成熟，可以进行交配和产蛋。肉鸽的繁殖需公、母配对后才能进行，严格遵循 1∶1的性别比例，多只种鸽放入同一笼中会相互打斗，不能繁殖后代。成鸽对配偶是有选择的，一旦配对后，总是亲密地生活在一起，“夫妻”关系维持比较持久，通常能保持终生。公、母亲鸽共同承担筑巢、孵卵、哺育乳鸽、守卫巢窝等职责。

3. 素食性

肉鸽没有胆囊，是天生的素食者。肉鸽喜欢吃植物性饲料，而且喜欢采食颗粒状的原粮，如整粒的玉米、豌豆、小麦、高粱等。如果将原粮粉碎饲喂，就会出现厌食现象，采食量下降，影响正常产蛋和哺喂。除了喂给原粮外，肉鸽饲养需要特殊的添加剂，称为保健砂，用来补充矿物质、微量元素。另外保健砂中的沙砾还可以磨碎吃进去的原粮。近年来，肉鸽专用颗粒饲料的研制取得成功，在一些养殖密集区得到了推广，比如河南省偃师市。颗粒饲料的应用，可以很好利用豆粕等饼粕类蛋白质饲料原料，同时可以将维生素、微量元素加入颗粒饲料中，提高了饲料的全价性。但是肉鸽不能全部饲喂颗粒饲料，一般做法是原粮玉米和蛋白质颗粒饲料配合应用。

肉鸽的食管宽松，嗉囊发达。嗉囊是食管进入胸腔前形成的一个暂时储存食物的膨大的盲囊，位于食管颈段和胸段交界处的锁骨前方。嗉囊内的黏液腺分泌的黏液可使食物保持适当的温度和湿度，食物经适当发酵而软化，然后再送到肌胃或吐出哺喂幼鸽。健康的肉鸽进食饲料后，嗉囊会因充满食物而胀起来，正常情况下 6 小时左右嗉囊内的食物就会完全进入胃肠，此时用手触摸嗉囊可判断肉鸽的消化系统是否健康。

另外，保健砂中的沙粒和细石子对肉鸽饲料消化很重要，当其缺乏时会使消化率下降 25%～30%，粪便中会出现未经消化的整粒原粮。一般要求在肉鸽的保健砂中加入 15%～30%的河沙。

4. 群居性

肉鸽的群居性较强，喜欢大群觅食活动，很少独来独往。生产中青年种鸽常常大群饲养，很少发生争斗行为，能够和平相处。肉鸽长到3～4月龄以后，随着鸽群逐渐进入性成熟，偶尔会因为争夺配偶而发生一些摩擦，但总有一方会妥协走开，而不会做殊死搏斗。现代肉鸽生产，为了方便管理，种鸽繁殖期一般进行单笼饲养，一公一母上笼配对，减少其他鸽的互相干扰，提高了种鸽的产蛋量和乳鸽的成活率。鸽的听觉特别灵敏，各种声音均可引起警觉，惊惧时突然伸颈抬头，不断东张西望，带有紧张情绪，或突然急跑扑飞，发出急促的"咕咕"声。日常管理要求外界环境安静，特别是大风、大雨和天气发生剧变时要关闭门窗，日常尽量降低饲养员人为因素的刺激干扰。饲养员查栏、并蛋、乳鸽并窝及捉鸽的动作需温和，还要定期灭鼠、灭蚊，减少鼠、蚊对种鸽的干扰。

5. 好洗浴

肉鸽特别喜欢洗浴，包括水浴或沙浴，用来保持身体干净，同时清除体表的寄生虫，如羽虱、螨等。青年鸽群养时，饲养场地面要设置一个专用洗浴池或浴盆，水深10～15厘米，每天早晨清洗水池，更换清洁的水。笼养种鸽也要定期抓出，人工辅助洗浴，以清除体表寄生虫。沙池可代替水池，同样可以起到清洁羽毛的作用，同时在沙中放入硫黄粉，用以清除体表寄生虫。群养鸽饮水器最好采用封闭式，避免鸽进入洗澡，弄脏饮水而致病。

6. 繁殖周期性

肉鸽的繁殖具有明显的周期性，不像其他家禽能够天天产蛋，这与其晚成雏的特性有关。肉鸽的繁殖过程包括配对、筑巢、产蛋、孵化、育雏等环节，全部由父母亲鸽共同完成。种鸽笼养时，产蛋平均间隔为45天，最短仅30天(为高产鸽)，最长可达到60天(为低产鸽)。也受季节影响，春夏季产蛋间隔短，秋冬季产蛋间隔长。肉鸽养殖一定要做好每对种鸽的产蛋记录与乳鸽生产记录，发现由于遗传原因、年龄因素造成的产蛋间隔延长或不产蛋要坚决淘汰。随着年龄的增长，种鸽的产蛋间隔会逐渐延长，要根据生产记录淘汰老龄低产鸽。肉鸽的孵化期为18天(从产下第一枚种蛋算起)，父母亲鸽轮流孵蛋，共同完成孵化任务。乳鸽出壳后，需要亲鸽哺喂25～28

天即可离巢，一个繁殖周期结束。肉鸽的孵化率与乳鸽成活率均较高，每对种鸽年产乳鸽数可以达到 8 对左右，高产种鸽甚至达到 10 对以上。

7. 嗜盐性

肉鸽的祖先原鸽长期生活在海边，常饮海水，故形成了肉鸽嗜盐的习性。如果肉鸽的日粮中长期缺盐，会导致肉鸽的繁殖、生长等生理机能紊乱，出现病态。每只成年种鸽每天需盐大约 0.2 克，日粮中盐分过多会引起食盐中毒。肉鸽由于采食原粮饲料，食盐的供给主要是通过保健砂来完成。一般食盐的用量占到保健砂的 4%～5%。

8. 栖高习性

鸽子作为一种陆生禽类，野生状态下其天敌较多，需要在高处栖息来躲避敌害，特别在夜晚休息时。肉鸽除了采食、饮水、求偶、交配时会飞到地面，平时休息、梳理羽毛均喜欢在高处，也喜欢在高处筑巢，保证鸽蛋与肉鸽的安全。青年种鸽大群饲养时，需要在舍内、舍外设置栖架。种鸽繁殖阶段适合笼养，在笼中较高处设置巢盆，保证安静孵化与育雏。

9. 适应性强

野生原鸽分布较广，热带、亚热带、温带和寒带均有分布，因此肉鸽的抗逆性特别强，对周围环境和生活条件有较强的适应性。肉鸽养殖在我国南方、北方均能进行，对场地的要求也不高。华南一带人们喜食肉鸽，是我国肉鸽养殖较早的地区，近年来肉鸽养殖在西北地区、中原地区、华北地区、东北地区各省市得到了快速发展，均取得了成功，这与肉鸽较强的适应性密不可分。肉鸽具有较高的警觉性，若受天敌（鹰、猫、黄鼠狼、老鼠、蛇等）侵扰，就会发生惊群，极力企图逃离饲养场地与笼舍，逃出后便不愿再回笼舍栖息。

但生产中要注意，酷暑、严寒、潮湿对种鸽生产均会造成不利影响。炎热易引起鸽中暑，寒冷易冻伤、冻死乳鸽。连续阴雨潮湿天气，乳鸽易腹泻，羽毛脏、松、乱，疾病增多，死胚蛋增多。日常管理要求：防寒防暑，特别是在天气发生剧变时及早做好相应的预防工作，炎热时保持房舍通风透气，寒冷时保温防贼风，阴雨潮湿天时保持房舍及设备干燥，饲料与保健砂也必须保持干燥。

10. 驭妻性

鸽子配对筑巢后，公鸽就开始迫使母鸽在巢内产蛋、孵化。如母鸽在孵蛋的过程中有离巢，公鸽会不顾一切地追逐母鸽，让其归巢孵蛋，不达目标绝不罢休。这种驭妻行为的强弱与其高产性能有很大的相关性。生产中常常会见到驭妻性太强的公鸽对母鸽啄咬，会造成母鸽受伤，甚至头破血流，因此留种时要避免驭妻性太强的公鸽。

三、肉鸽的主要品种

我国是肉鸽养殖大国，在品种利用方面，有从国外引进的品种，也有国内种鸽养殖企业自己培育的品种。不同的品种，有着各自的品种特性，发展肉鸽养殖要选择适合当地饲养的品种。广东省作为我国肉鸽养殖第一大省，肉鸽品种资源也最丰富。但在近 30 年的发展过程中，肉鸽品种退化现象严重，主要原因是近亲繁殖、随意留种。我国目前还没有形成健全的肉鸽良种繁育体系，这是我国肉鸽业的健康发展的瓶颈，应引起各级政府与规模养殖企业的重视，今后要加大良种引进、推广与选育，做好肉鸽品种提纯、复壮工作。我国饲养利用的主要肉鸽品种如下：

1. 美国王鸽

美国王鸽是世界著名肉鸽品种，于 1890 年在美国新泽西州育成，含有鸾鸽、马耳他鸽、贺姆鸽以及蒙丹鸽等血统。目前已遍布世界许多国家和地区，在世界养鸽业中，无论在数量还是分布范围，都名列前茅。广东省、上海市在 20 世纪 80 年代中期先后从美国、泰国、澳大利亚等国引进纯种白羽、银羽和蓝羽王鸽。目前纯种王鸽在我国已不多。

品种特征：头部较圆，前额突出，喙细鼻瘤小，胸宽背阔，尾中长微翘，侧面呈元宝形，体态美观。体形大，成年公鸽体重达 750～900 克，母鸽体重达650～750 克。年产蛋 18～20 枚，可育成乳鸽 6～8 对。4 周龄乳鸽平均体重 550 克以上。

美国王鸽有多种羽色，其中白王鸽的活动能力最强，抗病能力和对气候的适应性也强，屠宰率较高，屠体美观，最受市场欢迎。银王鸽的翅膀上有两条浅棕色的带，体重比白王鸽重，能达 800～1 020 克，产肉性能优良。

2. 杂交王鸽

杂交王鸽又称东南亚王鸽、落地王鸽，由深圳光明农场从香港引进。与纯种王鸽相比，体形细长，体重稍轻，尾羽不上翘。特点是繁殖率高、母性好，适合我国广大地区饲养，现在该品种遍布于我国各地，尤其是北方地区，但已出现明显的品种退化(表现为体重下降、乳鸽个体参差不齐)。杂交王鸽年产仔数 8～10 对，成年体重公鸽 650～750 克，母鸽 550～650 克，乳鸽 28 日龄体重达 550 克。有多种羽色，但白色羽最受欢迎，也最常见。

3. 卡奴鸽

原产地法国北部和比利时南部，最初羽色为红色和黄色。白色卡奴鸽是美国棕榈鸽场于 1915 年开始培育，1932 年育成的。它是利用法国和比利时红色带有较多白色羽毛的卡奴鸽，与白色贺姆鸽、白色王鸽和白色仑替鸽等杂交育成。1986 年深圳市引进了白羽和绛羽卡奴鸽，现仍有饲养。品种特点：站立时身体上挺，尾部刚刚离开地面，前额鼓圆，两眼间距宽，颈粗短；胸宽，胸肌丰满，屠体美观；翅膀短，羽毛紧贴。卡奴鸽育雏一窝紧接一窝，不停地哺育仔鸽，即使充做保姆鸽也能一窝哺育 3～5 只仔鸽，是公认为模范亲鸽和餐桌上品。成年公鸽体重 650～740 克，母鸽体重 600～690 克，年产仔 9～10 对，28 日龄乳鸽体重 550～600 克。

4. 新白卡鸽

新白卡鸽是深圳天翔达鸽业有限公司以白卡奴经定向选育而成的肉鸽新品系。该品种以法国白卡奴为原型，经 4 个世代 5 年选育而成。繁殖力强，属高产型品系。乳鸽 25 日龄体重，公鸽 580 克、母鸽 530 克。成年鸽体重，公鸽 680 克、母鸽 600 克。体形外貌基本保持卡奴鸽的特点，全身羽毛纯白、紧凑，体形中等，就巢性好，母性较强，繁殖性能好。年可产蛋 10～12 对，年育成乳鸽 16～20 只。乳鸽肤色为灰白微红，肉质优良，脂肪少，结缔组织丰富。新白卡鸽因其繁殖力强，作为杂交母本品系较好，例如深圳天翔达鸽业有限公司推出的天翔Ⅰ号就是由深王快大系、新白卡高产品系配套杂交而成。乳鸽 25 日龄体重，公鸽 700 克、母鸽 600 克。

5. 欧洲肉鸽

欧洲肉鸽是江阴市威特凯鸽业有限公司 2002 年从法国克里莫公司引进的高产品种。目前该公司存栏 2 500 对，有 3 个曾祖代品系（Ⅰ型、Ⅱ型、Ⅲ型）。Ⅰ型是高产系，Ⅱ型是兼有Ⅰ型和Ⅲ型特点的兼用品系，Ⅲ型是快大系。欧洲肉鸽体形大，胸部肌肉发达，体形优美，躯体中等长度，全身羽毛为白色。Ⅰ型繁殖性能优良，年可生产乳鸽 12 对，成年体重公鸽 750～850 克，母鸽 700～750 克，乳鸽 28 日龄体重达 600 克；Ⅱ型属兼用系，体形和生产性能介于Ⅰ型和Ⅲ型之间；Ⅲ型种鸽体形超大，成年体重公鸽 850～900 克，母鸽 800～850 克，乳鸽 28 日龄体重达 750 克以上。欧洲肉鸽在我国适应性和生产性能良好，比较适合养殖。

6. 泰深鸽

泰深鸽是由深圳农科集团天翔达祖代种鸽场以法国泰克森为原型，经过 4 个世代选育而成，是国内目前唯一的公母自别的肉鸽新品系。公鸽颈部到嗉囊间有 4～6 厘米的浅红褐色环，母鸽的羽色似“灰二线”，与石岐鸽相似。成年体重公鸽 650～700 克，母鸽 600～650 克，年平均产蛋 9～10 窝，可育成乳鸽 13～14 只，乳鸽 28 日龄平均体重 618 克，全净膛 430 克，部分乳鸽肤色为浅黑色。乳鸽在出壳后 3～4 天，基本可依毛色辨雌雄。可以配成双母鸽专业生产鸽蛋。泰深鸽因其雌雄自别的特征而被国内部分种鸽场引进饲养，但是总体饲养量不大。

7. 石岐鸽

为我国优良的肉用鸽品种之一，原产地广东省中山市石岐区，据资料记载，石岐鸽出现在 1915 年，是由中山的海外侨胞带回的优良种鸽与中山本地优良鸽品种进行杂交培育而成的。石岐鸽体形与王鸽相似，但其身体、翅膀、尾羽均较长，形如芭蕉蕾。成年公鸽体重

750 克，母鸽体重 650 克，年产仔 7～8 对，28 日龄乳鸽体重 500～600 克。石岐鸽适应性强，耐粗饲，性温驯，毛质好，肉有香味。蛋壳较薄，孵化时易破碎，但只要窝底垫料柔软，不夹杂砂石和硬粪团，破卵现象可大大减少。羽色灰二线和细雨点多见，红绛、花鸽也不少。石岐鸽已遍布我国各省，占我国肉鸽生产比例较大。

8. 良田王鸽

良田王鸽是由广东省家禽科学研究所和广州市良田鸽业有限公司利用广东石岐鸽、美国白羽王鸽等品种配套杂交选育而成。目前存栏量 20 万对，乳鸽产品主要供本地和中国香港地区。良田王鸽胸部肌肉饱满，躯体中等长度，头颈尾部较似石岐鸽，尾羽稍上翘，呈小羽形，全身羽毛白色。生产性能良好，年可生产乳鸽 8 对以上。成年体重，公鸽 700～750 克，母鸽 550～650 克，乳鸽 28 日龄体重达 600 克。

9. 深王鸽

深王鸽是由深圳天翔达祖代种鸽场以美国白王鸽为原型，导入石岐鸽优良性状，选择体形超大后代，经过 4 个世代选育而成，属快大品系。深王鸽全身羽毛纯白，胸肌突出平圆呈峰状，尾羽短而平，头粗胸阔，羽毛紧密，年产乳鸽 8 对。成年体重公鸽 750～800 克，母鸽 650～700 克，乳鸽 28 日龄体重达 700 克。

10. 公斤鸽

公斤鸽是我国著名养鸽专家陈文广培育的。该品种产于昆明，含有贺姆等鸽血缘，体重 1 千克左右，故称公斤鸽，适应性强，抗逆性强，飞行能力强。幼鸽前期生长快，早熟、易肥、省饲料。体型偏长，瓦灰色居多，亦有其他毛色。

四、肉鸽引种关键技术

1. 引种场选择

能否引进优良品种是决定养殖肉鸽成败的关键，因此要慎选引种场，保证引进优良的品种。引种场最好选择建场时间在 2 年以上、积累有丰富养殖育种经验、有信誉和技术实力的正规良种肉鸽繁育场，育种种鸽存栏最好能达到1万对以上规模；还要看其是否持有当地畜牧部门颁发的种畜禽生产经营许可证、动物防疫合格证，工商局注册的营业执照，技术监督局颁发的组织机构代码证，当地税务机关批准的税务登记证等相关证件。肉鸽良种场应有系统的生产记录、育种记录和系统的免疫程序，不存在炒种行为。留种用青年鸽40日龄价格一般来说为60元/对，对于初养者，不宜引进，因为第二个月是雏鸽成长过程中的关键点，这时雏鸽较难养，成活率相对低，特别是饲养环境和养殖技术水平不到位的情况下，成活率更低。2月龄青年种鸽价格每对增加20元，以后每对青年种鸽每养殖1个月增加15元。5～6月龄种鸽为每对100～120元，也最适合初养者引种。引种同时应附带种畜禽场出具种禽合格证明，并向购种单位索取供种资质证明(供种单位的种畜禽生产经营许可证复印件)、品种数量证明。

对于种源地要深入实地调查，了解种源地肉鸽疫病发生情况，是否发生过传染病，是何种传染病，以免引进病鸽；了解种源地肉鸽的饲养管理和疫病防治情况，以保持有关工作的连续性，缩短因饲养管理工作的突然改变而造成肉鸽不适应的时间和保证有关疾病得到及时防治。

2. 品种选择

肉鸽的品种很多，目前国内饲养量较大的引进品种是杂交王鸽、卡奴鸽、欧洲肉鸽等。杂交王鸽的特点是生长速度快，繁殖率高，育雏性能好。石岐鸽为我国培育品种，具有肉质好，产蛋性能高的特点，在我国南方也有一定的饲养量。肉鸽羽色要求白色最好，白色羽乳鸽皮肤没有色素沉着，屠体美观。我国培育的肉鸽自别雌雄配套系泰深鸽能够在出壳后3天内根据羽色自别雌雄，解决了肉鸽早期雌雄鉴别难题，国内有用此鸽进行双母配对进行繁殖的鸽场，可以大大提高鸽群的产蛋性能，增加商品鸽蛋的上市数量。

3. 种鸽外貌与体重选择

饲养肉用种鸽的主要目的在于生产商品乳鸽。因此，在选择种鸽时要以乳鸽生产能力指标为主，兼顾乳鸽的产量与上市体重。肉鸽品种很多，不同的品种都有其品种特性。但是作为优良的肉鸽品种应具备的基本条件如下：在羽毛颜色上，北方市场喜欢白色羽乳鸽，其皮肤没有色素沉积，屠体美观，而南方市场对羽色没有过多的要求，但对肉质的要求较高（胸肌发达、肌肉结实）；在体型外貌上，良种肉鸽要求结构匀称，发育良好，额宽喙短，眼大有神，胸宽深而向前突出，背平宽而长，龙骨直而不弯，腹大柔软，两脚粗壮且间距较宽，全身羽毛光洁润滑，紧贴身体，体形较长，而尾不垂地；在体重上，6月龄种鸽体重在750～800克，乳鸽28日龄上市体重500克以上。种鸽体重并不是越大越好，体重过大的种鸽在孵蛋时容易把蛋压破。体形太大，产蛋性能相对较差，孵化和育雏能力不理想；体形较小的种鸽，所产乳鸽生长发育速度较慢，上市体重达不到要求。引种时最好引进3～5月龄青年鸽，这时已经进入性成熟阶段，公母容易区分，通过性行为表现以及耻骨特征进行鉴别，严格按照公、母1∶1比例引种，引入后1～3个月即可配对繁殖。

4. 引种年龄选择

肉鸽是多年繁殖家禽，但1～4岁的种鸽生产性能最高，养殖效益最好。因此引种最好引3～5月龄种鸽。注意不要引进老龄种鸽，年龄太大的种鸽利用期短，而且往往是将要淘汰的低产鸽。肉鸽年龄鉴别从以下几个方面进行。

（1）*喙与鼻瘤*　鸽子的喙与鼻瘤的特征具有年龄差异，细心观察可以用来判断种鸽年龄的大小。乳鸽的喙又软又细又长，末端比较尖，看上去略长于成年鸽；青年鸽的喙比较细长，看起来幼嫩而尖，细致有光泽；老龄鸽的喙粗而短，龄期越大，喙的前端越钝越光滑。乳鸽的鼻瘤看上去红润，而童鸽则是浅红并且有光泽，两年以上的鸽，鼻瘤上有一层薄薄的粉白色外层，四五年以上的鸽，鼻瘤不仅变得粉白，而且还比较粗糙，10年以上的鸽则鼻瘤显得干枯。另外，成鸽由于哺育乳鸽，嘴角会出现茧子，结成痂状。年龄越大，哺育的乳鸽就越多，嘴角的茧子就越大，5年以上的鸽，嘴角两边的结痂像锯齿一样。

（2）*脚*　青年鸽的脚颜色鲜红，鳞纹不明显，趾甲软而尖；两岁以上的鸽脚的颜色则是暗红色，鳞纹细而明显，鳞片及趾甲变得有点硬有点弯；5 岁以上的鸽脚的颜色则变成紫红色，鳞纹又明显又粗，白色鳞片突出并且粗糙，趾甲粗硬而且变弯。脚垫软而滑的是青年鸽，脚垫厚而硬较粗糙且偏于一侧的是老龄鸽。

(3)眼圈裸皮皱纹　鸽眼裸皮皱纹较细的是育成鸽，裸眼皮的皱纹越粗越厚，鸽的龄期也越大。

5. 种鸽运输

种鸽抵抗力和适应性强，可以长距离运输。一般短途运输无死亡，长途运输死亡率控制在 0.1%以下。在运输工具上，若为长途运输，3 天以内者，考虑经济因素，多用火车、汽车。不论选用何种运输工具，应按下列要求做好各项工作，以减少种鸽伤亡或严重应激造成的损失。

(1)运输前免疫与驱虫　在订购种鸽时要求厂家在种鸽运输前 3 周做好所有免疫程序和驱虫工作，重点是新城疫疫苗接种、毛滴虫和蛔虫的预防。在起运前 3 天，应用 0.2%的敌百虫水溶液药浴，天气冷时可在中午进行 1 次，天气热时可进行两次，通过药浴驱除体表寄生虫。抗应激方面，可以在饮水中添加多种维生素，连续饮用 2～3 天后再运输。

(2)做好检疫　调出种鸽于起运前 15～30 天在原种鸽场或隔离场进行检疫，如未发现疫病情况，由检疫部门出具种鸽检疫证明书。种鸽装运时，当地畜禽检疫部门应派员到现场进行监督检查。运载种鸽的车辆、船舶、机舱以及运输笼具等必须在装货前进行清扫、洗刷和消毒，经当地畜禽检疫部门检查合格后，发给运输检疫证明。另外，还需要准备动物防疫合格证复印件、非禽流感疫区证明、种畜禽生产经营许可证复印件、购种发票和引种证明，证件应随同种鸽一起，以备路上有关部门检查。

运输途中，押运员应经常观察种鸽的健康状况，发现异常及时与当地畜禽检疫部门联系，按有关规定处理。种鸽到达目的地后，根据检疫需要，在隔离场观察 15～30 天，经检查确定为健康动物后，方可供繁殖、生产使用。

（3）运输车辆、笼具消毒　运输前车辆及运鸽笼可用百毒清喷雾消毒，晾干后使用。运输笼具采用直径 3 毫米镀锌铁丝焊接而成，长、宽、高分别为 60 厘米、50 厘米、20 厘米，每根铁丝间距 2 厘米，底部铺塑料网片，防止鸽头、脚爪伸出挤伤，每笼装 20 只。

（4）装车　启运前一餐的饲喂有七八成饱即可，即每只鸽饲喂 20～30 克饲料，不宜喂得过饱，但必须使种鸽饮足清洁饮水。稳定半小时后抓鸽，装笼上车。装笼时笼与笼之间要留 10 厘米左右通气空间，以防通气不畅闷死种鸽。寒冷天气运鸽则利用白天行车，注意用汽车帆布遮好车厢，留通风孔，但注意不能出现贼风直冲鸽身，以防种鸽受寒感冒。

（5）运输途中管理　若为 24 小时以内的路程，气温在 30℃以内时，中途可不用喂料、供水。炎热天气可利用早晚及夜间行车，中午休息，避开高温时间，并将鸽笼置于阴凉处。在寒冷的冬季，要利用白天暖和的时间行车，并关好车门车窗，只留通风孔，注意防止穿堂风，以免引起种鸽不适或呼吸道疾病。驾驶人员休息餐饮时间不能太长，防止停车空气流通差造成中间缺氧、温度太高发生闷死。运输过程中每 2 小时检查一次种鸽的动态，发现种鸽张口呼吸、羽毛潮湿，说明温度偏高；若种鸽缩头、打战，说明温度太低，都应及时采取措施调节。还应注意不要急刹车，防止挤堆造成伤亡。

6. 种鸽到场处理

种鸽到达目的地后，应及时卸车，将周转笼放入已经消过毒的鸽舍内，立即组织人员在最短时间内分笼，立即饮用添加有电解多维的饮用水，缓解种鸽在运输过程中的应激或不良反应。供水过后开始喂料，饲料要保证营养全面。保健砂应每天供给 1 次，并适当添加甘草、穿心莲和龙胆草粉等。刚引进种鸽要注意与场内原有的种鸽隔离饲养，至少观察检疫 4 周，没有发现任何疫情才可正常饲养。但最好还是不要与其他种鸽混养在一起，以方便管理和防疫。

种鸽经过长途运输，改变了饲养环境，而且饲养人员、喂养方法、原料配比均有所改变，有的种鸽本身带有沙门菌、衣原体、毛滴虫及体内外寄生虫等，当受到应激时易发生疾病。故应加强管理，强化营养，以提高抗病力。不同年龄段的种鸽进场后需要采取不同的管理措施。

(1)30～60 日龄童鸽　此阶段童鸽离开亲鸽后对饲料和环境有一个适应过程，再加上运输过程中的应激因素，因此一定要严格按照童鸽时期的管理要求，精心饲养。这段时期注意预防白色念珠菌病（鹅口疮）的发生，可用甲硝唑或硫酸铜进行预防。

(2)60～90 日龄童鸽　实践证明此阶段是鸽一生发病率和死亡率最高的时期，一定要预防传染病的发生。鸽瘟、鸽副伤寒、眼炎、大肠杆菌病为此期常见病。

(3)青年鸽　青年鸽是肉鸽场引种的主要类型。这段时期肉鸽生长发育基本稳定，身体各项机能趋于完善，抗病力、适应性大大提高。因此，引进青年鸽鸽群的患病概率很小，但也应做好鸽舍的通风换气工作以预防呼吸道疾病的发生。天气变化时适当进行药物预防。青年种鸽每栏饲养数量 50～100 对为宜，以离地饲养为最佳。种鸽经长途运输，饲养环境的改变，往往容易发生应激，故应细心管理，增加营养，预防疾病。低月龄青年鸽更是如此。

(4)繁殖期种鸽　有些养殖户为了立竿见影进行乳鸽生产，往往会引进繁殖期种鸽进行饲养。繁殖期种鸽在运输过程中要注意平稳，减少对发育成熟性腺的影响。到达目的地后要要注意提高饲料蛋白质的含量，增加保健砂供给。用红霉素饮水 3 天，能缓解应激，提高产蛋率和受精率，减少孵化死胎率和仔鸽病亡率，能使种鸽尽快适应，提高繁殖率。

7. 引种后的隔离观察

新进种鸽必须单独隔离饲养，至少观察检疫 4 周，以防引入疫病传入大群。在此期间应及时根据免疫程序补种疫苗，若发现异常情况或发生传染病，应立即采取应急措施，并与引种场家技术人员或当地有关畜牧部门联系，请有经验的兽医来诊断治疗。特别是童鸽，正值生长发育阶段，对外界环境改变的适应能力差，改变饲养环境容易产生应激反应，从而降低对疫病的抵抗能力。有的种鸽可能是某些疫病的病原携带者，经过长途运输，这些病毒或病菌会乘虚而入，引起疾病的发生。

隔离期为了促使种鸽尽快恢复体况，可通过加强种鸽营养，精心管理，来增强体质，预防疾病。如可调整饲料中蛋白质饲料和能量饲料的比例，保持饲料营养充足，即蛋白质饲料占 20%～25%，能量饲料占 75%～80%，原粮饲料种类多样化。饮水中加入多种维生素、金霉素或红霉素等抗生素。当气候暖和，鸽群精神状态好转时，可每周 2～3 次药浴，以驱除体外寄生虫。若种鸽原为地面平养时，可用左旋咪唑或驱虫灵等驱除体内寄生虫；若原为离地平养，可推迟至种鸽配对前半个月驱虫。

五、肉鸽育种

目前肉鸽品种退化较为严重，主要表现为年产乳鸽数量较少，乳鸽上市体重偏小，种鸽繁殖性能低下。种质退化是制约我国肉鸽发展的最大瓶颈，为了扭转这种局面，增强市场竞争力，必须做好肉鸽的选育工作。

1. 国内外肉鸽育种情况

（1）国外肉鸽育种　早在 20 世纪，美国科学家利用仑替鸽、白马耳他鸽、白蒙腾鸽与贺姆鸽杂交，经过近 50 年时间育成了现在著名的白王鸽和银王鸽，该种鸽在 20 世纪 90 年代被引进我国广东、上海、湖南等地方进行饲养，这些品种现在在美国数量已经较少。1932 年美国棕榈鸽场利用法国和比利时红色带有较多白羽毛的卡奴鸽，与白色贺姆鸽、白色王鸽和白色仑替鸽等杂交育成了白色卡奴鸽，这个品种也被引进国内饲养。

（2）国内肉鸽育种　国内肉鸽业发展速度很快，但肉鸽育种跟不上发展的需要。广东省的广州、中山、珠海、深圳等地都先后从美国、澳大利亚、法国等地引进了不少种鸽。这些引进的种鸽一方面用于纯种繁育，一方面用于本地鸽种的改良，育出了一批生产性能较好的种鸽，如广东省家禽科学研究所 20 世纪 80 年代初利用美国王鸽和石岐鸽杂交育出了银王鸽系列品种。然而，在利益的驱动下，生产者往往只追求眼前经济效益，长期以来，没有对良种鸽进行有计划、系统地选择和培育，绝大部分鸽场在留种和更新种鸽时均采用自繁自养的方法，致使大部分种鸽都出现了不同程度的退化。

（3）种鸽市场需求预测　肉鸽产品的消费习惯是以乳鸽为主，仅广东省及港澳地区年消费乳鸽就达 9 000 万只。以广东省为例，广东省存栏种鸽约 750 万对，以种鸽有效利用年限 5 年计，每年需淘汰种鸽 120 万对，除自身留种 70%为 84 万对外，其余 36 万对靠引进新品种或新品系；其次，广东省每年养鸽增长速度为 15%，因此，每年鸽场自身推广及新办鸽场约需种鸽 100 万对，除 65%属自身留种外，其余 35 万对需引进新品种或扩大或办新场。引种方面广东省是国内养鸽大省，肉鸽饲养量占全国总量的 40%，优良品种及饲养管理技术占有较大优势，国内每年新办场引种需 350 万对，其中约 10%即 35 万对需要来广东省引进。综上分析，广东省自身需求及外省引进种鸽年需 106 万对，这是一个很大的种鸽市场，若能培育出名优品种或新品系，打出名牌，一定有很大的需求市场。

2. 肉鸽品种利用存在的问题

肉鸽饲养业在世界范围内发展迅速，已经逐步形成独立的产业。美国、法国、加拿大、比利时等国家养肉鸽历史悠久、养鸽产业发达、饲养水平高，同时培育出了不少优良的肉鸽品种。20 世纪 70 年代初，中国肉鸽养殖逐渐兴起，目前肉鸽的饲养已遍及国内大多数省、市和自治区。但是，多年来国内饲养的肉鸽品种主要是从国外引进，缺乏自己培育的、生产性能优良的、通过国家审定的肉鸽新品种。同时由于引种规模有限，主要采用近交繁殖，极易造成近交衰退，导致后代繁殖力、生产性能、生活力下降；加上中国农村家庭养鸽粗放的饲养管理和不良环境条件的影响，使原有优秀性状和生产潜力得不到充分的表现和发挥，导致生产能力下降，品质变差。另外，某些种鸽遗传性能不稳定，繁殖的后代发生性状分离，以致大部分种鸽都出现不同程度退化，如个体变小、大小不匀、毛色杂化、繁育性能明显下降、抗病力降低等。种鸽品种退化、繁殖性能低下是制约我国肉鸽发展的最大瓶颈，也与近年来与日俱增的肉鸽消费量不匹配，迫切需要选育和培育优秀的肉种鸽品种。

3. 肉鸽育种方法

(1)杂交育种　杂交育种是传统育种最常用的技术手段。杂交是一种培育新品种或新品系的技术,也是一种利用杂交优势生产高性能商品畜禽的方法。我国南方肉鸽主要育成品种多数采用级进杂交法经多年选育而成。

杂交可以丰富子一代的遗传基础,把双亲的有利基因集于杂种一身,因而可以创造新的遗传类型,或为创造新的遗传类型奠定基础。新的遗传类型一旦出现,即可通过闭锁群体、逐代采用近交加选择等技术手段使其固定下来,接下来就可以制种推广、扩大繁衍,培育成为新的品系或者品种。杂交育种技术除了培育新品种或新品系,生产中更多的是对现有品种、品系进行杂交改良:

1)引入杂交　如现有品种、品系主要生产力方向能够适应市场需求,只是存在个别缺点,这种情况下可以采用引入杂交法,选择优秀的针对其缺点的雄性种鸽进行有限杂交,杂交1代雌鸽与原品种雄鸽回交,使改良用种鸽的血统降至1/4,如果效果理想则闭锁群体,继代选育固定即可,如果外血含量还需降低,则杂交2代再一次与原品种雄鸽回交,使改良用种鸽的血统降至1/8再闭锁群体。

2)级进杂交　级进杂交法主要是改变一些种群的生产方向,如现有种群除了数量和适应性之外,已经不能够适应市场的需求,此时可以采用级进杂交法,即用改良品种雄性种鸽杂交该品种雌鸽,并且杂交代雌鸽逐代与改良用雄鸽杂交,直至改良品种鸽的血统在群体中上升到绝对优势,并且群体的生产力水平和生产方向达到市场需求时,闭锁群体横交固定。

杂交还可以产生杂种优势,利用非加性效应使子一代的表现一致性增高,因此较适合于商品肉鸽的生产。杂种优势利用的关键技术是杂交亲本种群的选优、提纯,杂交组合的筛选和杂交工作的组织开展。一般说来,对杂交母本种群的要求是数量多、适应性强、繁殖力高,对父本种群的要求是饲料转化率高、生长速度快、胴体品质好,同时要求与将来的杂种代生产力方向一致。杂交组合方式一般借鉴已有的杂交经验，如果没有记录则需要进行杂交组合筛选试验，进行不同形式的正反交，以筛选出最优杂交组合进行推广。目前，杂交优势的利用已经成为肉鸽生产的一种重要方式。

(2)肉鸽配套系选育　配套系选育是通过定向选择、培育专门化品系，分解育种过程中的育种任务，使各专门化品系分别承担不同的性状改良任务，尽快获得明显的遗传改进，利用配合力测定技术，筛选最佳的杂交组合，育成高产配套系。

肉鸽育种在中国刚刚起步，需要加大投入，在科研单位的指导下开展工作，真正培育出更多、更好的具有中国畜禽新品种证书的优良肉鸽新品种，切忌急功近利，短期行为，以免重蹈覆辙，阻碍中国肉鸽业健康发展。

六、肉鸽选育关键技术

1. 肉鸽的选种方法

肉鸽的选种是在鸽群中按照肉种鸽的标准衡量每一个个体，把品质优良的个体留作种用，把品质较差的个体剔除淘汰。选种是保持、改良品种和培育新品种的重要手段。为选好种鸽，后备种鸽应满足种鸽计划量的150％～200％，在生产中进行严格筛选，直至选出合乎条件的优良种鸽来。这样做，看起来投入的成本费用高了一些，但是在漫长的生产周期中，成本反而降低了，最终保证了肉鸽生产的优质高效。

选种工作要结合本品种要求，从个体品质鉴定、系谱鉴定、后裔鉴定等方面综合考虑、分析、对比，最后做出科学的评判。

(1)个体品质鉴定　个体品质鉴定主要是通过观察、触摸和测量等手段对种鸽的外貌特征、健康状况及生产力等方面进行判断。

1)外貌特征　种鸽应具备明显的本品种特征，还应体形大，体质强健，性情温驯，眼亮有神，羽毛光亮，无畸形，躯体长短适中。一般白色羽肉鸽在市场上普遍受到欢迎，价格较高。

2)健康状况　所选种鸽发育良好，肌肉丰满，肌肤细腻，抗病能力强。

3)体重　6月龄性成熟,上笼配对时要求雄鸽体重在750克以上,雌鸽体重在600克以上。

4)生产力　所选种鸽要求产蛋多,蛋形大,孵性好,母性强,产肉量高。年产仔鸽6～7窝,乳鸽25～28日龄体重达500克以上。生产中要及时淘汰产仔数和乳鸽体重不达标准的种鸽。

5)年龄　1～4岁的种鸽生产性能高,养殖效益好。引种最好引6月龄左右刚开产的种鸽,年龄太大的种鸽利用期短。

(2)系谱鉴定　就是根据肉鸽系谱中记载的祖先资料,如生产性能、生长发育以及其他相关资料进行分析评定的一种种鸽选择方法。系谱鉴定多用于幼鸽的选择,因为幼鸽正处于生长发育时期,本身还没有生产成绩记录可供参考,用祖先资料可对其进行合理选择。在进行系谱鉴定的时候,参考资料应重点放在亲代上,尤其上代雌鸽对儿女的影响更大,而祖代以上对后代的影响逐渐减小。另外,还要注意祖先遗传性状的稳定程度,如各代祖先的性能都较整齐而且呈上升趋势,则这样的系谱较好,应注意选留其后代,淘汰一代比一代差的鸽子。

(3)后裔鉴定　主要是用后代的体形、体质、体重、产蛋、育雏、乳鸽生长速度、抗病力、饲料利用率等方面来衡量留用种鸽是否把优良性状真实稳定地遗传给下一代,从而证实留种的正确与否,然后做进一步的留用或淘汰选择。

1)后裔与亲鸽比较　用子代雌鸽的繁殖性能(主要是产蛋间隔和年产蛋量)同亲代雌鸽进行比较,来判断亲代种公鸽的优劣。如果子代雌鸽的平均成绩超过其亲代雌鸽,说明亲代雄鸽是良好的种鸽。反之,则说明亲代雄鸽是劣种。

2)后裔之间的比较　同父本、异母本交配后代生产性能相比较,以此判定母本的优劣。

3)后裔与鸽群的比较　种鸽后裔的生产水平与鸽群的平均生产水平比较,来判断雄雌亲鸽的优劣。后代的优劣与双亲的遗传密切相关,但同时也受到环境条件的影响。因此应注意给后裔提供与群体相同或相似的饲养环境和饲养管理方法。

生产实践中发现，优良的种鸽也有可能产生劣质的后代，属于正常的变异。在对种鸽进行后裔鉴定时，应根据以上三方面，进行全面比较，做出科学的判断。

2. 留用种鸽应具备的条件

经过科学的选种过程，被留作种用的肉鸽须具备以下条件：

(1)体型外貌　要求种鸽具有本品种特征，体形大，体格健壮，无遗传疾病。选择时除了体形和体重大之外，还要结构匀称，额宽喙短，龙骨平坦，胸深，背宽长，肌肉丰满，两脚间距宽，早期生长快。

(2)羽色　一般消费者喜欢白羽的鸽子，因为白羽鸽的皮肤为白色或粉红色，所以王鸽、卡奴鸽等白羽品系受到肉鸽饲养场的广泛青睐。另外从遗传角度看，白羽对其他有色羽呈显性，白羽鸽与其他杂色羽鸽杂交产生的子代鸽也为白羽。黄羽、棕羽的乳鸽皮肤也较好看，市场销路好。灰羽、黑羽的鸽子肤色不受欢迎，但是它们具有抗逆性强、繁殖率高的特点。针对以上羽色不同的种鸽的特点，可以根据需要选留。

(3)繁殖率高　据生产记录选择产蛋多、孵性好、育雏好的种鸽继续留种，并把它们的后代作为留种的考查对象。而且留用种鸽年产仔鸽须在 6 对以上，低于 6 对者淘汰。一般高产种鸽，孵蛋与哺雏重叠进行，在雏鸽出壳后 20 天左右，产下下一窝蛋，雌雄鸽一面孵蛋，一面哺雏，这种繁殖性能好的种鸽，每年可获 7～8 对以上的商品乳鸽。反之，如果要待雏鸽 30 多天离巢后，种鸽才能产第二对蛋的繁殖率低的种鸽，一年只能生产 6 对以下的商品乳鸽。肉种鸽在9～11 月换羽，如果种鸽在此期间不停产继续繁殖，全年生产均衡，则可以将这样的种鸽及其后代选为种用鸽。

繁殖率是肉鸽养殖最重要的经济性状之一，引进繁殖率高、母性好的种鸽是肉鸽养殖成功的关键。种鸽年产乳鸽数达到 6～8 对，越多越好，最高可以达到 10～11 对。母性好的种鸽孵化率、育雏成活率高，养殖效益也高。每年繁殖率低于 6 对的种鸽应该坚决淘汰。

(4)性情温驯、抗逆性强　因为肉鸽管理效果的好坏，与种鸽禀性关系密切，性情急躁易于受惊的种鸽不易管理，生产中间损失大；性情温驯的种鸽，容易接受管理，易于获得高的生产性能。抗逆性强的种鸽，在逆态环境下很少得病，即便环境卫生稍差，仍能保持健康，机能旺盛，终年不发生害病，甚至整个生命期间也不患病。

(5)孵蛋好，母性强　母性强的生产种鸽，既善于哺雏，又善于孵蛋。孵蛋期间，母性强的亲鸽很少发生离窝晾蛋的现象，更无离窝舍蛋的行为。母性差的种鸽，则不时出现离窝晾蛋行为，冬天经常发生冻死胚蛋现象，造成很大的损失。母性强的种鸽孵蛋时动作轻慎；反之，母性差的种鸽，孵蛋时动作粗拙，经常压碎蛋或把蛋拨出窝外，造成生产损失。而且这种“母性”是可以遗传的，应该留这样的亲鸽及其后代作为种鸽。

(6)鸽乳质量好，育雏能力强　这是获得优质商品乳鸽决定性的条件。欲得体重大、肉质好的商品乳鸽，除了饲料条件外，关键是要有善于哺雏且鸽乳质优的种鸽。哺雏能力强的亲鸽，能做到勤哺、满哺，经常把雏鸽喂得饱饱的。鸽乳质量好的种鸽，可使雏鸽出壳后 4 天内生长迅速，健壮体大，为获得优质乳鸽打下基础。

3. 肉鸽的选配方法

肉鸽的选配是有意识、有计划地选取公、母种鸽配对的过程。选配是选种的继续，选配正确，可以充分发挥优良鸽种的优势。选配的方法有以下 3 种：

(1)品质选配　品质选配是根据种鸽雌雄双方的品质差异来决定配对组合，主要考虑公、母鸽生产性能特点和其他经济性状等品质。它包括同质选配和异质选配。

1)同质选配　在品系内选择生产性能或其他经济性状相同的优良公、母鸽配对繁殖。同质选配的目的是保持和加强优良性状，达到“好的配好的，获得更好的”目的。

同质选配是选择在生产性能特点或其他经济性状相同的优良公、母鸽交配，这种配种可以增加亲代与后代的相似性和后代同胞的相似性，在遗传上可以巩固和加强优良性状在后代中的传递。但其缺点也容易在后代积累而影响到种用价值。因此同质选配只能用于

品质优秀的种鸽，而且在选配中，为了提高同质选配的效果，选配应以一个性状为主。同质选配可分为两种：表现型同质选配和基因型同质选配。只根据个体表现，具有相似的生产性能和性状，并不了解双方谱系的配种称为表现型同质选配；根据谱系、家系等资料，判断具有相同基因型的个体间的交配称为基因型同质选配，近亲交配就是极端的基因型同质交配。

2)异质选配　同一品种内不同品系间选择具有不同优点的公、母鸽配对繁殖，使两亲本的优点结合起来，繁殖出新组合型的优良个体，再进行优良性状的横交固定。但要注意，切不可将具有相反缺点的雌雄鸽配对，否则会培育出更多缺点的后代。异质选配也可以分为两种，即表现型异质选配和基因型异质选配。

(2)亲缘选配　亲缘选配指根据双亲的亲缘关系进行选配，根据双亲的亲缘关系的远近程度又分为：近交、非近交、杂交、远缘杂交 4 种方式。近交是使鸽的遗传性稳定，使后代有高度同质性，巩固和发展祖代的某些优良性状，但是近交到一定程度会引起品种退化，因此生产中要把握好近交的程度和代次。杂交可以产生新的变异，从而选育出新品系或新品种，或者是通过杂交利用杂种优势。在育种中，经常运用近交来固定优良性状，并保持优良品种或品系的血统，同时也是培育杂交亲本种群的必要手段。杂交可以获得较大的杂种优势，使后代表现优于亲本纯繁群体均值，更多使用在商品群体的生产上。

(3)年龄选配　考虑公、母鸽年龄而进行的选配称为年龄选配。鸽的生活力随其年龄的增长而逐步减弱，后代品质也偏劣。通常肉鸽的寿命在 10 年左右，有的可达 20 年，最理想的繁殖年龄是 1～5 年，以 2～3 年最强，5 年以后种鸽的繁殖能力开始下降。老龄雄鸽与青年雌鸽配对，其后代表现型为母系性能占先；老龄雌鸽与青年雄鸽配对，其后代主要表现父系的性能。生产实践中，一般用青年雄鸽与老龄雌鸽配对，以充分利用优良的种公鸽。

选配前要做好种鸽的分群、分组工作，选择出来的种鸽应根据已记载鉴定资料，将种鸽分组为初鉴定群、已鉴定群、续鉴定群，分群后再根据生产性能优良程度、特点、亲缘关系(注意有无近亲)进行细分,以供编制配种方案参考。

制订选配方案必须经过周密调查,掌握种鸽遗传背景,主要经济性状平均值,有关品种或品系的特点,该品种、品系的生物学和经济学适应性,亲缘关系等资料,了解育种工作的具体条件,明确育种目标,确定选择和鉴定步骤,注意与配双方的品质、等级、年龄及其优缺点,慎重考虑,估计和权衡利弊得失,制订选配方案。在选配方案拟好以后,应努力保证其实施,并做好有关记录,及时分析选配效果。

七、肉鸽品种的提纯复壮措施

1. 引起肉鸽品种退化的原因

(1)没有从正规种鸽场引种　一些肉鸽生产企业,认为肉鸽都是纯种繁育,不进行杂交,不分代次,可以随意引种,因此引种时对供种鸽场未进行严格挑选,在引种时鸽种就不纯,遗传性能不稳定,所以引种后出现生产性能低下等退化现象就在所难免。一些供种鸽场品种系统培育工作不完善,本身就存在品种退化问题。

另外,某些种鸽本身就是血统不甚清晰的杂交代,遗传性能不稳定,繁殖后代容易发生性状分离,以致大部分种鸽都出现不同程度退化,表现为体型大小不匀,整齐度差、毛色杂化,繁育性能明显下降,抗病力降低等。

(2)长期近亲繁殖(小群留种、供种)　由于引种规模有限,引进的国外品种被迫采用近亲(兄妹、父女、母子或表兄妹等)交配繁殖模式,导致后代出现近交衰退现象,主要表现为生产、生活力下降,尤其是繁殖能力下降最为明显。

(3)种鸽生理机能衰退　国内大多数种鸽场,种鸽一上笼一直到淘汰,多年连续繁殖,长期并蛋、并窝。开始的1～2年往往生产性能较好,以后就出现繁殖疲劳。种鸽的利用期一般为5～7年,年龄太大的种鸽会出现生理机能的衰退。

(4)饲养管理不当　种鸽饲料、保健砂配合不合理,造成营养缺乏。一些鸽场未实行分阶段饲养，童鸽、青年鸽、种鸽一个饲料配方。饲喂时种鸽没有吃饱，特别是带幼鸽的种鸽，饲料采食量会成倍增加。中国农村家庭养鸽的饲养粗放，环境条件较差，使种鸽原有优秀性状和生产潜力得不到充分的表现和发挥，使生产能力下降，品质变差。

(5)疾病原因　很多鸽场卫生防疫工作做得不好，造成疫病流行，同样也会造成品种退化。病毒性传染病(鸽瘟、鸽痘)、细菌性传染病(副伤寒、大肠杆菌病)、真菌引起的疾病(念珠菌病、霉菌毒素)、原虫病(毛滴虫病、球虫病)等严重威胁种鸽的健康，一旦感染发病，会引起鸽群生产性能的下降或停产换羽。

2. 肉鸽品种的提纯复壮措施

(1)建立核心群，严格选择　核心群的成员由鸽群中符合种鸽标准的个体组成。要求：体形、羽色具有本品种特征，体质健壮，结构匀称，发育良好，无畸形。体重公鸽 750 克以上，母鸽 600 克以上。年产乳鸽 6 对以上，所产乳鸽 28 日龄体重 550 克以上。核心群种鸽年龄在 1～4 岁。及时淘汰不达标准的种鸽。

(2)选择步骤

1)初选　首先选择体大、背厚、胸宽、尾翘、体重相近、体质强健、毛无杂色的雌雄个体进行配对。公鸽个体重为 750 克以上，母鸽个体重为 650 克左右。做好生产记录，根据生产性能记录分析后，将那些后代遗传性能不稳定，产出的月龄乳鸽达不到 600 克的，体形、毛色有变异的，乳鸽生产率，孵化率，受精率达不到 6 窝的产鸽予以淘汰。凡是 7 日龄达 200 克，25 日龄达 500 克以上的，具有亲鸽(如白羽王鸽)品种特征的后代为初选对象。

2)复选　6 月龄的公、母鸽个体分别达到 750 克和 650 克以上的，遗传性能稳定的产鸽，确定为种用鸽，列为核心种群备选成员，配对公、母鸽要求同一品种，同一羽色类型，同时避免近亲交配繁殖。这样经 2～3 年选育，即有相当规模的核心种群。选配工作是培育工作的基础，只有掌握好选配技术，才能培育出优良种鸽和优良的品种群。

3)鉴定　配对半年后(12 月龄)进行，主要考查其生产性能，凡符合条件者为合格，补入核心群中。繁殖性能和后代生长情况，要求半年产仔在3对以上，乳鸽体重在550克以上。

(3)核心群的扩大和更新　核心群的后代应做好系谱记录，根据后代情况对核心群种鸽进行后裔鉴定。把符合选择条件的优良后代加入核心群的同时，要及时将后代品质差(生产性能低，出现异色羽或畸形)的种鸽淘汰出核心群。从而使核心群不断扩大、更新，种质不断提高。

(4)核心群的管理　核心群是由肉鸽场最优秀的个体组成，要由专人负责选种、选配工作，由专家指导，技术人员参与。要加强日常饲养管理，保证营养供应，严格控制环境条件，给核心种群创造一个合适的生产、生活环境。技术人员要做好各项记录：种鸽编号(初选体重、复选体重、羽色、年龄)，生产记录(产蛋、孵化、育雏、乳鸽成活率等)。

3. 肉鸽良种繁育体系的建立

种鸽场的审批发证机关应严格把关，依法办事，按照《种畜禽管理条例》的要求，规范种鸽的生产、经营行为，杜绝无证经营、炒种及“是鸽就是种”的现象，从根本上解决品种混杂的问题。种鸽场应采用科学、先进的管理、繁育和饲养技术，有明确的选育目标，建立健全完整、系统的档案制度。政府有关部门应加大品种更新、技术更新和知识更新的力度，适时引进新的品种，补充新鲜血液，普及、推广育种知识，使选种选育、提纯复壮、提高种用价值及年限成为饲养者的自觉行为。规模较大的鸽场和地方，可以与有关科研院所、高校等技术部门合作，开展育种工作，建立与区域化生产相配套的良种繁育体系，增强供种能力，提高品种质量。

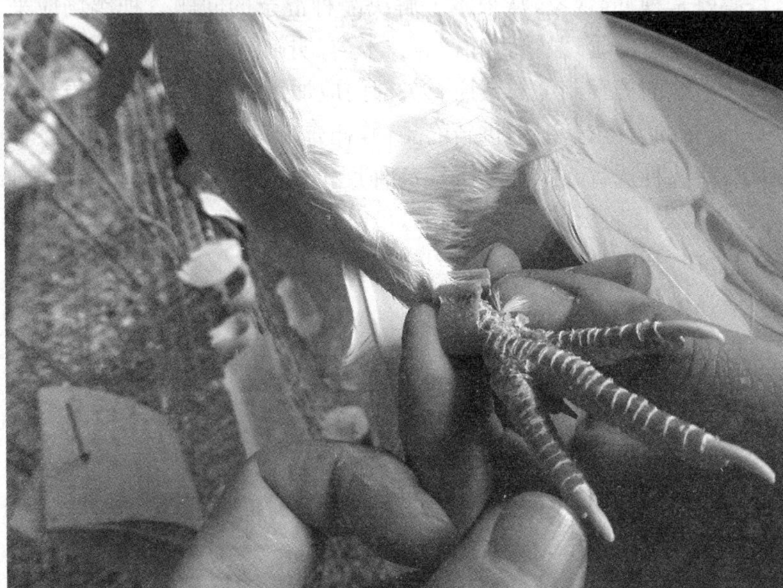

第三章　肉鸽繁殖关键技术

内容导读

肉鸽的繁殖特点
成年肉鸽的雌雄鉴别
肉鸽的繁殖过程
提高肉鸽繁殖率的措施
肉鸽的人工孵化
肉种鸽繁殖异常原因与对策

一、肉鸽的繁殖特点

1. 单配制

有别于其他家禽，肉鸽属于单配制禽类，特点是“一夫一妻”制，雌雄鸽只有配对后才能繁殖后代。肉鸽 3 月龄达到性成熟后，表现出求偶配对的行为。5～6 月龄时再配对繁殖，雄鸽表现主动积极，这时如果雌鸽愿意，“夫妻”关系即可确定下来。接下来进行筑巢、交配、产蛋、孵化、育雏等一系列繁殖活动，而且由雌雄鸽双方共同完成。目前肉鸽生产大都采用单笼配对饲养种鸽，正常的繁殖不受干扰，而且便于观察和进行疫病防治。肉鸽双母配对生产鸽蛋在国内一些鸽场已经取得了成功，但仍然需要在鸽舍中布置少量正常公母配对的种鸽，否则双母配对后不一定产蛋。

2. 晚成雏

鸟类在幼龄阶段分早成雏和晚成雏两大类型。大部分家禽（如鸡、鸭、鹅、鹌鹑等）都属早成雏，出壳时眼睛已睁开，羽毛丰满，可自由活动觅食。鸽子属于晚成雏刚出壳时，其全身只有少量纤细的绒毛，眼睛还没有睁开，腿脚无力，不能站立行走，不能独立觅食生活，必须依靠父母亲鸽用鸽乳进行哺喂。直到 25 日龄左右，乳鸽才模仿亲鸽采食饲粮。由于肉鸽的这一繁殖特点，因此对其一般不进行人工孵化，否则很难养活。

3. 繁殖率低

肉鸽遗留了其野生祖先的周期性繁殖特性，整个周期包括产蛋、孵化、育雏等基本环节。肉鸽每个周期内只产 2 枚蛋，接着就开始进行孵化，其繁殖周期平均为 45 天，即每隔 45 天才产下 2 枚蛋。现在高产肉鸽品种每对种鸽年产乳鸽数也只有 10 对左右，而且这样的种鸽为数甚少。因此，做好肉鸽的繁殖工作，增加每对种鸽的年产乳鸽数，是增加肉鸽饲养收益的关键环节。

4. 繁殖疲劳的预防

有一些鸽场，头一年种鸽的繁殖率很高，养殖效益好，但第二年全群种鸽繁殖性能大幅度下降，鸽场亏损严重。究其原因，很大程度上是由于种鸽繁殖疲劳所致。种鸽长期产蛋、孵化、哺喂幼鸽，再加上营养跟不上，出现营养不良，消瘦，受环境应激影响较大。冬季气候严寒，如果仍然让种鸽产蛋繁殖，实际上得不偿失，第二年生产性能肯定很低。预防繁殖疲劳除了平时要注意鸽群营养外，最好在冬季有 1～2 个月的休整期，下笼散养，避免产蛋孵化造成疲劳。

5. 种鸽的利用年限

种鸽的寿命长达 20 岁，其繁殖利用年限也较长，一次引种可以多年生产。肉种鸽的利用年限一般为 4～6 年，但生产中发现 1～3 岁的种鸽繁殖性能高，4 岁以后逐渐下降。表现产蛋间隔延长，孵化率下降。生产中对低产老龄鸽要及时淘汰，更换新的后备种鸽。留种的幼鸽应来自 1～4 岁的亲鸽，生活力和繁殖力较高。在生产中一些鸽场对老龄鸽舍不得淘汰，甚至选择老龄鸽的后代留种，很容易造成品种退化。

二、成年肉鸽的雌雄鉴别

正确地进行肉鸽雌雄鉴别在引种、选种、配对上具有重要意义。肉鸽两性羽色完全相同，体形大小差异不明显，不能很直观地进行雌雄判断，需要一定的技术和经验。肉鸽公母辨别见表 3—1。

表 3-1 肉鸽公母鉴别表

项目	公鸽特征	母鸽特征
外观体格	体形大，雄壮，活泼好动	体形小，温驯，不爱多动
头颈部	头大而圆，颈部粗短	头小，颈部细长
喙和鼻瘤	喙粗短，鼻瘤大	喙细长，鼻瘤小
性行为表现	发情明显，追逐雌鸽，尾羽打开扇形，发出“咕咕”的叫声，并向雌鸽频频点头示爱	发情不明显，受到雄鸽追逐，无叫声，到处躲藏
耻骨特征	耻骨硬，两耻骨间距窄	耻骨软，两耻骨间距宽
孵蛋时间	白天孵蛋	夜晚孵蛋

1. 外观鉴别

雄鸽头较大且顶部呈圆拱形，喙阔厚而稍短，鼻瘤大而突出，颈粗且较长，脚骨粗大。雌鸽体形结构紧凑，头较小，上部扁平似方形，喙窄而稍长，鼻瘤小而扁平，颈细而较短，脚骨细小。

2. 触摸鉴别

用手捉鸽时，雄鸽抵抗力较强。以手摸鸽子腹部骨盆，雄鸽龙骨突较粗长且硬，后部与趾骨间的距离较窄，两趾骨间的距离也较窄而紧；而雌鸽两趾骨间距离较宽，2～3 厘米，且有弹性，耻骨与龙骨突下部的距离也较大，龙骨突稍短。图 3—1 即为通过触摸耻骨鉴别雌雄。

图 3—1 触摸耻骨鉴别公母

3. 性行为表现

鸽子发情后，雄鸽常追逐雌鸽或绕着雌鸽打转，颈羽、背羽竖起，颈部气囊膨胀，尾羽散开如扇形，且常拖地，频频点头，发出“咕咕”声；雌鸽则较温驯，先慢慢走动，最后半蹲着接受求爱(图 3－2)。接吻时，雄鸽张开嘴，雌鸽将嘴伸入雄鸽嘴里，雄鸽会似哺乳一样做哺喂动作。亲吻后，雌鸽自然蹲下，接受交配。

图 3－2　雄鸽追逐雌鸽

4. 孵化时间不同

雄鸽孵化时间为每天 9～16 小时，其他时间均为雌鸽负责。在雌鸽孵化时，雄鸽大部分时间都站在巢附近，保护和监督雌鸽孵化。初养鸽者可以据此进行外貌、触摸鉴别学习。

三、肉鸽的繁殖过程

1. 肉鸽的配对

肉鸽 3～4 月龄性成熟，5～6 月龄配对。有自然配对和人工强制配对两种方式。

(1) 自然配对　将发育成熟的雄雌种鸽按照 1∶1比例放入同一场地散养，由雄雌鸽自行决定配偶，然后将配对成功的 1 对种鸽放入同一繁殖笼中饲养，这种配对方法称为自然配对。自然配对的种鸽关系维持较好，能相处较长时间，甚至终身不变。自然配对工作的关键是做好配对场所的准备，在较短时间内完成配对任务。为了辨认配对成功的组合，在场地的四周要设置临时巢盆，晚上将在同一巢盆中雄雌鸽抓住，放入同一种鸽笼中。自然配对容易出现近亲交配，长期近亲交配会出现近交衰退，应避免。

(2)人工强制配对　将发育成熟的雄雌鸽鉴定性别后，按照一公一母直接放入同一繁殖笼中饲养，人为决定种鸽的配偶，因此称为人工强制配对。与自然配对相比较，人工强制配对不需要专门的配对场所，方法简单易行，被大多数养鸽场所采用。同时，人工强制配对也有利于育种工作的开展，完成合理选配。人工强制配对要求雄雌鉴别准确度高，一般要由专业人员或有经验的饲养人员完成。这种配对方法一次成功率不是很高，配对后要注意观察配对情况，一旦发现打斗，要及时分开，重新配对，否则会出现严重后果。正常配对的公母鸽配对后很友好，相互亲嘴、梳理羽毛，有时公鸽会喂食给母鸽。经过 2～3 天相互熟悉后，公母鸽开始交配、暖窝，配对后 7～10 天产下第一枚蛋。不良配对有以下两种情况：

1)鉴别错误　有时由于饲养人员鉴别错误，将两只公鸽配在一起，往往有打斗行为，但有时也能和平共处。饲养人员观察可发现两只公鸽，配对后长时间不产蛋。将两只母鸽配对，一般很少打斗，短时间产出 4 枚蛋。

2)公母不和　有时虽然雌雄鉴别正确，但配对后公母鸽会出现打斗行为，这属于感情不和，发现后需尽早隔离，重新配对。

2. 筑巢与就巢行为

配对后的种鸽第一个行动就是筑巢，为产蛋做准备。开放式饲养时，一般公鸽去衔草，母鸽来筑巢。笼养肉鸽活动范围受到限制，要求饲养人员提前完成筑巢，在笼内巢架上放置塑质巢盆，并铺一麻袋片或其他垫料。巢盆有了以后，公鸽开始严厉限制母鸽行动，或紧追母鸽，至产出第二枚蛋时停止上述跟踪活动。母鸽一般在临产蛋前有守巢窝和蹲巢窝行为，产完两蛋后开始正常孵化。个别鸽无蛋蹲窝，称懒孵。日常管理要求：新上笼的鸽需配给合适的蛋巢，让其尽早习惯就巢产蛋孵蛋，蛋巢在笼中的位置要合适，方便鸽上下窝及配种。弃蛋不孵时合理调并处理，懒孵时供给蛋让其孵化或喂给合适的药物，长期不产蛋懒孵母鸽应淘汰。

3. 发情和交配行为

雄鸽追啄雌鸽，头一伸一缩，尾羽和翼羽散开擦地行走，踱着方步，在雌鸽周围转来转去，颈部气囊充气膨胀。用喙梳理雌鸽颈毛，亲嘴，雌鸽与雄鸽调情至适度时，尾羽伸展半蹲伏下接受雄鸽的爬跨，然后公鸽呈倾斜状，调整身躯与母鸽的泄殖腔紧贴，把精子射入雌鸽生殖道内。交配完后雄鸽从雌鸽身上滑下来。两鸽精神兴奋，个别鸽继续保持亲热状态。经产鸽，在产蛋前三天，多为雌鸽主动求偶，表现为不断发出低声"咕咕"叫声，靠近雄鸽，向雄鸽腹下做蹲伏行走状；雄鸽发出高昂的"咕咕"叫声，做衔草动作，不久即行交配。日常管理应注意观察鸽的发情交配周期长短，熟悉掌握鸽发情周期的变化规律及征兆，在发情交配期间保持安静，减少干扰，及时处理发情周期延长或无发情行为的鸽。

4. 产蛋

发情交配完的母鸽 7～10 天开始产蛋，第一枚种蛋产出 26 小时后产下第二枚种蛋。临产蛋前母鸽有寻巢窝及蹲巢窝行为。肉鸽蛋重 18～26 克，平均 21.5 克，第二枚蛋略重，蛋壳白色，便于照检。高产鸽一般在仔鸽出壳 7～17 天就产下一窝蛋。蛋间隔时间为 35～45 天，若产蛋后不让亲鸽孵化，产蛋的间隔时间也会缩短。日常管理要求：仔细观察鸽的发情配种状态，产蛋前母鸽的精神状态，及时提供给合格的蛋巢及垫料，及时迁移乳鸽，腾出空巢窝让鸽产蛋孵蛋，保持巢窝干净干燥。乳鸽及早上市或人工育肥，降低乳鸽对亲鸽的干扰，减轻亲鸽的负担。

5. 孵化

等两枚蛋全部产下后，种鸽才开始进行孵化(有些刚开产的青年鸽产出第一个蛋就开始孵化)，孵化任务由雌雄鸽共同负担，在为期 18 天的抱蛋时期内，始终由雌、雄鸽轮流抱孵。孵化 3～5 天进行第一次照检，灯光下透视，若见分布均匀的蜘蛛网样血管，系受精胚，否则为无精蛋或死精蛋，需挑出。种蛋孵化至一段时间后亲鸽开始翻蛋、晾蛋，用喙和脚慢慢将蛋翻转或移动再继续孵化。孵化到 10 天，应做第二次照蛋检查，如见到一侧气室增大，另一侧全黑，则胚胎发育正常，否则为死胚胎；孵化后期，父母亲鸽在换孵、采食时短暂离巢，进行晾蛋。日常管理要求：记录产蛋日期，仔细观察检查亲鸽的孵化过程，及时照蛋，分清鸽弃孵和晾蛋行为，防止鸽因受惊吓、打斗、寄生虫等因素影响而不孵蛋。孵化到 15 天，可用 18～20℃的温水清洗蛋壳上的污物并浸润蛋壳，以利乳鸽出壳。

6. 育雏

雏鸽刚出壳时软弱无力，多数羽毛未干，卵黄囊未被吸收完全因此腹部呈膨胀状，卵黄一般在出生后 3～6 小时吸收完毕，此后乳鸽就有受喂行为。乳鸽仰起头，抬起身，张大嘴，然后把喙伸入亲鸽的口腔内，接受亲鸽吐喂的鸽乳和饲料。乳鸽饥饿时，会伸颈张开喙寻找亲鸽哺喂，并发出“唧唧”寻食声音，刺激亲鸽分泌鸽乳。亲鸽哺喂的前三天完全是鸽乳，4 日龄以后逐渐加入饲料，7 日龄以后鸽乳停止分泌，完全依靠亲鸽吃进去的饲料来哺喂。15 日龄时，可以进行人工哺喂，从而缩短繁殖周期。日常管理要求：仔细观察亲鸽的饮食及鸽乳分泌情况，观察亲鸽哺喂的次数，分清有病不肯哺喂或多喂行为。合理喂料，消除不良因素对亲鸽的干扰，保持亲鸽正常哺喂乳鸽，保证乳鸽吃饱，满足生长营养需要。“鸽乳”营养丰富，有利于哺乳期的乳鸽生长发育。刚出壳的乳鸽，初生体重仅 17 克左右，到一周龄时体重可达 140～144 克，待长到 4～5 周龄，羽毛已长成，乳鸽常常离开巢窝，并扑着翅膀行走，熟悉食槽、水槽和砂筒的位置，这些行为表明，乳鸽已进入断奶时期。

7. 乳鸽的争巢窝行为

雏鸽生长一段时间后，有少许自立能力，亲鸽开始产下一窝蛋并开始孵化时，乳鸽常蹲在巢窝内与亲鸽争巢窝。日常管理要求：乳鸽尽可能早上市，最早 23 天即可上市。放一个空巢盆或一块巢布或塑料网片于笼底，让乳鸽休息，降低乳鸽对亲鸽的干扰，巢盆及巢布必须保持干燥清洁。

四、提高肉鸽繁殖率的措施

肉鸽属单配制晚成雏禽类，为周期性繁殖，一窝产下 2 枚蛋开始孵化、育雏。因此，肉鸽相对于其他家禽繁殖力有限，每对种鸽生产的乳鸽数量，直接影响肉鸽场的经济效益。提高种鸽生产的乳鸽数，使每对种鸽年产 8～10 对甚至 10 对以上，则能大大提高鸽场的养殖效益。因此，如何提高肉鸽的繁殖力，是目前肉鸽生产中首先要解决的关键问题。

1. 创造适宜的饲养环境

鸽舍的适宜温度为 18～27℃，理想相对湿度为 55%～60%，要求通风良好，光照充足。鸽舍内的温度、湿度、通风应当调节好，要做到冬暖夏凉、干燥清爽。天气寒冷时易引起孵蛋早期死亡，巢盘要适当增厚垫料和加封门窗来保温。天气炎热时孵化后期易引起死胚，要适当减少垫料，加强通风等措施来降温。另外，鸽场可根据季节的不同，自然光照不足的部分用人工光照补充。这样每天保证鸽子的光照时间，可增强机体新陈代谢功能，增进食欲，也可以杀灭某些细菌等，使乳鸽生长发育良好，同时促进种鸽性腺激素的释放。

2. 做好留种工作

选择繁殖率高、孵化性能好的种鸽。在饲养过程中，发现产蛋、孵化性能均好的种鸽，选择其后代进行培育留种，坚持自繁自育，建立高产核心群。根据生产记录及时淘汰生产能力低下（产乳鸽 6 对以下）的种鸽；同时要及时发现抗病力强、胸肌丰满、繁育能力和孵化能力都比较好的种鸽，选择其后代进行留种。通过自繁自育，逐步提高种鸽的繁殖力。还需对留种的种鸽进行编号，编制系谱，在配对时要注意避免近亲繁殖。

选育的种鸽自身要体型优美肥大，公鸽 750～800 克，母鸽650～700 克为最佳配偶。引进繁殖力高的种鸽，1 对种鸽至少每年能繁殖乳鸽 6 对以上，能繁殖 8 对以上乳鸽的为优秀。在引进种鸽时应高度重视系谱记录，了解其父母的繁殖情况，不能盲目引种，逐步培育优良高产的种鸽群。开始配对阶段，要淘汰晚熟个体，淘汰常产单蛋、畸形蛋或母性差、在孵化过程中发生死胚及常育雏不成的种鸽。

3. 合理并蛋、并窝

实践证明，每对种鸽可以同时孵化 3～4 枚蛋，生产中可以灵活调并种蛋。在种鸽孵化过程的 4～5 天进行照蛋检查，剔除无精蛋、死精蛋，剩下的蛋可以并窝孵化，一般每 2～3 枚蛋并成一窝。初产鸽若产两个蛋仍不孵化的，也可全部并入其他种鸽窝内孵化。并蛋后，不再孵化的种鸽，过 10 天左右又会产蛋。通过并蛋，可提高种鸽群的产蛋量。

生产中一对种鸽可以同时哺育 3～4 只乳鸽。有的种鸽 1 窝只孵出 1 只乳鸽或者 1 对雏鸽中途死了 1 只，可以将日龄相近的乳鸽并窝。这样无哺育任务的种鸽过 10～12 天可以重新产蛋孵化，从而提高种鸽的产蛋率和育雏成活率。由于乳鸽日龄不同，亲鸽育雏阶段分泌的鸽乳浓度也不相同，所以要求并窝时注意保姆鸽的蛋与代孵蛋的日龄相同或相近(相差不超过 2 天)。人工孵化出来的乳鸽，可按 3 只/窝的数量放入保姆鸽中育雏，剩下多余不育雏的种鸽进入下一轮繁殖周期中。通过并蛋、并窝哺育可缩短种鸽产蛋周期，有效地提高繁殖效率。

4. 采用人工孵化技术

人工孵化技术是将相同时间产的蛋批量孵化，这样便于同孵同育。将同期产出的鸽蛋放入孵化机内，孵化的基本操作要求和方法与孵化鸡蛋大致相似，但蛋架须更换成孵鸽蛋的。在规模化养殖场，适龄繁殖的亲鸽都是集中起来同时配对，配对后，多数过 8～10 天产蛋，这样可以在相近时间内同时产蛋、孵化、育雏。人工孵化可避免鸽孵化时压迫种蛋，并可防止鸽粪污染种蛋，减少胚胎中途死亡等，提高孵化率和出雏率，缩短种鸽产蛋周期，加快繁殖速度。具体操作如下：在种鸽产下两只蛋后即拿走鸽蛋，在蛋壳上做好标记，用小型孵化机进行人工孵化，在孵化过程的 5 天和 10 天分别进行照蛋检查，留下合格的种蛋。拿走蛋后 12～13 天，种鸽又会重新产下两枚蛋，此时将孵化机内同时入孵的 2～3 枚蛋放回巢窝替换新产的蛋。

之后种鸽只需再孵 3～5 天，乳鸽即会出壳，出壳后的乳鸽由亲鸽哺喂。这样种鸽的平均繁殖周期将由原先的 45 天缩短为 30～35 天，充分发挥了种鸽的生产潜力，大大提高了繁殖率，同时也保证了乳鸽的质量。

5. 乳鸽人工哺喂

人工哺育与亲鸽自然哺育比较，可以减少亲鸽哺育的生理负担，提早产下下一窝蛋，从而提高种鸽年生产力。同时，人工哺喂可使乳鸽增重率提高 10%以上。生产中，出壳的乳鸽通常在亲鸽和保姆鸽喂养至 10～15 日龄后才进行人工哺育。日龄太小的乳鸽人工哺喂成活率低。

6. 加强种鸽营养

传统的饲喂方法采取原粒饲料，但鸽子经常把大颗粒玉米或不爱吃的、适口性差的饲料拨出料槽外，这样由于鸽子挑食而导致不能完全摄取所需的各种营养成分，从而影响其生长发育和繁殖力。为了充分发挥种鸽的生产潜力，颗粒饲料在肉鸽养殖上的应用越来越多。生产实践证明，在使用全价配合颗粒饲料后，种鸽的年产仔窝数、种蛋孵化率和乳鸽上市平均体重都比原先使用原粒饲料得到了提高。保健砂是肉鸽养殖中不可缺少的矿物质饲料，它可以为种鸽提供钙、磷等矿物质和所需的微量元素，有助于原粮饲料的消化和防治疾病。保健砂要根据肉鸽的身体状态、机体的需要、季节及鸽场所处地域等进行适当调制。合格的保健砂不但能保证种鸽的身体健康，使种鸽多产蛋，种蛋的合格率、受精率和孵化率得到提高，而且还能促进乳鸽生长发育，防止乳鸽患软骨症。另外，根据鸽子的不同生长阶段，可以适当添加酵母粉、甲硝唑等进行预防保健达到防病治病和提高乳鸽的成活率的目的。保健砂要求配制新鲜，最好能现配现用。笼养种鸽易缺乏维生素 A、维生素 D、维生素 E 和 B 族维生素等，在饮水中要定期添加禽用多种维生素。

7. 做好鸽场卫生工作，完善疫病防治措施

防病治病、防鼠灭害是鸽场提高繁殖率的可靠保证。鸽场不但要做好平时的日常饲养管理工作，还要做好场内环境的净化工作和防鼠灭害工作。贯彻"以防为主，养防结合，防重于治"的原则，坚持定期消毒、做好预防性投药、定期驱虫和免疫接种，特别要加强鸽新城疫疫苗（一般可用鸽Ⅰ型副黏病毒灭活疫苗注射接种）、鸽痘疫苗的接种。疫苗接种要在种鸽产蛋前完成，种鸽产蛋期内要避免一些药物例如磺胺类的使用，以防造成种鸽停止产蛋。鸽群健康无病，种鸽的优良性状才能持续稳定地在生产中发挥作用。

8. 种鸽的人工强制换羽

一般每年夏末秋初种鸽进入换羽期，亲鸽产蛋率下降或完全停产，有的会停产 2～6 个月。在此期间，可以利用人工强制换羽的方法，即当鸽群普遍换羽时，就降低饲料的营养和减少饲喂量，或者断食断水，使鸽群在较短的时间内迅速换羽，待鸽群换羽完成后，再恢复原来的饲料营养水平。对在人工强制换羽期间仍产蛋或哺育的种鸽（此种鸽也可作为优良品种的一个标准）正常供水供料。

五、肉鸽的人工孵化

1. 鸽蛋人工孵化的意义

鸽属晚成雏鸟类，刚孵出的幼鸽不能独立活动觅食，需要由亲鸽哺喂才能正常成长，人工哺喂也需要幼鸽长到一定日龄（7 日龄以上）才能进行。因此鸽蛋人工孵化在生产中用的并不多，但鸽蛋的人工孵化对规模养殖场（户）有一定的意义。

（1）缩短肉鸽产蛋繁殖周期　根据调查，采用人工孵化的种鸽产蛋周期平均为 11 天，而自然孵化的种鸽产蛋周期平均为 39 天。生产中一般的做法是：将鸽蛋取出后，放入仿真蛋，14～16 天后用刚孵出的乳鸽换出仿真蛋，这时亲鸽的嗉囊已具有泌乳功能，能保证乳鸽成活与生长，这样比自然孵化的繁殖周期要短。

（2）减少鸽蛋的破损率　在自然孵化条件下，父母亲鸽经常需要轮班换孵，在采食时也需要离开巢盆，这样在频繁进出巢盆过程中有可能会将蛋踩破。其他原因如饲养管理不善、营养不良、管理不周、鸽群老化等，亲鸽在孵化过程中，鸽蛋的破损严重，有的鸽场鸽蛋的破损率高达50%以上。采用人工孵化和育雏，就可大大减少孵化过程中鸽蛋的破损。有报道，鸽蛋采用人工孵化后，蛋的破损率可减少5.7%。

(3)提高种蛋的受精率与孵化率　将蛋取出后的种鸽，自然交配频率会更高，种蛋的受精率明显提高。自然孵化时，有时候种鸽由于种种原因在孵化中途出现不孵蛋现象，造成死胚蛋增加。人工孵化条件较容易掌握，不受自然环境影响，因此种蛋的孵化率会更高。研究发现，人工孵化后受精蛋和入孵蛋的孵化率可分别提高12.2%和15.7%。

(4)可以扩大良种利用效率　鸽蛋人工孵化还可用于种鸽的品种改良。将优良品种的种蛋进行人工孵化，孵出的仔鸽交给其他亲鸽代哺，可以加速优良鸽品种的更新和推广。

2. 种蛋收集

种鸽一般产完1枚蛋后，第二天上午再产第二枚蛋，每次捡蛋只捡已产下两枚的鸽蛋，每2天捡1次。每批孵化的鸽蛋为同一群种鸽在同一时间段内产的全部鸽蛋。假蛋放置数量以不超过总蛋数的2/3为宜，确保有35%左右的种鸽空窝，提前进入下一个产蛋周期。

> 特别注意捡蛋必须在产完第二枚蛋当天完成，如捡蛋过迟，会有少部分种鸽恋窝空孵，而影响产下窝蛋的时间。

为了减少对鸽群的干扰和种蛋的破损，收取鸽蛋应在晚上进行，晚上鸽比较安定，取蛋时不会出现反抗。晚上收蛋前，提前根据配对记录、产蛋记录确定晚上取蛋的鸽窝。取蛋人员需要戴上消毒好的手套，避免污染种蛋和被种鸽抓伤，受到粪便污染的手套要随时更换。取蛋人员手心向下，用手背将窝在巢盆的种鸽轻轻抬起，将鸽蛋轻握在手心，慢慢移出鸽巢。然后将提前准备好的2枚仿真蛋放入巢盆。仿真蛋用白色硬塑料制成，大小与真蛋接近，内部装有水，因此完全可以以假乱真，欺骗种鸽。鸽子蛋蛋壳比较薄，容易弄破，收取的种蛋要轻拿轻放，避免破损。

由于种鸽产蛋量的提高，为适应产蛋的需要，日粮的营养水平应相应提高。日粮的粗蛋白质水平不要低于15%，同时要充分供给保健砂及矿物质等，维持亲鸽的良好体况和产蛋率。

3. 种蛋挑选与粪污处理

进行人工孵化的种蛋要经过认真挑选，合格的种蛋才能进行人工孵化。选择种鸽产下24小时之内、无裂纹破损、非畸形、无污染、大小适中的鸽蛋进行孵化，剔除软壳蛋、沙壳蛋、特小蛋和双黄蛋。蛋壳品质是影响孵化效果的重要因素，对每一枚鸽蛋都要进行检查，最好的方法是在暗室中进行照蛋检查，剔除破蛋、裂纹蛋、蛋壳太薄的蛋、气室异常的蛋（气室移位、气室太大）。蛋重在19.5～27.5克孵化率高，过大或过小的蛋孵化率均较低。

大块儿粪便污染的鸽蛋不能用来孵化，为不合格种蛋。但如发现是刚刚沾上少量湿的粪便，用卫生纸轻轻擦掉即可，若是面积稍大而且粘得很牢的干粪便，就用棉签蘸温水一点点浸泡（注意面积不要扩大），2～3分待粪便完全浸透后，再用棉签将粪便脏物擦掉，然后再用吸水性较强的软性纸、餐巾纸或卫生纸，将浸泡处的残留水分揾净即可。不要用指甲去抠蛋皮上的干粪便，如用手去抠易将蛋皮同时抠（粘）掉。

4. 种蛋保存

种蛋存放在专用蛋库或蛋箱中，要求保存温度18～21℃，最高不能超过24℃。鸽蛋保存相对湿度70%～80%，保存时间7天以内，超过7天的种蛋孵化率显著降低，不适合孵化。

5. 种蛋消毒

鸽蛋收集后要及时消毒。常用的消毒方法为甲醛熏蒸法，用一个小的熏蒸容器（熏蒸柜），每立方米空间用福尔马林（40%甲醛溶液）28毫升，高锰酸钾14克，密闭熏蒸20分后，排出甲醛气体。也可以用0.01%高锰酸钾溶液、0.1%新洁尔灭溶液或其他消毒剂浸泡消毒，水温39℃左右，时间3～5分。入孵前对种蛋再进行一次消毒，方法同上。

6. 孵化条件控制

(1)温度　温度是保证胚胎发育的前提条件，应根据当地的气候和环境温度来调节孵化机的温度。鸽蛋孵化采用分批入孵、恒温孵化法。鸽蛋个体较小，温度受外界影响比较大，如温度过高会造成死胚增多；如温度低破壳会推迟、死胚多、雏鸽卵黄吸收不良，易造成弱雏而死亡。例如广东地区夏秋季节孵化温度一般 37.9～38.3℃；冬春季节孵化温度为 38.1～38.6℃。如果出雏与孵化分开的话，出雏温度可以降低到 37.5℃。

(2)湿度　湿度的作用在于调节鸽蛋内水分的散失，控制蛋体失重，以保证胚胎良好的发育和正常的气体交换；适当的湿度也使空气具有良好的导热性，有利热量的交换。因此，湿度是保证孵化的重要条件，适宜湿度有利胚胎初期均匀受热；中期有利胚胎新陈代谢，到后期有利胚胎消散过多的生理热，使蛋壳结构疏松，防止雏鸽绒毛与蛋壳粘连，便于啄壳出雏。若湿度不足，则会引起胚胎粘壳，出雏困难或孵出的雏鸽体重轻，爪干。若湿度过大，则不利雏鸽破壳，孵出的雏鸽较重，蛋黄吸收不良，腹部大，体质差易死亡，致使成活率下降。但相对湿度若超过 70%而通风不良时，胚胎因气体交换差导致胚胎窒息死亡。夏秋季节孵化相对湿度为 50%～55%；冬春季节孵化相对湿度为 55%～60%。

(3)通风　鸽蛋在孵化过程中，也在做有氧呼吸，排出二氧化碳和水分，适当换气是保证胚胎正常发育不可缺少的。孵化机风门，一般夏秋季节，外界温度和机内温度相差很小，风门可以全开或打开一半；冬春季节，外界气温低，应减少内外冷热空气的交流，风门打开一半或全部封闭，保证孵化机内温度恒定。孵化机除一个自动风门外，在后面还开有两排对流孔，上下贯通，使孵化机内外形成小的对流，有利换气和调节机内温度平衡。

(4)翻蛋与晾蛋　机器孵化每隔 2～3 小时翻蛋 1 次即可，翻蛋角度为 90°，每天翻蛋 8～12 次，至出壳前 1 天停止翻蛋。鸽蛋孵化至 12 天，要每天抽出蛋格 1 次，在孵化机外晾蛋，使温度降至 30℃

再放回孵化机内。对原机内新入孵的鸽蛋照常孵化。

7. 孵化操作

鸽蛋入孵后第五天进行照蛋，剔除无精蛋及死胚蛋。入孵后第十六天进行落盘，将蛋从孵化机的孵化盘中移到出雏机的出雏盘中。孵化至第十七至十八天雏鸽便开始陆续出壳，于破壳前10小时会在蛋的钝端1/3左右处啄孔，如果啄孔后24小时内还未出壳，应进行人工辅助剥壳，但不能引起乳鸽出血，以免导致乳鸽死亡或后天性的生长发育不良。做好捡雏工作，动作要轻、快，一般3～4小时捡雏1次，雏鸽捡好后要及时送回鸽群进行并雏。因人工孵化的雏鸽自身不能采食，需并入与其日龄相近的自然孵化的雏鸽窝中让带仔亲鸽代哺。每对亲鸽所带仔鸽总数可达3只(含自身孵出的仔鸽)。

8. 孵化后期管理

鸽子属于晚成雏，刚出壳的乳鸽未开眼，不会行走和自由采食，需要保姆鸽分泌鸽乳嘴对嘴的喂养。所以，孵化破壳后要送回给相同日龄孵假蛋(仿真蛋)的保姆鸽哺育，同时拿出假蛋清洗消毒后下次再用。也可以鸽蛋孵化到16天啄壳后，重新让保姆鸽自己孵化出壳，成活率、生长速度大大提高。乳鸽破壳后会发出微弱的叫声，刺激保姆鸽做好哺育乳鸽的准备，开始分泌鸽乳，做好迎接乳鸽出壳的准备工作，乳鸽出壳后才有充足的鸽乳吃、长得快。

六、肉种鸽繁殖异常原因与对策

1. 引起种鸽停止产蛋的原因和对策

(1)年龄太大引起停产　2～3岁的种鸽繁殖性能最高，年龄超过5岁的种鸽，由于生殖机能降低或消失，造成产蛋减少甚至停产。在生产中，对年产6对以下的老龄鸽应坚决淘汰，做好后备鸽群的选留。

(2)换羽引起停产　这种停产具有季节性。种鸽一般每年换羽1次，换羽期长达1～2个月，在此期间部分鸽可能出现停产而致使鸽群产蛋量下降。种鸽于每年的夏末秋初(9～11月)陆续进入换羽期，产蛋减少或停止产蛋。一般高产鸽换羽持续时间短，低产鸽持续时间长。换羽期间，如果饲料量不足，缺水或其他管理工作跟不上，鸽群可能普遍停产。在换羽期间增加鸽群的营养和加强饲养管理可以减少换羽对产蛋量的影响。

(3)病理性停产　引起鸽群产蛋量下降的疾病种类很多，某些急性传染病，如新城疫等易被人们所重视，并采取一定的措施加强防制。而有些隐性感染的疾病则常被忽略，生产上引起产蛋量异常下降的原因往往是这些疾病的存在。这类疾病主要有：

1)内寄生虫病　以线虫为主的内寄生虫，鸽轻度感染时无明显症状，对产蛋量无大的影响或使产蛋周期延长，重度感染时可表现为面颊灰白、贫血、消瘦，出现拉稀，产蛋停止。

2)鸽虱等外寄生虫病　鸽虱寄生在体表或羽毛上，叮咬使鸽不安，引起鸽的食欲下降，体质衰弱，生产性能降低。

3)副伤寒　成年鸽感染后不表现症状，但卵巢可受到侵害，使母鸽产蛋紊乱或永久性停产。

4)支原体病　这是由禽败血性支原体引起的鸽群多发的一种疾病。病鸽食欲减退，渐进行性体重减轻，羽毛松乱，呼吸困难，也可侵害生殖器官，使产蛋下降或停止。

控制疾病的方法主要有:注意清洁卫生，改善环境设施，保持阳光充足和空气流通。生产中要注意做好鸽瘟、鸽痘的疫苗接种工作。有病应及时医治不要延误。对消瘦的产鸽应补喂合适的饲料，加强护理。同时严格日常消毒管理，减少疫病的发生。加强检疫，淘汰副伤寒、支原体病等阳性的鸽，定期驱除鸽体内外寄生虫，进行预防性投药。

(4)营养性停产　喂料量不足会引起种鸽停产。哺育期的种鸽采食量不足，会引起产蛋间隔延长、甚至停产。相同生育期的种鸽在不同季节营养需要量也不一样，一般来说，随着气温的下降，营养需要量逐渐增大，如果不能随季节的变化及时调整饲喂量也会出现喂料量不足的问题。另外，饲养人员的不规范操作，人为给鸽少量饲料也是造成喂料量不足的常见原因。只要能根据种鸽营养需要量及时调整喂料，一般数天后全群产蛋量即会有所回升。

种鸽过肥或营养不良均会造成产蛋减少，甚至停产。当产鸽过肥时，可在一段时间内减少饲料的饲喂量或拼给仔鸽带喂，待其体质恢复正常后再饲喂正常饲料量；如营养不良时，应重新调整配方，保证蛋白质、碳水化合物及维生素、矿物质、微量元素充足，以满足其需要，用料量也要保证，不多不少。合理配制保健砂，饲料原粮要多样化，在饮水中补充维生素。

（5）过度疲劳　上一年产蛋、孵化任务太重，下一年繁殖率会显著下降。一般高产鸽经常会连续孵 3 枚蛋、哺喂 3 只乳鸽，因而极易引起产鸽的过度疲劳，体质机能降低，特别是生殖机能降低最为明显。因而对高产鸽可间隔地把其仔鸽拼给其他亲鸽带喂，以减轻负担，恢复体况；平时也应合理拼蛋拼仔，这样可以避免产鸽的过度疲劳而停止产蛋。在每年冬季，结合换羽最好有 1～2 个月的休整期。不要长时间并蛋、并窝。

（6）药物或疫苗影响　肉鸽在上笼配对前应做好一切疫苗接种工作，在生产期间接种疫苗会引起停产。另外，一些药物如氯霉素、磺胺类药物等会引起停产，在产鸽上应禁止使用。

（7）环境因素　种鸽处于极端恶劣环境条件下会出现停产。光照和种鸽的生殖活动、新陈代谢及采食行为都有一定的关系。冬季昼短夜长，过短的光照时间会使种鸽的繁殖机能减退。同时，因采食时间短，也会造成鸽群摄入量的营养不足，导致产蛋量的下降。光照不足 16 小时，冬季舍内温度低于 10℃，舍内严重通风不良，有害气体超标等都会造成产蛋停止。

（8）应激因素　应激引起的产蛋量异常的程度与应激的强度和持续时间有关，强而持续的应激可对生产性能造成严重影响。常见的应激因素有：高温、高湿、低温、缺水、断料、噪声、疫苗接种、有害气体含量高等。应激的控制主要是消除应激因素，给鸽群创造一个舒适、安静的生活环境，可通过实行规范化操作，合理调剂饲料营养，根据需要使用一些抗生素等药物来降低应激的影响。

2. 种鸽不孵蛋

生产中会发现种鸽产蛋后不就巢孵化，或者前期正常孵化在接近出壳阶段停止孵蛋，造成大量的死精蛋与死胚蛋。分析原因如下：

（1）饲养环境的变化　鸽舍设计不合理，夏季炎热，冬季寒冷，有害气体含量过高，光线过强，环境噪声大等都会造成种鸽不孵蛋。靠近窗户的鸽笼采用深色布围罩巢窝，创造幽静的孵化环境。

（2）动物的侵袭　猫和老鼠是鸽子的天敌，对肉鸽养殖会造成很大威胁。养鸽场要做好灭鼠工作，同时防止野猫进入鸽舍。孵蛋期种鸽一旦受到猫和老鼠的侵袭，不能安心孵蛋，造成死胚蛋增加。

（3）巢盆中垫料不合适　温暖、舒适的巢盆环境是种鸽理想的孵蛋环境。巢盆垫料潮湿、垫料污染、缺少垫料都会引起种鸽不孵蛋。种鸽配对放入笼中后，在巢盆中准备好垫料，如海绵、布垫、麻袋片、地毯等，要求洗净、消毒。生产中要随时换掉脏的垫料，更要避免巢盆中垫料的缺失。

（4）外寄生虫病　羽虱、螨虫、蚊子等侵袭种鸽，使其浑身瘙痒，不能安心孵蛋。每年春、秋季节进行体表驱虫。喷雾或药浴法：间隔7～10天再用药1次，效果更好。驱虫药：杀灭菊酯乳油、溴氰菊酯乳油、二氯苯醚菊酯。阿维菌素按每千克体重0.2毫克，混饲或皮下注射，均有良效。

3. 种鸽不哺喂

正常情况下，乳鸽一出壳，亲鸽就开始哺喂，如果雏鸽出壳5～6小时后，老鸽仍不哺喂雏鸽的话，就说明有问题了，要仔细地检查和寻找原因。

（1）母性不好　有的种鸽对其所产仔鸽不关心、不哺喂，不能留作种用。应选择哺喂能力强，而且所产乳鸽生长均匀且增重快，肌肉丰满的种鸽。

（2）初产亲鸽　常常发生在亲鸽所孵出的第一窝乳鸽，亲鸽还没有学会哺喂。应人工诱导哺雏，其方法是：把雏鸽的嘴轻轻地放到亲鸽的嘴里，经过几次诱导，亲鸽就会了。

（3）疾病原因　如果是亲鸽患病，也会出现精神差、不哺喂乳鸽现象。这时要及时隔离治疗，并让其他同期或近似同期孵雏的亲鸽代哺。

4. 种蛋受精率低

(1)母鸽生殖道异常　白垩质蛋壳的蛋几乎100%是无精或不能孵化的。器质性缺陷的母鸽经常产白垩质蛋,患病母鸽一般不可治愈,应予以淘汰。

(2)年龄因素　种鸽子年龄愈大,愈易产无精蛋。应对所有种鸽做好记录,以便随年龄增长及时识别其中产高比例无精蛋的个体并及时淘汰。部分品种尤其是重型品种的年轻种鸽易产无精蛋,一般第一窝无精蛋比例可高达50%。

(3)配对不当　公、母鸽感情不和,很少交配,需要拆开重新配对。青年鸽提前上笼配对,种蛋受精率较低,要避免早配。准确鉴定雌雄,配对后多观察,双雄或双母配对者要重新配对。

(4)公鸽生殖障碍　公鸽生殖道疾病、性欲差、精液品质不良。需要淘汰有病的公鸽,保证营养,提高性欲和交配次数。

(5)种鸽饲料营养不合理　饲料和保健砂不平衡,会增加无精蛋比例。公鸽营养不良、蛋白质缺乏、维生素A、维生素E缺乏都会造成性欲差、精液品质不良。要注意谷类饲料和豆类饲料的合理搭配,一般比例为7∶3。注意饲料不能发霉变质。保健砂要合理配制,现配现用。

(6)种鸽泄殖腔周围羽毛太长、太密　针对经常产无精蛋的种鸽可采取剪毛的措施(泄殖腔周围),使公鸽和母鸽在交配的过程中不受尾毛的影响,从而减少无精蛋的数量。

(7)光照时间短　冬季天短,光照不足,对种鸽繁殖生产不利,一般应于晚上补充鸽舍人工光照3～4小时,这样能够有效地提高种鸽产蛋率、受精率和乳鸽的体重。光线要柔和,不宜太强或太弱,并定时开灯,一般每日鸽舍自然光照加人工光照16～17小时,即能保证种鸽正常生产需要。

(8)两窝蛋间隔时间过短　若一对鸽失去了所产的蛋而很快又产下一窝蛋,则后产的这一窝很可能是无精蛋。母鸽休息7～10天不产蛋,即可恢复正常。

第四章　肉鸽场建设与养殖设施设备

内容导读

肉鸽场场址选择
肉鸽场场区规划
鸽舍的类型与建造要求
肉鸽养殖设备与用具

一、肉鸽场场址选择

发展家庭肉鸽养殖，小规模饲养（300～500 对）可以利用房前屋后空地，搭建简易鸽舍即可饲养。但是，如果想发展规模养殖，为将来扩大规模预留发展用地，必须对场址进行严格挑选，合理规划。肉鸽场场址选择主要考虑的因素有：地形、地势、土壤、水源、交通、电力供应与周边环境等。

1. 地形、地势

地形、地势与鸽场温热环境和环境卫生关系很大。地势的高低直接关系到光照、通风、排水等条件。肉鸽场最好建在地势高燥、向阳避风的地方。以平坦或稍有坡度的开阔平地最好，便于场区规划、防止场区积水。山地、丘陵地区的场地适当平整后也可以建场。注意不要在低洼的地方建场，因为空气流通会受到影响，而且不便于排水，容易滋生蚊虫。阳光充足，地势干燥，排水良好的场区也有利于肉鸽场的卫生管理。在山区，不宜选择昼夜温差太大的山顶和通风不良、潮湿阴冷的山谷建场，应选择在坡度不太大的向阳半山腰。

2. 土壤

肉鸽场的土壤以沙壤土最为理想。这样的土壤排水良好，导热性小，微生物不宜繁殖，符合卫生要求。黏土或砾土不宜建场，因为黏土颗粒极细，黏着力强，渗水和透气性差，雨后泥泞积水，工作不便，并且容易使寄生虫繁殖，影响肉鸽健康。如果找不到合适的沙壤土地，也可以在黏土地铺上 35 厘米左右厚的沙土。另外，场地的土壤过去未被畜禽传染病或寄生虫病病原污染，透气性和渗水性良好，能保持干燥。为了便于种花植树，美化环境，土壤还要有一定的肥沃性，方便场区绿化。

3. 水源

肉鸽场水源要充足，水质良好。要求水中不含有病菌和有毒物质，无异臭或其他异味，水质澄清。大型肉鸽场最好自建 30 米以下深井，最好能够达到 70 米以下，以保证水的质量。

4. 交通和位置

肉鸽养殖场应设在环境安静而又卫生的地方，位置应远离交通主干道、城市居民点、集贸市场和其他家禽养殖场。为了方便原材料（饲料）、乳鸽等产品的运输，鸽场要求交通便利，有专用道路与主干道相连。鸽场要求距主要公路不少于 500 米，距次要公路 100～150 米，既便于运输，又有利于防疫。

5. 其他

要有电力保障，保证生产和生活用电。大型鸽场应备有发电机，以便停电时使用。鸽场还要远离机场、采矿企业等噪声较大的地方。不要集中连片修建鸽场，鸽场之间也应有至少 500 米以上的距离。

二、肉鸽场场区规划

1. 肉鸽场的分区

大型肉鸽场通常分 4 个功能区：即办公生活区（办公室、宿舍、食堂、健身设施等）、生产区（各种类型鸽舍所在区域）、辅助生产区（饲料储存加工、供水设施、商品乳鸽存放、商品鸽蛋蛋库等）、粪污区（包括病鸽隔离舍、粪便处理区等）。小型肉鸽场仅设生产区与生活区即可，四周用砖墙或栅栏围起来，避免闲杂人员、野狗或其他野生动物进入。工作人员、车辆必须通过消毒通道出入，并严格执行消毒管理制度。

2. 肉鸽场分区规划原则

（1）有利于防疫　首先应从人、鸽健康的角度出发，以建立最佳生产联系和卫生防疫条件，来合理安排各区位置。职工生活区应在全场上风向和地势较高的地段，然后依次为办公区、鸽生产区、粪便及病鸽处理区。

(2)方便生产　因地制宜,合理利用地形地势,以创造最有利的鸽场环境,减少投资,提高劳动生产率。

(3)节约用地　应充分考虑今后的发展,在规划时应留有余地,尤其是对生产区规划时更应注意。体现建场方针、任务,在满足生产要求的前提下,做到节约用地。

(4)粪便无害化　建设规模化肉鸽场时,应当全面考虑鸽粪的处理和利用,做到废物利用,减少对环境的影响。

3. 肉鸽场场区规划要求

(1)鸽舍与鸽舍之间的距离　为了防止疫病的传播和火灾的蔓延,舍与舍之间的距离至少应有 20 米,并且在舍与舍之间种植花草隔离。

(2)根据地形和当地主风向合理设置不同类型鸽舍的位置　在肉鸽饲养区域内,要尽可能按生产种鸽、育成鸽(童鸽)、待售鸽划分成各饲养小区。并在远离饲养区的下风向,相应建有一定数量的病鸽隔离舍。一般年龄小的童鸽舍、青年鸽舍应处在地形较高的地方和上风向,成年种鸽舍位于地势较低及下风向。因为幼鸽抗病力弱,容易患病。童鸽舍区、青年鸽舍区、种鸽舍区至少应有 30 米以上距离。

(3)办公生活区和生产区要严格分开　办公生活区和生产区要设置围墙或栅栏,不可随便来往,饲养人员每天进入生产区先要经过消毒室、消毒池,有条件的鸽场可设置淋浴间、更衣室。职工住宅生活区与鸽舍之间的距离不得少于 50 米。

(4)消毒池设置　进入鸽场的大门入口处要设置车辆消毒池,主要对进入厂区的车辆进行消毒。进入厂区的饲养设备、饲料表面也要进行喷雾消毒。第二道消毒池在进入生产区入口处设置,主要是人员消毒用。每一幢鸽舍的进口也需建有较小而且有效的消毒池,防止疾病发生。

(5)鸽粪处理的位置　鸽粪便是造成鸽场环境污染和传播鸽病的重要因素,一定要搞好粪便的处理工作。粪便集中堆放入粪池中,粪池的位置应设在下风向和地势较低的墙角,距鸽舍至少应有 50 米以上的距离。

三、鸽舍的类型与建造要求

1. 笼养式鸽舍

适合繁殖期种鸽的饲养，把已配好对的生产种鸽单笼饲养。要求通风良好、光照充足、光线均匀，南侧窗户不宜过大，最好是带有天窗。地面须用水泥硬化处理，以便于清扫、冲洗与消毒。繁殖种鸽舍面积根据饲养数量而定，一般1 000对种鸽舍面积需要250米^2。笼养鸽舍的优点是鸽舍结构简单，造价低廉，管理方便，鸽群安定，鸽舍利用率较高。笼养鸽舍笼具摆放见图4—1。

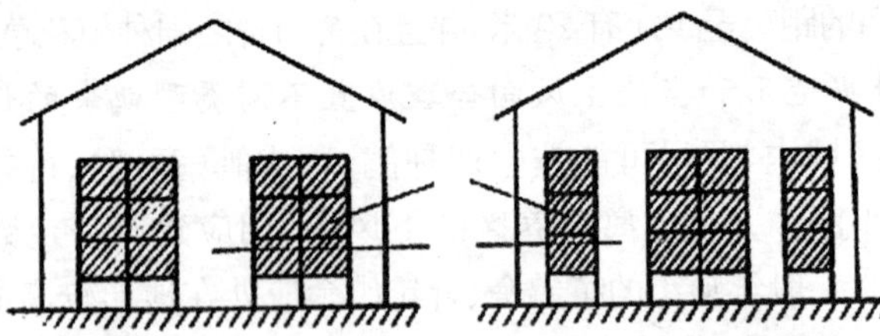

两列三走道　　三列两走道

图4—1　笼养鸽舍笼具摆放

(1)全开放式鸽舍(图4—2)　适用南方温度相对较高地区，由顶棚和立柱组成，鸽舍四面可不设围墙，笼舍中间设立通道，由中间通道喂料。结构简单，建筑成本低，通风较好。全开放式鸽舍容易受外界气候变化影响，适合饲养青年鸽或繁殖种鸽，不适合饲养童鸽。

图4—2　全开放式鸽舍

（2）半开放式鸽舍（图 4—3）　适合冬季气温不低于-5℃的地区，北面设墙面，南面向阳敞开，有利于通风和采光。但在冬季应在开放一侧设置卷帘，有利于保温。夏季在开放一侧设置遮阴网，避免热浪侵袭，避免光照过强对种鸽孵化造成影响。

图 4—3　半开放式鸽舍

（3）封闭式鸽舍（图 4—4）　适用北方寒冷地区，鸽舍四面围墙，南墙设有大窗口，北侧设小窗户。窗口可供光照和通风，天热时打开，天冷时关闭。

图 4—4　封闭式鸽舍

2. 群养式鸽舍

一般饲养后备种鸽使用。

(1)童鸽舍　童鸽是指留种用1～3月龄肉鸽，此阶段正值换羽期，要求鸽舍保温性能良好，冬季需要有加温设施(火炉、火道)，满足童鸽对温度的需求。童鸽可以地面平养，但最好设计有童鸽笼(育种床)或平网饲养，可以减少球虫病等肠道疾病的发病率。

(2)青年鸽舍　饲养3～6月龄的种鸽用。因为青年鸽对环境的适应能力大大增强，而且活动量较大，青年鸽舍最好设计成开放式、带有运动场的鸽舍(图4—5)，可以地面平养，也可以网上平养，不适合小笼饲养。

地面平养式鸽舍:适合青年鸽饲养。由舍内和运动场两部分组成，运动场四周设置铁丝网或尼龙网，采食和饮水在运动场完成。舍内设置栖架，供夜间休息。

网上平养鸽舍:适合青年鸽饲养，南方多用。设有地面或网上运动场，舍内距离地面1米设置坚固的铁丝网，采食饮水均在网上进行，四周设置窗户和围网，有利于通风。

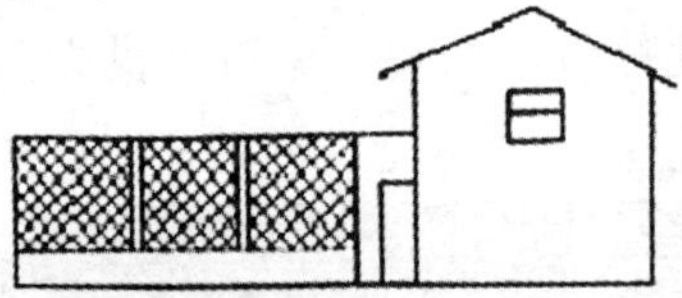

1

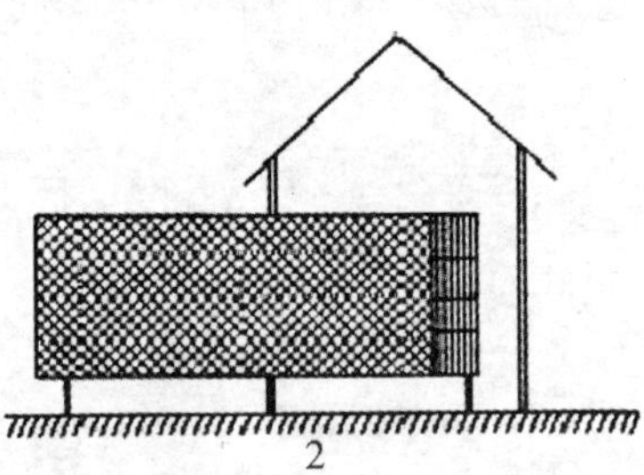

2

图4—5　平养鸽舍

1. 地面平养鸽舍　2. 网上平养鸽舍

3. 乳鸽人工哺喂舍

商品乳鸽人工哺喂舍为封闭式鸽舍，要求有足够的保温隔热性能，还需要有加温设施，满足乳鸽生长对温度的要求。房舍高度2.8～3米，窗户尽量要小，要求安装机械通风风机，保证氧气供应。

4. 简易鸽舍

在农村，饲养肉鸽是发展庭院经济的好项目。每户饲养300～500对种鸽，一般不影响正常的农业生产。为了降低饲养成本，可以合理利用闲置房舍，放入鸽笼进行饲养。没有房屋的农户，可以在院子中建成简易鸽舍，鸽舍直接建成三层鸽笼形式。既可节省建筑费用，又可节省购买鸽笼的开支。简易鸽舍由上、中、下3层组成，底层要离地面20～30厘米，有利于防潮，同时便于加料加水。每层高50～60厘米，宽80厘米，深50～55厘米。高度和深度要求便于捉鸽和照蛋等操作。层与层之间可以设置承粪板，也可以不设置承粪板而直接在水泥隔板上生活。建筑材料为砖块和钢筋水泥，前方设铁丝网，料槽、饮水器挂于网外。为了达到夏天防暑和冬季防寒的要求，在两排鸽舍之间可搭建塑料棚（图4—6）。

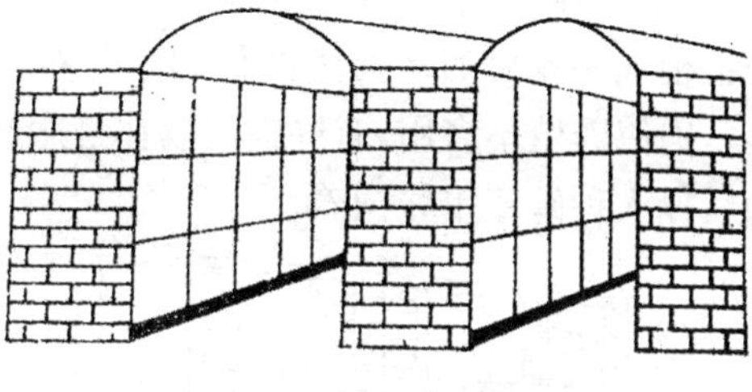

图4—6 简易鸽舍构造

四、肉鸽养殖设备与用具

1. 种鸽笼（图4—7）

用来饲养产蛋繁殖期种鸽用。种鸽笼为用冷拔丝焊成的网片组合而成，每组长2米，深60厘米，高1.7米。每组被分为3层，每层45厘米，层与层之间间隙8厘米，便于放置隔粪板。在2米的宽度上每层分成宽 50 厘米的 4 个笼子，因此每组笼子实际包含了 12 个单笼。笼外方便悬挂料槽、保健砂杯，饮水采用自流式杯式饮水器。笼中后侧半壁放置巢盆架，便于放巢盆。这样笼子既方便清洁、消毒，又非常透光透气，同时占地面积小，可养 12 对鸽子的一组笼实际占地面积仅 1.2 米^2。笼门要求横开为好，方便抓取乳鸽、鸽蛋。

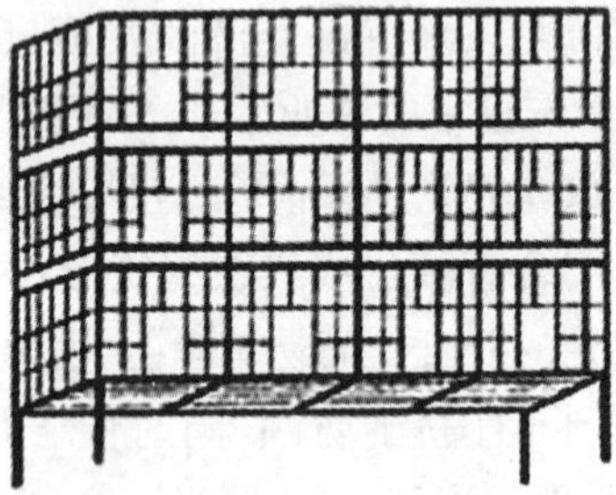

图 4—7　**种鸽笼**

2. 群养式鸽巢(图 4—8)

开放式群养种鸽使用，种鸽可以自由进出鸽巢。整个笼柜分四层共十六小格，每小格高 35 厘米，宽 35 厘米，深 40 厘米，每相邻两小格之间开一个小门，两个小格合在一起称为一个小单元，供 1 对种鸽生活，这一组柜式鸽笼可养 8 对生产种鸽。群养式鸽巢在信鸽养殖中应用较多，肉鸽养殖不多用，有些肉鸽场在自然配对的时候会用到，配对成功后抓入种鸽笼单笼饲养。

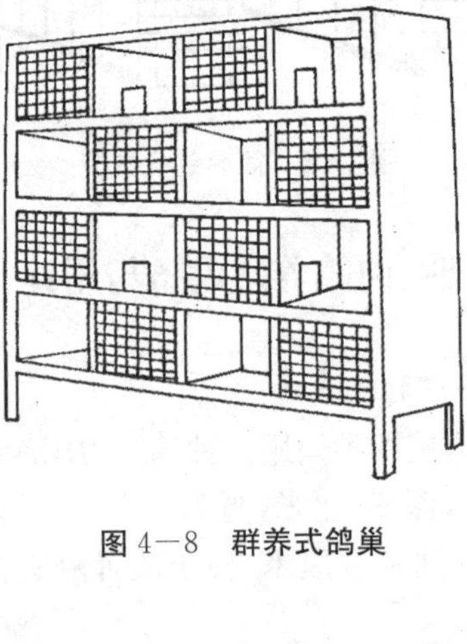

图 4—8　**群养式鸽巢**

3. 童鸽育种床(图 4—9)

适合饲养 1～2 月龄留种用童鸽。为单笼结构,面积较大,一般规格为长 200 厘米、宽 100 厘米、高 80 厘米,饲养童鸽 20 对左右。童鸽育种床可以是铁丝笼,也可用木条、竹条等制成,床底可用铁丝网。育种床需与地面保持一定距离(80～100 厘米),这样可使鸽的粪便从床底的网眼掉到地面,既卫生干净,又便于观察和管理。

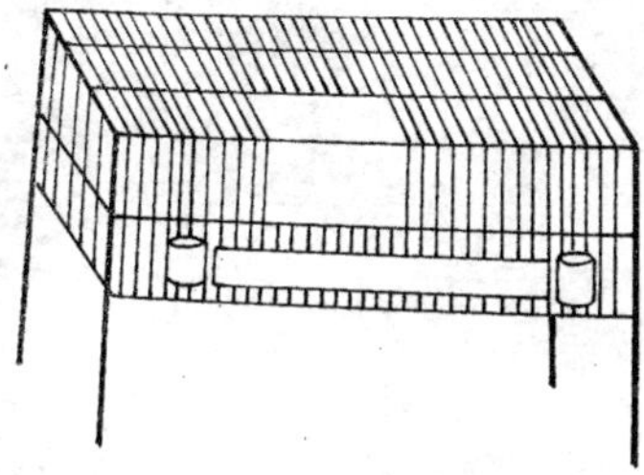

图 4—9 **童鸽育种床**

4. 青年鸽网室(图 4—10)

为专门饲养 2 月龄到上笼配对前的青年鸽场地,鸽子与粪便隔离,大大减少了疫病发生率。网面离地高度 0.8 米,房舍总高 2.7 米,隔成 6 米×3.5 米小间,便于青年鸽公母小群饲养。每小间可以饲养 3～6 月龄青年鸽 200～300 只。

图 4—10 **青年鸽网室**

5. 乳鸽育肥床(图 4—11)

人工哺喂时需要将乳鸽养在乳鸽哺喂床上,便于哺喂操作与乳鸽休息。育肥床的设计要便于饲养操作。笼脚高 60～70 厘米,笼身四边高 30 厘米,宽 60 厘米,长度视鸽舍条件而定,笼中间用纱网、铁丝网或竹片隔开,做成小格。每格不宜太大,否则易造成饲喂操作不便和乳鸽挤压。

图 4—11　乳鸽育肥床

6. 巢盆(图 4—12)

巢盆是种鸽产蛋、抱窝、育雏的场所。选用合理的巢盆对减少鸽蛋破损、提高孵化率及乳鸽的成活率均有良好效果。制作巢盆的材料有塑料、铁丝、石膏、木板、竹筛、瓦盆等,还可用稻草或麦秆编制的草巢盆。不管哪种原料做成,尽量做成圆形。在生产中塑料巢便于

图 4—12　巢盆

清洗消毒、价格便宜，应用较多。巢盆规格：直径 25 厘米，盆深 7 厘米。实践证明，巢盆过深，在并窝后(1 窝 3 只)容易造成乳鸽挤压捂死。巢盆最好悬挂在种鸽笼后侧壁，内部放上柔软、保暖且吸湿性能好的垫料，使鸽蛋不易破损，提高孵化率。

7. 栖架(图 4—13)

俗称"歇脚架"，是供群养青年鸽栖息的设施。鸽子喜欢单独栖息，因此做成方格状栖息的木架最好，横条状的也可以。当鸽子认定一个栖架后，即成其势力范围，决不允许旁鸽占据，因此栖架要多设一点，避免两只栖鸽间发生打斗，而且要求上层鸽的粪便不落到下层鸽子身上。

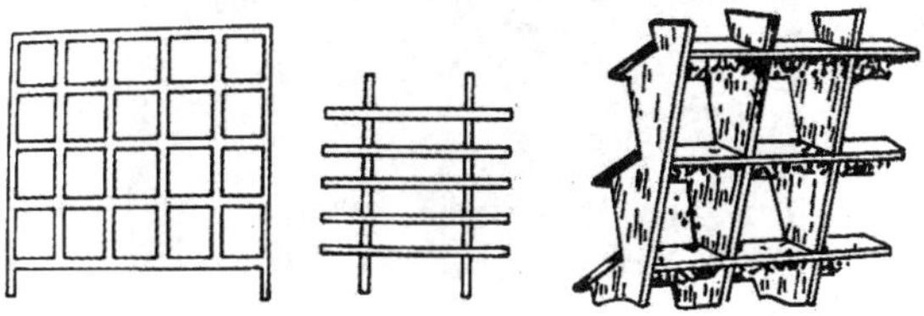

图 4—13　**各种栖架**

8. 洗澡盆(图 4—14)

鸽子喜欢洗浴，在群养式运动场要配置专门的洗澡盆。澡盆式样多种，以直径 46 厘米，深 10～15 厘米圆盆或长、宽各 50 厘米，深 10～15 厘米的铁皮方盆为好，同样大小木盆或塑料盆亦可。

图 4—14　**鸽洗澡盆**

9. 清粪设备

种鸽一般为3层笼养，承粪板需3～5天清理一次，每次清理及运出场外的时间为3～4小时，加大了饲养员的工作量，目前一些养鸽场专门由2～3个人组成专业的清粪组，免去饲养员既要养鸽又要清粪的烦恼。河南省叶县天照肉鸽养殖专业合作社采用手动清粪设备(图4—15)，该设备长、宽、高分别为80厘米、63厘米、50厘米，将透明承粪板卷入转轴中，由一人搅动转轴，粪便自动从承粪板刮下，值得推广。

图4—15 **手动刮粪机**

10. 种鸽周转笼

种鸽周转笼用于购买种鸽、种鸽转舍运输时临时放置种鸽使用，要求便于搬运，结实不变形，内外焊接光滑，避免种鸽、人员挂伤。种鸽周转笼长、宽、高分别为60厘米、50厘米、20厘米，可以放置种鸽20只，见图4—16。

图4—16 **种鸽周转笼**

11. 喂料饮水器具

(1)自取料槽(图 4—17)　适合群养种鸽和青年鸽喂料使用。料槽上设有带顶盖的储料箱，料槽下方有出料口，料槽内饲料被鸽吃掉后，随时由出料口漏出补充。其优点是省工省时，投放 1 次料可供食 5～10 天。缺点是鸽容易选食爱吃的饲料，而将不爱吃的饲料弄出槽外，造成浪费。

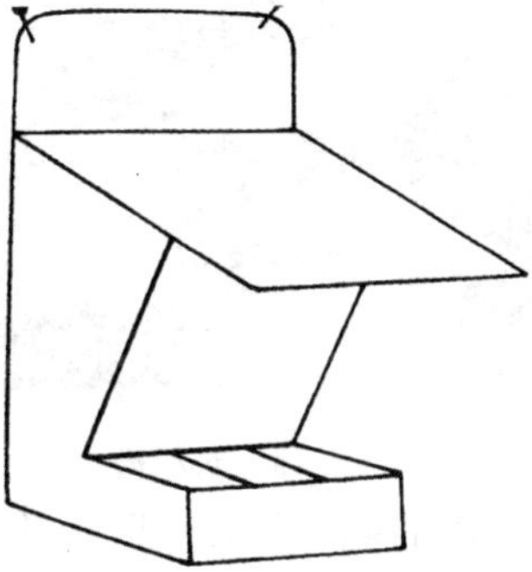

图 4—17　**自取料槽**

(2)自选料槽(图 4—18)　与自取料槽不同之处，是料槽用板分隔成大小不等的 3～5 格，每格分别按比例放入一种饲料，而不同于自取料槽那样饲料和原粮混放。肉鸽可以选择性采食，减少了饲料浪费。目前，美国大多数鸽舍都采用自选料槽。其优点是节省时间、劳力和不浪费饲料，缺点是容易造成偏食。

图 4—18　**笼养自选料槽**

(3)长料槽(图 4—19)　适宜群养青年鸽使用,料槽长度为100～150 厘米。为了防止鸽粪污染,料槽上设置可翻开的加料盖。

图 4—19　长料槽

(4)笼养短料槽　用竹筒、锌铁皮、塑料、纤维板或木板制作。常用的为塑料制品(图 4—20)。规格:长 19 厘米,宽 6 厘米,前高 7.5 厘米,后高 5 厘米。短料槽适合单笼饲喂,便于清理,在笼养种鸽广泛使用。

图 4—20　笼养短料槽

(5)笼养肉鸽饮水器　过去常用的槽式饮水器,是一条长形水槽,需要人工加水,口大易受到污染。目前笼养肉鸽多采用水杯管道式自动供水系统(图 4—21),这种供水方式存在水杯外露易致粪便灰尘污染,管道容易堵塞等问题,需改进。乳头式自动饮水器在肉鸽养殖中逐步推广使用。

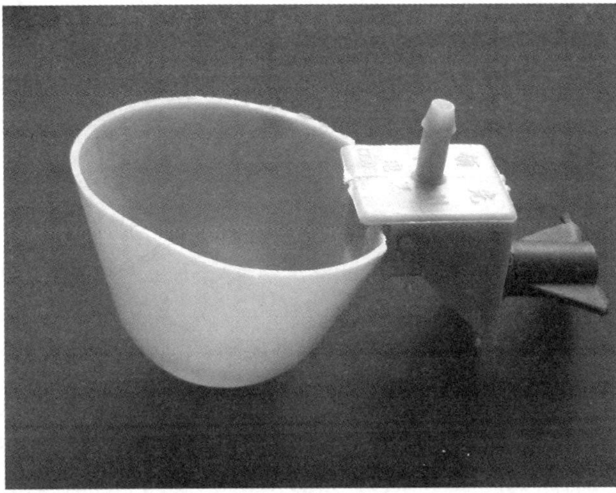

图 4－21 **自动杯式饮水器**

(6)群养肉鸽饮水器(图 4－22) 这种饮水器既能保证鸽持续不断地饮到水,又能使鸽脚踏不进饮水器,其粪便和羽毛不易落入水中,目前常采用的是塑料饮水器,高度 25 厘米,直径 15 厘米,一次可盛水 2 500～5 000 毫升,而且使用方便,又能经常保持饮水清洁。

图 4－22 **群养肉鸽饮水器**

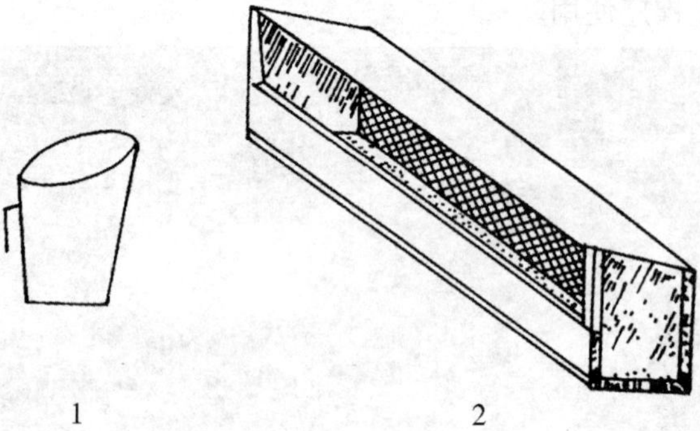

图 4－23　保健砂容器

1. 保健砂杯　2. 保健砂盒

(7)保健砂容器(图 4－23)　盛放保健砂的容器可以用陶瓷、木材或塑料制品制作,忌用金属材料制作,因为金属制品容易与保健砂中的矿物质元素发生化学反应。常用的保健砂杯为圆形筒,上口直径为 6 厘米,深度不要超过 8 厘米,内盛少量保健砂挂在笼子外侧,能使鸽子吃到即可。长条形保健砂盒适合群养鸽使用。

第五章 肉鸽饲料配制关键技术

内容导读

肉鸽的消化系统
肉鸽的营养需要
肉鸽的常用饲料原料与配方
肉鸽保健砂的配制与使用
颗粒饲料在肉鸽养殖中的应用
肉鸽维生素的供给
肉鸽饲料的储藏

一、肉鸽的消化系统

肉鸽消化系统由口腔、食管、嗉囊、腺胃、肌胃、小肠、大肠、泄殖腔、肝脏和胰脏等消化器官组成。

1. 口腔

肉鸽的口腔中没有牙齿，也没有唇和软腭。口腔直通喉头，与咽之间无明显界限。口咽的前端为嘴，由上下喙组成。鸽喙呈圆锥体，外表有坚硬的角质壳，其边缘光滑，适宜采食粒状饲料。口腔顶壁中央有一纵行缝隙，是内鼻孔的开口。舌头呈三角形，舌根固着于舌骨上，有少量味蕾，在选择食物和引起食欲方面起一定作用。舌尖角质化，游离于口腔中。口腔内有唾液腺，分泌的黏液有润滑口腔黏膜和食物的作用，使之便于吞咽。

2. 食管

食管是易扩张的肌性管道，位于咽与腺胃之间，长度大约 9 厘米，是饲料进入胃部的通道，食管无消化作用。进食的饲料，借助食管腺分泌物的润滑而下移至嗉囊。肉鸽食管构造不同于其他家禽，其食管管腔粗大、宽松，有利于食物通过和呕吐哺喂幼鸽。

3. 嗉囊

嗉囊是食管下部的膨大部分，可分为两个相通的大的侧囊。囊壁薄，外膜紧贴在胸肌前方和皮肤上。它是饲料暂时储存处，具有发酵、软化饲料和分泌鸽乳的功能。亲鸽孵育期间，在脑下垂体后叶分泌的催乳激素的作用下嗉囊可分泌鸽乳。鸽乳是由雌鸽和雄鸽嗉囊中增殖的充满脂肪的扁平上皮细胞产生的。嗉囊上皮的增殖一般认为始于孵化的 8 天，孵化的 16 天开始分泌淡黄色的鸽乳，一直持续到雏鸽出壳后 2 周。鸽乳中含有丰富的脂肪和蛋白质，缺乏碳水化合物和钙。

4. 腺胃

肉鸽腺胃呈纺锤形，位于嗉囊和肌胃之间、黏膜内壁有发达的腺体，腺体开口于黏膜表面的一些乳头上，能够分泌盐酸和蛋白酶，能初步消化食物中的蛋白质。

5. 肌胃

肉鸽肌胃椭圆形，肌肉层发达，质地硬，位于腹腔的左腹侧，重量大约为 10 克。肌胃有两个开口，前口为贲门，与腺胃相通，后口为幽门，与十二指肠相通。肌胃肌肉层由一对背侧肌和腹侧肌与一对前背中间肌和后腹中间肌组成，通过发达的腱膜把 4 块肌肉连接起来，其内壁覆盖着黄色角质膜（俗称“内金”），角质膜表面有许多纵向平行的皱褶。角质膜坚硬，对蛋白酶、稀酸、稀碱和有机溶剂等均有抗性，并具有磨损脱落和不断修补更新的特点。肌胃具有周期性自主运动特性，平均每隔 20～30 秒收缩 1 次。肌胃的主要功能是对饲料进行机械性磨碎。

> 沙粒和细石子对肉鸽的食物消化作用很重要，若将肌胃中的沙粒和细石子除去，会使消化率下降 25%～30%，粪便中会出现未经消化的整粒饲料。所以，在肉鸽的保健砂中应加入 15%～30%的沙粒或细石子。

6. 小肠

肉鸽小肠包括十二指肠、空肠和回肠，平均长度为 95 厘米，十二指肠起于肌胃，肠袢内着生胰腺，终止部有肝管和胰管的开口。十二指肠下连空肠。在小肠中段有一短的盲突，称为卵黄囊柄或卵黄囊室，作为空肠和回肠的分界。回肠上接空肠，下连直肠。小肠内壁黏膜有许多小肠腺，能分泌麦芽糖酶、蔗糖酶、胰脂酶和胰淀粉酶等。这些酶在小肠中对食物进行全面消化。小肠壁的黏膜形成大量的绒毛，以十二指肠的绒毛最发达，往下绒毛逐渐变短变粗，绒毛有吸收各种营养物质的功能。

7. 大肠

肉鸽大肠包括直肠和退化的短小盲肠。肉鸽直肠粗而短，一般长 3～5 厘米，前接回肠，后通泄殖腔。直肠因短而不能储存粪便，所以鸽子总是频频排粪，这有利于减轻体重，适应飞翔。直肠可以吸收部分水分和盐，形成粪便。盲肠的入口处为回肠和直肠的分界线，肉鸽盲肠退化为短柄状，长度为 0.5～0.8 厘米，基本无任何功能。

8. 泄殖腔

直肠末端膨大开口于泄殖腔。泄殖腔是鸟类消化、泌尿和生殖的共同通道（粪和尿在此混合后排出体外），在它的背壁是法氏囊（腔上囊），幼鸽法氏囊发达，随着年龄的增长而逐渐萎缩退化成一个具有淋巴上皮的腺体结构。泄殖腔内有两个由黏膜形成的不完全环形襞，把汇殖腔分隔成前、中、后三室。前室为粪道，与直肠连接；中室为泄殖道，输尿管和生殖管开口于此；后室为肛门，开口于体外。肛门的上下缘形成背、腹侧肛唇。括约肌与来自耻骨和坐骨的肛提肌控制泄殖腔的活动。泄殖腔能吸收少量水分。

9. 肝脏

肉鸽肝脏较大，平均重约 25 克，分两叶，右叶大，左叶小，质地脆弱。孵化后期由于吸收带有色素的卵黄脂质而呈黄色，出壳 15 天后逐渐变成红褐色。鸽子没有胆囊，肝脏分泌的胆汁由胆管直接进入十二指肠。胆汁能乳化脂肪，激活胰脂酶，帮助小肠消化吸收脂肪。此外，肝脏还具有合成、储存和分解糖原，合成和储存维生素、血浆中的蛋白质以及解毒等功能。当采食量下降时，肉鸽总是排泄出绿色的粪便，这是由于胆汁分泌的缘故。

10. 胰脏

肉鸽的胰脏很发达，是一个狭长实心的腺体，着生于“U”形弯曲的十二指肠中，呈灰白色，长度约 5 厘米，重约 1.4 克。其上皮分化形成外分泌部和内分泌部。外分泌部所分泌的胰液中含有胰蛋白酶、胰脂酶和胰淀粉酶等，胰液通过导管输入十二指肠。这些酶对小肠营养物质的消化起着重要的作用。内分泌部即胰岛，分泌胰岛素和胰高血糖素，它们共同调节体内糖的分解、合成和血糖的升降。

二、肉鸽的营养需要

1. 能量

能量是肉鸽最基本的营养需要，肉鸽的一切生理活动过程，包括运动、呼吸、血液循环、神经活动、繁殖、营养吸收、排泄、体温调节等都离不开能量的供应。能量的主要来源是碳水化合物，其次是脂肪和蛋白质。肉鸽具有素食性的特点，不喜欢采食动物性饲料，而特别喜欢采食颗粒状原粮。所以植物性谷物类原粮（玉米、小麦、高粱）是其主要能量来源。在应用颗粒饲料时，可以加入一定量的植物油脂来提供能量。

碳水化合物在肉鸽的生命活动中占有十分重要的地位，肉鸽能量需要的70%～80%来自碳水化合物。碳水化合物除提供能量以外，多余的会被转化成脂肪沉积在肉鸽体内作为储备能量，母鸽还会用于产蛋的需要。碳水化合物是植物性饲料中最主要的组成成分，占干物质的50%～80%，是肉鸽日粮中能量的主要来源。按常规可将碳水化合物分为粗纤维和无氮浸出物两部分。粗纤维素主要存在于谷类、豆类籽实的皮壳中，肉鸽盲肠退化，对粗纤维的消化能力差。无氮浸出物包括单糖、双糖及多糖类（淀粉）等物质，肉鸽饲料中主要为淀粉，如玉米籽实中淀粉含量约为70%。淀粉作为肉鸽能量来源最为经济。当日粮中碳水化合物含量不足时，肉鸽就会利用饲料中的蛋白质和脂肪分解产生热能，蛋白质提供能量是一种浪费，会增加饲养成本。相反，如果日粮中碳水化合物过多，会使鸽体内脂肪大量沉积而致体躯过肥，影响其繁殖性能，同时也造成了饲料资源的浪费。

2. 蛋白质

蛋白质是生命的重要物质基础，鸽体的肌肉、内脏、皮肤、血液、羽毛、体液、神经、激素、抗体等均是以蛋白质为主要原料构成的，鸽蛋的重要成分也是蛋白质。肉鸽在新陈代谢、繁殖后代过程中都需要大量蛋白质来满足组织细胞的生长与更新，产蛋的需要。因此，要使乳鸽生长发育好，种鸽生产性能高，必须在日粮中提供数量足够、品质良好的蛋白质。蛋白质摄入过量时，会造成浪费，同时还会引起代谢疾病。蛋白质供应不足时，肉鸽生长缓慢，食欲减退，羽毛生长不良，贫血，性成熟晚、产蛋率和蛋重均下降。由于不同的饲料原料中组成蛋白质的氨基酸种类和数量不同，单靠一种蛋白质饲料是很难全面合理地提供所有的必需氨基酸，而几种不同的饲料按适当的比例配合在一起，各种饲料中的氨基酸便可以互补，从而达到氨基酸的平衡。肉鸽养殖场一般采用 2～4 种谷实类籽实（占日粮比例的 70%～80%）和 1～2 种豆类籽实（占日粮比例的 20%～30%）进行配合，能取得较为理想的效果。

程凌(1999)研究表明，种鸽饲料代谢能 12.56 兆焦/千克，粗蛋白 12.85%，蛋能比为 10.23 克/兆焦时，种鸽产蛋及出雏数最高。余有成等(1997，1998)研究表明粗蛋白含量 12.5%和代谢能 11.72 兆焦/千克，即蛋能比为 10.65 克/兆焦日粮的饲喂效果最好。日粮蛋能比高于 11.24 克/兆焦或低于 10.05 克/兆焦，其乳鸽个体重明显低于其他组乳鸽个体重。沙文锋等(2001)在研制种鸽平衡颗粒料时，认为种鸽的营养需要以代谢能为 12.59 兆焦/千克、粗蛋白为 14%左右为宜。吴红(2003)进一步研究表明粗蛋白为 14.2%、能量为 11.82 兆焦/千克，肉用种鸽的颗粒饲料能满足种鸽自身繁育和乳鸽的生长发育，但以粗蛋白为 16.16%，代谢能为 11.85 兆焦/千克颗粒饲料饲喂效果最好，对乳鸽的增重和缩短种鸽生产周期效果非常明显，其饲喂组 30 天乳鸽体重提高 10%，种鸽生产周期比对照组缩短 4.6 天，年增加 1 对乳鸽。李绍忠(1989)研究指出，生产种鸽日粮的蛋白质水平达到 13%～15%可基本满足乳鸽的生长发育需要，但日粮蛋白质水平低于 11%，乳鸽的生长发育就会明显受阻。

从目前的研究情况来看，在研究肉种鸽蛋白质需要量时多用日粮中含有的粗蛋白质含量来表示。虽然有资料指出，鸽需要赖氨酸、蛋氨酸、色氨酸、精氨酸、组氨酸、亮氨酸、异亮氨酸、苯丙氨酸、苏氨酸、缬氨酸等氨基酸(陈益填等，1993；杨万里，1993)，但至今尚没有见到有关种鸽对氨基酸需要量的研究报道。

3. 矿物质

矿物质是保证鸽体健康、骨骼和肌肉正常生长、幼鸽发育和成鸽产蛋、哺乳的必需物质，具有调节机体渗透压、保持酸碱平衡和促活酶系统等作用，它又是骨骼、蛋壳、血红蛋白等组织的重要成分。鸽体需要的矿物质主要是钙、磷、钾、铁、铜、硫、锰、锌、碘、镁、硒等。保健砂的合理配合和供给对肉鸽养殖相当重要，有人称保健砂是肉鸽生产的“秘密武器”，是有科学道理的。保健砂除了主要满足肉鸽对矿物质的需求外，保健砂中一定比例沙砾可用来磨碎肌胃中的原粮。

钙、磷在鸽体的骨骼中含量最高，因此需要量也较大，缺乏时肉鸽易患软骨病。钙、磷缺乏，雏鸽表现骨骼发育不良，生长缓慢，成鸽会引起骨脆易折，关节硬化，产蛋鸽会引起产蛋率下降，蛋壳变薄，甚至出现软壳蛋。钙和磷在鸽体内有协同相关的作用，适宜的钙、磷比例有助于肉鸽的吸收利用，保持体液的酸碱平衡，一般来说钙、磷比例应以(1.1～1.5)∶1为宜。钠、氯元素主要来源于食盐，它可参与机体的新陈代谢，调节体液的平衡，调节机体组织细胞的渗透压，有助于消化和排泄等功能。一般在保健砂中掺入4%～5%的食盐为宜。食盐供给不足，易引起食欲减退，消化不良，生长缓慢；过多则会引起中毒，饮水增加，水肿，肌肉痉挛，直至死亡。

吴红等(2003)研究表明，种鸽颗粒饲料中钙添加量为1.09%，磷添加量为0.68%较为适宜。试验结果表明28日龄乳鸽体重比对照组提高6.3%，成活率提高6.4%～10.0%(不同组)，种鸽产蛋、受精、孵化情况良好。钙含量过高(2%)，引起种鸽拉稀，钙含量过低，乳鸽成活率、种鸽孵化率、受精率均较低，且有破壳蛋、软壳蛋现象出现。

> 有关种鸽对微量元素的需要量研究很少，至今没有见到专门的研究报道。目前生产上大多参考鸡的标准，或者是经验量。鸽体每昼夜需要的微量元素是：硫酸铁 0.6 毫克、硫酸铜 0.6 毫克、硫酸锰 1.8 毫克、硫酸锌 0.07 毫克、碳酸锰 0.05 毫克、碘化钾 0.02 毫克(余有成，1997)。

4. 水

水是构成鸽体和鸽蛋的主要成分。水对于鸽体内营养物质消化吸收、废物代谢排泄、维持体内酸碱平衡和渗透压、调节体温、血液循环等均起重要作用。缺水轻者影响其生长发育及繁殖生产，重则危及生命。肉鸽新陈代谢旺盛，对水的需求量大，要求全天供应清洁的饮水。

鸽有正常的饮水量，哺育乳鸽的种鸽饮水量最多，其次为停产期种鸽，孵化期种鸽饮水量最少。据陈海礼(1987)对各种类型肉鸽每日饮水量的测定结果表明，育成期青年鸽平均每对每天饮水 110 毫升，停产期种鸽每对每天饮水 206 毫升，孵化期种鸽每对每天饮水 189 毫升，育雏期种鸽每对每天饮水 429 毫升，室内散养种鸽每对每天饮水量幅度为 260～263 毫升。

饮水量随环境气候条件及机体状态而变化，夏季及哺喂乳鸽期饮水量相应增加，笼养肉鸽比平养肉鸽饮水量多。气温对饮水影响大，0～22℃饮水量变化不大，0℃以下饮水量减少，超过 22℃饮水量增加，35℃是 22℃时饮水量的 1.5 倍。

5. 维生素

维生素是控制和调节机体新陈代谢的主要物质，肉鸽对维生素的需要量很少，但是如果缺乏，常会出现生长发育受阻、发育不良、生产性能下降、抗病力降低等现象，严重者出现病症，甚至死亡。按维生素的溶解性可将其分为脂溶性维生素和水溶性维生素两大类。脂溶性维生素包括维生素 A、维生素 D、维生素 E 和维生素 K 等；水溶性维生素包括B族维生素和维生素C等。动物机体仅能合成为数极少的几种维生素，且数量有限，难以满足需要。由于肉鸽生长较快，且多采用舍饲或笼饲，阳光照射和青饲料的摄取量有限，因此肉鸽所需的维生素必须通过饲料和添加剂补充。肉鸽体内最易缺乏的维生素是维生素A、维生素D，维生素B_1（硫胺素）、维生素B_2（核黄素）、维生素B_{12}、维生素E。

（1）维生素A　维生素A与肉鸽的生长、繁殖和对疾病的抵抗力有着密切的关系。维生素A能加强上皮组织的形成，维持上皮细胞和神经细胞的正常功能，保护视力，增强机体抵抗力，促进肉鸽的生长、繁殖。维生素A缺乏时，种鸽产蛋少，孵化率低，有时可见蛋内有血斑（要区别于正常孵化时的网状血丝）；雏鸽、幼鸽眼睛出现角膜炎、结膜炎，甚至失明；乳鸽生长发育缓慢，体弱，羽毛蓬乱，共济失调，严重时造成死亡。维生素A在鱼肝油中含量丰富，在饲喂时可考虑适当补喂鱼肝油，保证维生素A的充足。青绿饲料、黄玉米等植物中含有胡萝卜素，它可以在体内合成维生素A。

（2）维生素D　维生素D在鸽体内参与骨骼、蛋壳的形成和钙、磷代谢，促进鸽体内消化系统对钙、磷的吸收，幼鸽和产蛋鸽易造成缺乏。缺乏时幼鸽生长发育不良，羽毛松散，喙、爪变软、弯曲，胸部凹陷，腿部变形，出现像企鹅一样的站立姿势等。母鸽则引起产软壳蛋、薄壳蛋，畸形蛋，产蛋率下降。鱼肝油、日晒干草中富含维生素D，在饲喂时要注意补充，以防不足。

（3）维生素E　维生素E为抗氧化剂、代谢调节剂，可以保护饲料中维生素A及其他一些物质不被氧化。维生素E缺乏可导致公鸽生殖器官退化变性，生殖机能减退；母鸽产蛋率、孵化率减低，胚胎常在4～7日龄内死亡；幼鸽会出现行走站立困难，头向后或向侧、向下歪扭等脑软化症状以及皮下水肿等。维生素E在青饲料和各种谷类籽实、油料籽实中的含量均比较丰富。

（4）B族维生素　维生素B_1（硫胺素）、维生素B_2（核黄素）、泛酸、烟酸和维生素B_{12}与碳水化合物、脂肪、蛋白质三大营养物质的代谢有密切关系。维生素B_1缺乏会导致鸽出现神经炎症状，如嗜睡，头部振颤；维生素 B_2 缺乏时幼鸽生长缓慢，消瘦，拉稀，头、尾、翅下垂，脚向内弯曲或用翅关节辅助行走，在孵化第二周出现死胚；泛酸缺乏幼鸽出现精神和食欲不振，羽毛生长缓慢、易折，口角有痂状物等，如亲鸽缺乏泛酸会引起幼鸽破壳后 24 小时死亡，死亡率在 50%左右；烟酸缺乏主要表现为幼鸽易受惊吓，神经质，生长发育不良，腿骨易断并有弯曲现象；叶酸缺乏表现为生长缓慢，羽质不良，羽色暗淡无光，贫血，母鸽产蛋不全(只产 1 枚蛋)，孵化率低；维生素 B_6 缺乏幼鸽表现为精神食欲不振，生长缓慢，或出现异常兴奋，乱跑乱叫等精神症状，最后死于衰竭；维生素 B_{12} 缺乏主要区别与其他 B 族维生素缺乏的症状是胚胎常会在孵化后期出现死亡。

(5)维生素 C　维生素 C 与细胞合成有关，能增强机体免疫力，一般不会缺乏，但在应激状态下，应注意适当补充，否则，童鸽易出现生长停滞、体重减轻、出血等症状。

(6)鸽对维生素的需要量　有关种鸽对微量元素、维生素的需要量研究很少，至今没有见到专门的研究报道。目前生产上大多参考鸡的标准，肉鸽对维生素的需要量多为经验量。养鸽专家认为饲料中应含维生素 A 4 000 国际单位、维生素 B_1 2.0 毫克、维生素 B_2 24 毫克、维生素 B_6 2.4 毫克、维生素 B_{12} 4.8 毫克、维生素 D_3 900 国际单位、维生素 E 20 国际单位、维生素 C 14 毫克、尼克酰胺 24 毫克、生物素 0.04 毫克、泛酸 7.2 毫克、叶酸 0.28 毫克。

6. 肉鸽的饲养标准

为了合理配制肉鸽饲料，既能满足营养需要，充分发挥肉鸽的生产性能，又不浪费饲料，须对肉鸽在各生理阶段的能量和各种营养物质的需要量有一个大致的规定，以使饲养时有所遵循，这就是饲养标准。肉鸽各阶段对营养的需求有很大差异，应根据各阶段特点和饲养标准，合理配合饲料。目前，还没有统一的肉鸽饲养标准，表 5—1 至表 5—5 是我国主要养鸽地区的地方性饲养标准。

表 5－1　肉鸽参考饲养标准(一)

项目	代谢能（兆焦/千克）	粗蛋白质（%）	粗纤维（%）	钙（%）	磷（%）
青年鸽	11.7	14	3.5	1.0	0.75
非育雏亲鸽	11.1	13	3.2	1.5	0.85
育雏亲鸽	11.9	17	3.0	1.5	0.85
乳鸽(15～28 天)	12.56	22	3.0	1.2	0.65

表 5－2　肉鸽参考饲养标准(二)

项目	代谢能（兆焦/千克）	粗蛋白质（%）	粗纤维（%）	粗脂肪（%）	钙（%）	磷（%）
幼鸽	11.72～12.14	14～16	3～4	3	1～1.5	0.65
繁殖种鸽	11.72～12.14	16～18	4	3	1.5～2	0.65
非繁殖种鸽	11.72	12～14	4～5	—	1	0

表 5－3　肉鸽参考饲养标准(三)

项目	代谢能（兆焦/千克）	粗蛋白质（%）	粗纤维（%）	钙（%）	磷（%）
青年鸽	11.7	13～14	3.5	1.0	0.65
育雏种鸽	12.5	14～15	3.2	2.0	0.85
非育雏种鸽	12.9	17～18	2.8～3.2	2.0	0.85

表 5－4　肉鸽参考饲养标准(四)

项目	代谢能（兆焦/千克）	粗蛋白质（%）	粗纤维（%）	粗脂肪（%）	钙（%）	磷（%）
童鸽	12.13	13～15	3.5	2.7	1.0	0.65
青年鸽	12.55	16～18	3.2	3.0	1.5	0.85
非育雏种鸽	12.98	12～14	3.0～3.2	3.0～3.2	2.5	0.85

表 5—5 肉鸽维生素和氨基酸需要量(每千克饲料含量)

氨基酸	需要量(克)	维生素	需要量(毫克)
蛋氨酸	1.8	A(国际单位)	4 000
赖氨酸	3.6	D_3(国际单位)	900
缬氨酸	1.2	E	20
亮氨酸	1.8	B_1	2
异亮氨酸	1.1	B_2	24
苯丙氨酸	1.8	B_6	2.4
色氨酸	0.4	尼克酰胺	24
—	—	B_{12}	4.8
—	—	生物素	0.04
—	—	叶酸	0.02
—	—	泛酸	7.2

三、肉鸽的常用饲料原料与配方

1. 能量饲料

肉鸽能量饲料是指干物质中粗纤维含量低于 18%、粗蛋白含量低于 20%的谷实类原粮。肉鸽常用能量饲料包括玉米、小麦、大麦、高粱、稻谷(或大米)等。

(1)玉米 玉米的可利用能值在谷类籽实中最高,适口性好,是肉鸽养殖最常用也是必不可少的饲料,用量可以占到饲粮的 40%～90%,一般为 60%左右。玉米粗纤维含量仅 2%,而无氮浸出物高达 72%,且主要是淀粉,消化率高。玉米中脂肪含量高,达 3.5%～4.5%,主要存在于胚中(占 85%)。玉米中脂肪酸构成:亚油酸 59%,油酸 27%,硬脂酸 0.8%,亚麻酸 0.8%,花生油酸 0.2%。亚油酸含量高达 2%,是谷类籽实中最高者。玉米蛋白质含量低(7%～9%),品质差,缺乏赖氨酸和色氨酸。黄玉米中含有丰富的 β

胡萝卜素(1.3～3.3毫克/千克平均2.0毫克/千克)和维生素E(20毫克/千克)。β胡萝卜素在体内可以转化为维生素A。玉米缺乏维生素D和维生素K。玉米含维生素B_1较多,而维生素B_2和烟酸较少。黄玉米叶黄素含量达20毫克/千克(13～33毫克/千克),对肉鸽的脚、皮肤和喙的着色有重要影响。

含水量高的玉米,不仅养分含量降低,而且容易滋生霉菌,引起腐败变质,甚至引起霉菌毒素中毒。成熟期收获的玉米水分含量仍可达30%以上,玉米籽实外壳有一层釉质,可防止籽实内水分的散失,因而很难干燥。入仓的玉米含水量应小于14%。在高温高湿和温差变化大的地方,玉米容易变质。

随储存期延长,玉米的品质相应变差,特别是β胡萝卜素、维生素E和色素含量下降,有效能值降低。如果同时滋生霉菌等,则品质进一步恶化。玉米破碎后即失去天然保护作用,极易吸水、结块和霉变,以及发生脂肪酸的氧化酸败。因此,保存玉米时,应保存完整的玉米粒。玉米中破碎粒比例越大,则越容易变质。

(2)小麦　小麦是鸽子喜食的饲料原料之一,其营养价值较高,颗粒中等大小,适口性好。小麦作为能量饲料,在肉鸽饲料中的地位仅次于玉米,一般用量为5%～10%,价格低于玉米时,可以增加到30%左右。小麦的粗纤维含量和玉米相当,粗脂肪含量低于玉米,但蛋白质含量高于玉米,是谷实类籽实中蛋白质含量较高者。小麦的能值也较高,仅次于玉米。但小麦必需氨基酸含量较低,尤其是赖氨酸。而且,小麦种皮含有大量的镁离子,具有倾泻性,一般要配合高粱使用。

小麦的灰分主要存在于种皮部,胚乳部很少,种皮部的灰分约为胚乳部的20倍,以钙、磷和镁最多。钠、锰、铜在胚乳部的含量较皮部高。小麦和玉米一样,钙少磷多,且磷主要是植酸磷(约1.8%)。小麦中微量元素铁、铜、锰、锌、硒的含量较少。小麦含维生素B族和维生素E多,而维生素A、维生素D、维生素C极少。

(3)大麦　大麦是皮大麦(普通大麦)和裸大麦的总称,也是肉鸽优良的饲料。大麦蛋白质含量高于玉米,但其粗纤维含量较高,适口性差，一般要脱皮后饲喂效果才好。大麦的蛋白质平均含量为11%，国产裸大麦的蛋白质含量较高，据报道，最高可达20.3%。大麦氨基酸组成中，赖氨酸、色氨酸、异亮氨酸等含量高于玉米，特别是赖氨酸，有的品种高达0.6%，比玉米高1倍多。可见，大麦是能量饲料中蛋白质品质较好的一种。大麦粗脂肪含量约2%，低于玉米；脂肪酸中一半以上是亚油酸。

裸大麦的粗纤维含量为2.0%左右，与玉米相近；皮大麦的粗纤维含量比裸大麦高1倍多，最高达5.9%。二者的无氮浸出物含量均在67%以上，主要成分是淀粉，其他糖约占10%，其中β葡聚糖（一种可溶性多糖）存在于胚乳细胞壁上，约占干淀粉的3.2%。

裸大麦的有效能值高于皮大麦，仅次于玉米。裸大麦易感染真菌中的麦角菌属而得麦角病，造成畸形籽实，并含有麦角毒。该物质能影响裸大麦产量，降低适口性，甚至引起畜禽中毒。中毒症状表现为坏疽症、痉挛、繁殖障碍、生长抑制、呕吐及咳嗽等。美国规定麦角毒最高允许量为0.3%，若大麦含畸形粒太多，应慎重使用。大麦中含有单宁，约60%存在于麸皮中，10%存在于胚芽单宁会影响大麦适口性和蛋白质消化利用率。

（4）高粱　高粱是美国用于喂鸽的主要能量饲料之一。高粱有很多种类，用于喂鸽的主要是籽用高粱。高粱因含有鞣酸，故适口性远远不如玉米和小麦，喂多了易引起便秘，要配合其他能量饲料（例如小麦）使用。一般说来，颜色浅的比颜色深的高粱含鞣酸少，适口性也较好。籽用高粱的化学成分和玉米差不多，水分11.4%，粗蛋白11.2%，粗脂肪3.0%，粗纤维2.3%，无氮浸出物70.3%，粗灰分1.7%，消化率80.1%。高粱籽粒比玉米小，故1～3月龄的幼鸽比较喜欢采食。高粱在鸽子日粮中一般用量8%～10%，价格便宜时可加大到25%左右，夏季和幼鸽可多些，冬季和种鸽可少些。自由采食时一般在10%左右。很少超过15%。高粱的缺点是：缺乏维生素A，蛋白品质较差，缺乏赖氨酸、精氨酸、组氨酸和蛋氨酸，宜与豌豆、玉米等搭配使用。

（5）稻谷　南方稻谷便宜，是南方养鸽的主要饲料，用量较大。

但是由于稻谷有粗硬、难消化的谷壳，再者谷粒两头尖，适口性差，而且容易刺伤消化道黏膜，不便亲鸽反吐喂乳鸽，故建议哺育期的种鸽不要喂稻谷。若脱去谷壳成为糙米或白米，则适口性和营养价值均提高了，可以适应各阶段的鸽子食用。一般在日粮中占10%～20%。鸽子多喂了小麦，容易出现腹泻，如果日粮中加入白米就可预防，用量为5%～10%。稻谷与各类米的营养对比见表5－6。

表5－6 稻谷与各类米的营养对比

种类	稻谷	糙米	白米	碎米
水分(%)	11.4	14.3	12.2	12.0
粗蛋白(%)	8.3	8.6	7.4	10.3
粗脂肪(%)	1.8	2.0	0.4	5.0
粗纤维(%)	8.8	1.3	0.4	1.0
无氮浸出物(%)	64.7	72.9	79.1	69.6
粗灰分(%)	5.0	0.9	0.5	2.1
消化率(%)	69.1		79.9	

2. 蛋白质饲料

蛋白质饲料是指干物质中粗蛋白含量大于或等于20%，粗纤维低于18%的饲料。在肉鸽生产中主要应用的是植物性蛋白质饲料，原粮主要有豌豆、野豌豆、绿豆、油菜籽等。在肉鸽颗粒饲料生产中则主要用到豆粕等饼粕类蛋白质饲料。

(1)豌豆　豌豆是肉鸽养殖的主要蛋白质饲料，也是鸽喜欢采食的饲料之一。豌豆的种类很多，不同种类颗粒大小、种皮颜色不同。种皮颜色有绿色、麻色、白色等。豌豆营养价值较高，籽实的蛋白质含量一般为23%～27%，是禾谷类的2～3倍。豌豆蛋白质不仅含量高，质量也比较好，尤以赖氨酸含量较高。氨基酸的组成优于小麦，但含硫氨基酸含量较低。此外富含硫胺素、核黄素、尼克酸及钙、铁、磷、锌等多种矿物质元素。豌豆籽实中胰蛋白酶抑制剂、脂类氧化酶和脲酶的活性低于大豆，因而消化率较高，脂肪和抗营养因子含量低，一般认为适宜生喂，以减少饲喂前加热处理的麻烦，这些都是豌豆作为蛋白质饲料利用的优点。豌豆用量占肉鸽饲粮20%～30%。每100克豌豆籽粒中所含的营养物质见表5—7,豌豆蛋白质中8种必需氨基酸含量见表5—8。

表5—7 每100克豌豆籽粒中所含的营养物质

项目	含量	项目	含量
热量(千焦)	1 348～1 453	钙(毫克)	71～117
水分(克)	13.0～14.4	磷(毫克)	194～400
蛋白质(克)	20.0～24.0	铁(毫克)	5.1～11.1
脂肪(克)	1.0～2.7	胡萝卜素(毫克)	0.01～0.04
碳水化合物(克)	55.5～60.6	维生素 B_1(毫克)	0.73～1.04
粗纤维(克)	4.5～8.4	维生素 B_2(毫克)	0.11～0.24
灰分(克)	2.0～3.2	维生素 PP(毫克)	1.3～3.2

表5—8 豌豆蛋白质中8种必需氨基酸含量(毫克/克)

赖氨酸	蛋氨酸	苏氨酸	亮氨酸	异亮氨酸	缬氨酸	苯丙氨酸	色氨酸
460	80	240	520	350	350	320	70

(2)野豌豆　颗粒较家豌豆小,有麻色和白色两种,淀粉含量较高,蛋白质含量略低于普通豌豆。因颗粒较小,肉鸽比较喜欢采食,用量4%～5%。野豌豆含水分9.5%,粗蛋白23.8%,粗脂肪1.2%,粗纤维6.2%,无氮浸出物56.2%,粗灰分3.1%,消化率79.6%。野豌豆由于籽小皮厚,运输中不易破损,故较受欢迎。

(3)绿豆　绿豆蛋白质含量丰富,大小适中,适口性好,是我国养鸽的传统饲料,而且具有清热解毒作用。用绿豆全部代替豌豆喂鸽,可以获得满意的饲喂效果。但是由于绿豆价格高、来源少,一般在夏季适量应用,用量在3%～5%。绿豆粗蛋白含量23.1%,脂肪含量仅0.8%,碳水化合物含量达到59%。绿豆中含有丰富的维生素B_1、维生素B_2、胡萝卜素、叶酸。钙、磷、铁在绿豆中含量较多。蛋白质组成中富含赖氨酸、亮氨酸、苏氨酸,而蛋氨酸、色氨酸、酪氨酸含量比较少。绿豆皮中含有21种无机元素,其中磷含量最高。绿豆磷脂中的磷脂酰胆碱、磷脂酰乙醇胺、磷脂酰肌醇、磷脂酰甘油、磷脂酰丝氨酸和磷脂酸均有增进食欲作用。绿豆的营养表含量见表 5—9。

表 5—9　绿豆的营养素含量(指 100 克可食部食品中的含量)

项目	含量	项目	含量
热量(千焦)	316	铜(毫克)	1.08
蛋白质(克)	21.6	锌(毫克)	2.18
脂肪(克)	0.8	铁(毫克)	6.5
碳水化合物(克)	55.6	胡萝卜素(毫克)	3.3
粗纤维(克)	6.4	维生素 B_1(毫克)	0.25
钙(毫克)	81	维生素 B_2(毫克)	0.11
磷(毫克)	337	烟酸(毫克)	2.0
硒(毫克)	4.28	维生素 E(毫克)	11.95
钾(毫克)	787	胡萝卜素(微克)	3.3

(4)大豆　大豆中含水分 9.8%,粗蛋白 36.9%,粗脂肪 17.2%,粗纤维 4.5%,无氮浸出物 26.5%,粗灰分 5.3%,消化率 86.2%。大豆的蛋白质品质较高,有素肉之称,价格相对又便宜,故和谷类饲料组成日粮最适宜。大豆占肉鸽日粮中的用量比例最好掌握在 5%~10%。炒熟大豆可完全替代豌豆。大豆含有抗胰蛋白酶,是一种蛋白毒素,所以,喂前最好进行蒸煮或干炒等加工处理以破坏其所含的蛋白毒素。

(5)火麻仁(大麻子)　火麻仁为桑科植物大麻的干燥成熟种子,别名又叫大麻仁、火麻、线麻子。火麻在中国大部分地区有栽培,喜温暖湿润气候,对土壤要求不严,以土层深厚、疏松肥沃、排水良好的沙质土壤或黏质土壤为宜。秋季果实成熟时采收,除去杂质,晒干后为火麻仁。火麻仁味甘,性平,具润肠通便、润燥杀虫功效。麻仁也是含能量较高的能量饲料,具有健胃通便、促进羽毛生长的作用,在换羽期添加,用量为 3%~5%。另外,火麻仁脂肪含量较高,营养丰富,其种子含脂肪油约 30%。火麻仁能刺激肠黏膜,使其分泌增加,蠕动加快，减少大肠吸收水分，有泻下作用。按现代营养学分析，去壳火麻仁含蛋白质34.6%，脂肪46.5%，碳水化合物11.6%。火麻仁蛋白质中精氨酸(123毫克/克蛋白质)和组氨酸(27毫克/克蛋白质)含量高。据测定每100克脱壳火麻仁含钙12毫克，钾97.8毫克，镁44.2毫克，铁8.03毫克，锌4.14毫克，锰2.21毫克，钠1.5毫克。火麻仁在我国黑龙江、辽宁、吉林、四川、甘肃、云南、广西、浙江等地均有种植，不同产地不同气候对火麻仁的组分影响较大。

(6)油菜籽　油菜籽含有大量的脂肪和蛋白质，日粮中加入1%～5%油菜籽能促进食欲，增强生殖机能，而且使羽毛富有光泽。但是，这种饲料饲喂过多易引起下痢，所以要控制喂量。

油菜籽含粗蛋白质24.6%～32.4%，纤维素5.7%～9.6%，灰分4.1%～5.3%，脂肪37.5%～46.3%。硫苷是油菜种子中的主要有害成分，硫苷本身并无毒，但其影响适口性，在芥子酶的作用下会产生异硫氰酸酯、硫氰酸盐、噁唑烷硫酮和腈等有毒物质，其中异硫氰酸酯、噁唑烷硫酮等有剧毒。油菜籽中含有一定量的芥酸，芥酸碳链长，不易被消化吸收，营养价值低，会影响油菜籽及油的质量；此外还含有一定量的芥子碱、单宁等有毒物质。油菜籽中毒乳鸽表现两脚麻痹，拉稀，最后抽搐死亡；种鸽精神沉郁，食欲减退或停止，羽毛松乱无光泽，颤抖，两脚后伸呈强直状态，伏地不能站立。

(7)饼粕类　主要是油料作物榨油后的副产物，包括豆饼(粕)、花生饼、棉籽饼、菜籽饼、葵花籽饼等。这些饼粕蛋白质含量高，脂肪含量低，可作为优质配合饲料的原料。尤其是豆粕，蛋白质含量高达40%以上，品质好，其中含赖氨酸2%以上，且适口性好，消化吸收率高，是非常优质的蛋白质饲料。熟化的饼粕用于乳鸽育肥，效果更好。饼粕类饲料饲喂青年鸽和种鸽需要先做成颗粒状，然后配合玉米来饲喂。

表5—10将肉鸽常用饲料原粮的营养成分及其所占比例进行了汇总，以供参考。

表 5—10　肉鸽常用饲料原粮营养成分表

项目 名称	代谢能（兆焦）	粗蛋白（%）	粗纤维（%）	粗脂肪（%）	蛋氨酸（%）	赖氨酸（%）	色氨酸（%）	钙（%）	有效磷（%）
玉米	13.56	8.6	2.0	3.5	0.13	0.27	0.08	0.04	0.06
小麦	12.89	12.1	2.4	1.8	0.14	0.33	0.14	0.07	0.12
高粱	13.01	8.7	2.2	3.3	0.08	0.22	0.08	0.07	0.08
大麦	11.13	10.8	4.7	2.0	0.13	0.37	0.10	0.12	0.09
稻谷	10.66	8.3	8.4	1.5	0.10	0.31	0.09	0.07	0.08
糙米	13.96	8.8	0.7	2.0	0.14	0.29	0.12	0.04	0.08
大米	14.09	8.5	1.1	2.2	0.18	0.34	0.12	0.04	0.07
豌豆	11.42	22.6	5.9	1.5	0.10	1.62	0.18	0.13	0.12
大豆	14.04	36.9	5.0	16.2	0.40	2.30	0.40	0.27	0.14
绿豆	10.83	22.6	4.7	1.1	0.24	1.49	0.21	0.06	0.40
红豆	10.95	22.2	—	—	0.19	1.62	0.16	—	—
蚕豆	10.79	24.9	7.5	1.4	0.12	1.66	0.21	0.15	0.12
火麻仁	10.45	34.3	9.8	7.6	0.44	1.18	0.40	0.24	0.20

3 矿物质饲料

矿物质饲料主要有贝壳粉、石粉、骨粉、食盐、石膏、红泥、沙砾和一些微量元素添加剂等。其成分有钙、磷、钠、氯、铁、铜、锰、硒、钴、碘、硫、镁等。这些元素在原粮中的含量往往不能满足肉鸽的需要，需在保健砂中补给，也可以在肉鸽颗粒饲料中添加补充。图 5—1 为添加了矿物质和微量元素的保健砂。

（1）*贝壳粉*　贝壳粉为主要的钙补充矿物质饲料，主要成分为碳酸钙。一般认为海水贝壳要优于淡水贝壳。使用时将收集的贝壳洗净晒干，粉碎成米粒大小的碎片即可。贝壳粉的品质和饲喂效果优于石粉，但内陆省份来源少，价格高。

（2）*石粉*　主要成分为碳酸钙，用来补充肉鸽对钙的需求。石粉含钙量为 35%～38%。某些地方生产的石粉中含有较多的氟、镁、

图 5—1 保健砂杯

砷等杂质，使用后会出现蛋壳较薄且脆，健康状况不良等现象。按规定石粉中镁含量小于 0.5%，汞含量小于 2 毫克/千克，砷和铅含量皆小于 10 毫克/千克。石粉使用时不要完全粉碎成粉状，粉碎成米粒大小为好(石米)。石米适合肉鸽吞食，在肉鸽肌胃中有研磨原粮作用，有利于原粮消化吸收。

(3)骨粉　骨粉是由各种家畜骨骼经蒸煮、干燥、粉碎而成。骨粉中钙、磷、铁含量丰富，而且比例适当。骨粉主要成分为：钙 30.7%，磷 12.8%，钠 5.69%，镁 0.33%，钾 0.19%，硫 2.51%，铁 2.67%，铜 1.15%，锌 1.3%，氯 0.01%，氟 0.05%。骨粉是肉鸽饲料中最常用的磷源饲料，同时也补充钙。使用骨粉必须注意原料质量，未经高温消毒的骨粉不能直接使用，防止带有病原体而传染疫病。根据加工方法，骨粉可分为脱胶骨粉和蒸制骨粉两种。脱胶骨粉利用高温高压处理，脱去所含的蛋白质、脂肪、骨髓后制成，为白色粉末状，无臭味，骨渣质地松脆。蒸制骨粉是骨头经高温高压处理，脱去大部分蛋白质、脂肪后，经压榨、干燥制成，色泽为灰褐色，有特有的骨臭味。生产中，尽量使用脱胶骨粉。

(4)磷酸氢钙　也称为磷酸二钙，是目前饲料中广泛使用的一种磷源饲料，可以代替骨粉使用。磷酸氢钙中钙、磷的含量分别为

21%与16%,利用效率较高。磷酸氢钙外观为白色或灰色,粉末状或粒状。在市场上常见到一些品质差的产品,磷含量不足而氟含量超标。

(5)*石膏* 石膏主要成分为硫酸钙,在肉鸽保健砂中使用主要作为钙源和硫源饲料,补充钙元素和硫元素的不足。肉鸽在产蛋期、换羽期、生长期对钙源需求比较多。作为无机硫源被肉鸽利用,减少蛋白质对硫源的补充。除此之外,硫酸钙还有防治部分疾病的功能。在保健砂中一般推荐使用二水硫酸钙(生石膏),其具有清凉解毒功效,有资料介绍,石膏对肉鸽在8～10月换羽有良好的促进作用。保健砂中用量5%左右。

(6)*食盐* 以海盐最好,除补充氯、钠外,还可以补充碘。食盐供应不足时,会出现啄羽、啄肛等异食癖,同时采食量下降而影响到生长和产蛋。在保健砂中食盐的添加量为4%～5%。

肉鸽部分矿物质饲料主要元素含量见表5—11。

表5—11 肉鸽部分矿物质饲料主要元素含量

矿物质 饲料	钙(%)	磷(%)	镁(%)	钾(%)	硫(%)	钠(%)	氯(%)	铁(%)	锰(%)
石粉	35.81	0.01	2.06	0.11	0.04	0.06	0.02	0.34	0.02
贝壳粉	38.1	0.07	0.3	0.1	—	0.21	0.01	0.29	0.013
脱脂骨粉	30.71	12.86	0.33	0.19	2.51	5.69	0.01	2.67	0.03
磷酸氢钙	29.60	22.77	0.80	0.15	0.80	0.18	0.47	0.79	0.14
磷酸钙	32.07	18.25	—	—	—	—	—	—	
生石膏	23.0	—	—	—	18.6	—	—	—	—
食盐	0.03	—	0.13	—	—	39.2	60.61	—	—

(7)*微量元素添加剂* 微量元素添加剂用来补充肉鸽对铜、铁、锰、锌、碘、钴、硒等微量元素的需求。在配合肉鸽保健砂时,一般选择市场上常见的禽用微量元素添加剂即可,保健砂中的添加量为5%左右。

4. 维生素添加剂

添加维生素时，一般可按下列配方在配合饲料中使用，添加比例为每吨配合饲料添加维生素总量 100 克，包括维生素 A 500 万国际单位，维生素 E 12.5 克，维生素 B_1 12.5 克，维生素 B_2 15 克，维生素 B_{12} 20 克，维生素 K 35 克，烟酸 25 克，泛酸钙 10 克。保证维生素添加时效果不被破坏，要避免高温、暴晒、蒸煮等，维生素添加剂应保存于低温、阴暗处。复合维生素添加剂最好通过饮水使用，加入保健砂中会失效。

5. 肉鸽日粮经验配方

美国各鸽场和饲料公司发现，豌豆、小麦、高粱是组成肉鸽日粮的最佳基本饲料。美国有些人在商品鸽场做了一些试验，对 300 对左右肉鸽进行了为期 12 个月的试验，用 4 种籽实任凭肉鸽自由选食，结果消耗玉米 39.5%、豌豆 22.7%、小麦 19.8%、南非高粱 18.0%；对白羽卡诺鸽进行一年自由选食试验，结果消耗玉米 36.9%、豌豆 25.3%、小麦 19.3%、南非高粱 18.5%；对白羽王鸽进行试验，年平均消耗玉米 40%、豌豆 23%、小麦 22%、南非高粱 15%。

致富案例

美国帕尔梅托鸽场积 30 多年的成功经验，配制了两种日粮，一种供冬春用，一种供夏秋用。前者由黄玉米 35%、豌豆 20%、小麦 30%、高粱 15%组成，后者由黄玉米 20%、豌豆 20%、小麦 25%、高粱 35%组成。由上面例子可以看出，肉鸽日粮中能量饲料占 75～80%，蛋白质饲料占 20%～25%。只要日粮中豌豆用量掌握在 20%～25%，其他三种能量饲料中的任何一种饲料用多用少一般不会导致日粮营养缺乏。

6. 国内配方举例

据调查了解广东、香港、广西部分鸽场。总的来说，种鸽原粮配方代谢能能满足要求，但粗蛋白含量偏低，同时氨基酸不平衡，缺乏维生素和微量元素等。南方地区建议配方见表5—12，北方地区建议配方见表5—13。

表5—12　南方肉鸽典型饲料配方

玉米(%)	稻谷(%)	小麦(大麦)(%)	高粱(%)	糙米(%)	绿豆(%)	豌豆+黄豆(%)	火麻仁(%)	代谢能(兆焦/千克)	粗蛋白质(%)	配方来源
35	6	12	12	—	6	26	3	12.20	13.10	深圳鸽场
55	—	10	10	—	—	20	5	13.00	11.50	东莞鸽场
37	—	12	10	10	—	28	3	12.20	12.30	茂名鸽场
36	—	14	10	5	30	5	—	12.70	12.90	南宁鸽场
30	20	10	10	—	15	10	5	13.00	12.90	香港鸽场

表5—13　北方地区肉鸽饲料配方推荐表

类型＼原粮	玉米	豌豆	高粱	小麦	大米	绿豆	火麻仁
青年鸽及休产鸽	50	20	10	20	—	—	—
	40	17	10	15	10	5	3
	34	10	25	25	5	—	1
育雏期种鸽	40	30	10	20	—	—	—
	30	10	10	10	20	15	5
	45	20	10	13	—	8	4
	20	30	—	10	40	—	—

四、肉鸽保健砂的配制与使用

1. 保健砂的功能

传统养鸽以谷物籽实和豆类原粮为主食，尽管原粮中含有钙、磷等多种矿物元素，但还不能满足肉鸽生长、繁育和高产需要。目前养鸽户通常是通过添加保健砂来补充矿物质、微量元素等。同时保健砂能增进肉鸽的消化机能，促进新陈代谢和营养平衡，尤其对于笼养肉鸽更为重要，必须引起重视。

保健砂的主要成分除了上述矿物质饲料原料（贝壳粉、石粉、骨粉、磷酸氢钙）外，还包含以下原料：

（1）红土或黄土　红土或黄土为黏土，大部分地区都可以挖到，但要挖掘深层的泥土，不含细菌和杂质。挖掘的红土或黄土要置于阳光下晒干后储存备用。黄土或红土中含有铁、锌、钴、锰、硒等多种微量元素，而且肉鸽比较喜欢泥土的味道，能够促进采食。

（2）沙砾　选购江河采掘的粗沙，用水冲洗干净，置于阳光下晒2～3天即可。沙的主要作用是帮助肌胃对饲料进行研磨消化。同时，沙粒在肌胃中也会被慢慢消化，其中的微量元素被肉鸽吸收利用。沙砾要求直径3～5毫米，用量20%～40%。沙砾缺乏时可用石灰石颗粒代替。

（3）木炭末　木炭末具有很强的吸附作用，能够吸附肠道内产生的有害气体，清除有害的化学物质和细菌等，还有收敛止泻的功效。木炭末在肠道内吸附于消化道黏膜，保护肠道，但同时也吸附营养物质，对饲料营养成分的吸收有一定影响。木炭末在保健砂中的用量不宜太大，一般控制在4%以内。

（4）多种维生素和氨基酸　饲料中限制性氨基酸如赖氨酸、蛋氨酸、胱氨酸等，可以在保健砂中适量添加，但必须注意，氨基酸添加要现用现配，不能将氨基酸混入保健砂中长时间存放，防止引起霉变。

（5）中草药粉　常用的中草药粉有：穿心莲粉，有抗菌、清热和解毒功效；龙胆草粉，有消除炎症、抗菌防病和增进食欲的功效；甘草粉，能润肺止渴、刺激胃液分泌、帮助消化和增强机体活力的功效；金银花粉，有清热解毒的功效。

（6）酵母粉　酵母粉不但富含蛋白质和多种维生素，而且具有助消化的作用，特别是刚离开亲鸽的童鸽，保健砂中应适量添加。酵母粉在保健砂中也必须现用现配。

2. 保健砂的配方

由于各地区饲养经验及当地矿物质含元素的差异，各地在保健砂的配方上也有所不同。兹介绍几种比较有代表性的配方，供肉鸽场(户)参考。

(1)昆明地区配方　红壤土20%，河沙20%，骨粉20%，蛋壳粉10%，食盐10%，木炭末10%，砖末10%。

(2)广东地区配方　黄泥30%，细沙25%，贝壳粉15%，骨粉10%，旧石膏5%，熟石灰5%，木炭末5%，食盐5%。

(3)香港地区配方　细沙60%，贝壳粉31%，食盐3.3%，牛骨粉1.4%，木炭末1.5%，旧石膏1%，明矾0.5%，甘草0.5%，龙胆草0.5%，氧化铁0.3%。

(4)北方地区　红泥土35%，河沙25%，贝壳粉15%，骨粉5%，石灰石5%，木炭末5%，食盐5%，生石膏5%。

(5)台湾地区配方　贝壳粉40%，红土35%，木炭10%，骨粉5%，细花岗石5%，食盐5%。

(6)日本配方　黄土40%，砖末30%，牡蛎粉20%，旧石膏6%，食盐4%。

(7)美国配方　贝壳粉40%，粗沙35%，木炭末6%，石灰石6%，骨粉8%，食盐4%，红土1%。

(8)法国配方　海贝壳(例如牡蛎壳)或者珊瑚75%，直径2～3毫米的河沙20%，食盐5%。

有学者调查广东、广西的大型鸽场，以下是几种典型的保健砂配方：

(1)配方一　中沙25%，贝壳片(直径0.8厘米以下)20%，氧化铁0.5%，熟石膏5%，食盐3%，旧石灰5%，木炭5%，啄羽灵1%，骨粉(炒熟)15%，黄土10%，增蛋精1%，龙胆草1%，甘草1%，多种维生素0.5%，微量元素添加剂7%。

(2)配方二　蛋氨酸0.8%，赖氨酸0.6%，穿心莲0.5%，龙胆草0.6%，铁粉0.5%，明矾1%，多种维生素1%，微量元素1%，木炭粉4%、食盐4%，陈石膏6%，骨粉10%，黄泥10%，贝壳粉25%，中粗沙 35%。

(3)配方三　蚝壳片 35%,骨粉 16%,石膏 3%,中沙 40%,木炭末 2%,明矾 1%,氧化铁 1%,甘草 1%,龙胆草 1%。

3. 肉鸽保健砂的类型

国内肉鸽保健砂共有 3 种类型:

(1)粉型　该类型适用于配方中大部分为细小颗粒的原料,把原料按比例称好充分混匀即可投喂。其优点是便于鸽子采食,省工省力。

(2)砖型　该类型适用于配方中大部分为粉型原料。把原料称好拌匀后,加清水调和,制成砖形阴干,喂时可敲成碎块,也可让鸽子啄食。其缺点是费工费时,某些营养成分会受到破坏。

(3)湿型　原料中颗粒料、粉料比例差不多,使用前把原料称好拌匀,加少量水混合(料水比约为 4∶1),使粉料黏附在颗粒料上,易于鸽子采食。这种湿型保健砂鸽子慢慢能适应,有报道说鸽子似乎更喜欢这种潮湿的矿物质饲料。

4. 保健砂的使用方法

(1)肉鸽采食保健砂观察　肉鸽采食保健砂时,用喙啄食再吞咽至嗉囊。鸽采食保健砂程序有以下几种:①保健砂→饲料→饮水→哺喂仔鸽。②饲料→保健砂→饮水→哺喂仔鸽。③饮水→饲料→保健砂→哺喂仔鸽。鸽会自行调控保健砂采食量。肉鸽采食保健砂呈周期性间隔,日常添加保健砂以 2～3 天吃完为好,要求保健砂新鲜干燥,盐量适宜。

(2)种鸽保健砂用量　鸽子在不同时期所需要的保健砂量不同,生产鸽在整个育雏期对保健砂的需求情况是:出雏最初 3 天摄入量较少,4 天以后逐渐增多,3～4 周达到最高峰,4 周以后又慢慢减少。这是因为亲鸽能根据乳鸽的生长需要调节自己保健砂的采食量。一般情况下,每对产鸽平均每天采食保健砂 6 克左右,这样就可根据采食量,推算出各种添加剂和药物加入保健砂的量,确保肉鸽健康生长。

有研究表明：种鸽产蛋孵化期，每天每对种鸽采食保健砂3.5～4.1克；乳鸽出壳3天，每天每对种鸽采食保健砂4.0～4.8克；乳鸽出壳4～7天，每日每对种鸽采食保健砂7.5克；乳鸽出壳8～14天，每对种鸽每天采食保健砂的量增加到9.6克；乳鸽出壳15～21天，采食量为13克/(对·天)；乳鸽出壳22～28天，达到最大量，为18克/(对·天)。

(2)现配现用　保健砂的原料无论是购买，还是自己采集，都要保证原料的质量。现配现用，保证新鲜，采用专用保健砂杯进行饲喂。对保健砂的饲喂，理论上讲，应该全天供给，自由采食，不限饲。但实际生产中，保健砂以2～3天投放1次为宜。一般在上午喂料后投喂适量的保健砂。每周彻底清理保健砂杯一次，将旧的保健砂倒出，加入新鲜的保健砂，以保持肉鸽旺盛的采食力。

(3)定时供给　每天定时供给，下午3～4点。注意保健砂不要和饲料放到一起，要配备专用保健砂杯，定期清理杯中的剩余物，保证健康。

5.配制保健砂注意事项

配制的保健砂要求适口性好、成本低、效果好。在配制保健砂时，要注意以下几点：①要检查各种配料是否纯净，有无杂质和霉变。②配料混合时应由少到多，反复搅拌均匀。用量少的配料，可先与少量沙粒混合均匀，逐渐稀释，最后混进全部的保健砂中。③需加入一定水分，使保健砂保持一定的湿度。④现配现用，防止某些物质被氧化、分解。一般可将保健砂中不易变质的主要配料，如贝壳片、河沙、黄泥等先混匀，再把用量少、易潮解的配料在每次饲喂前混合在一起。⑤在一些特殊季节或鸽群处于不同生理状态时(如夏季阴雨、哺育期)，应及时调整木炭末的百分比，必要时加入一定量药物，以促进生长和预防疾病。另外，保健砂的配方及类型应保持相对稳定，不宜频繁更换。如必须更换，则需要有一定的过渡期，以免对鸽群造成不良反应。

6. 新型保健砂的研制与应用

近年来，保健砂这一传统的方法也正悄悄在进行创新，广州某添加剂厂研制了豌豆大小的保健砂，既保持了保健砂的成分及功能，又方便鸽子采食，还不造成保健砂杯的污染和浪费。初步试验证明这种保健砂是成功的，其生产成本基本不增加，但可节省工人的放保健砂时间。

五、颗粒饲料在肉鸽养殖中的应用

1. 肉鸽生产使用全价颗粒饲料的必要性

随着肉鸽饲养业集约化程度的提高和养殖规模的扩大，传统的原粮加保健砂饲喂方式已不能适应大规模生产的需要，全价颗粒料的应用改变了传统饲养肉鸽用原粮加保健砂的饲养方式，满足了不同阶段鸽子的营养需要，克服了鸽子挑食、偏食、营养不全的现象，避免了配制、添加保健砂的麻烦和劳动。极大地提高了亲鸽的产蛋和出仔率，饲料的消化吸收及利用更加充分，使乳鸽的生长速度加快、提早上市、大大提高了经济收益，而逐渐应用到肉鸽养殖中。

沙文锋等(2001)研制了种鸽平衡颗粒料，即种鸽的能量饲料仍以玉米等原粮为主，而把蛋白质类饲料以及维生素、矿物质和其他添加剂等加工成颗粒料。杂交王鸽平衡颗粒料可使乳鸽增重 6.5%～8.7%，缩短种鸽生产周期 2.8～4 天，以代谢能 12.59 兆焦/千克、粗蛋白质为 14%时对生产性能的提高较为明显。吴红等(2002)通过用全价颗粒饲料代替原粒饲料饲养种鸽的试验结果表明：肉用种鸽的颗粒料能满足种鸽自身繁育和乳鸽的生长发育，其饲喂组 30 日龄乳鸽体重比原粮饲喂下的乳鸽体重提高 10%，种鸽生长周期缩短 4.6 天，年增加 1 对乳鸽。刘国强等(2004)在饲养杂交王鸽的试验中也得出同样的结论，即饲喂颗粒饲料的乳鸽的生长速度、产鸽的产蛋数、死胚率、种鸽的死亡数、乳鸽的成活率都优于饲喂原粒饲料。

根据国外有关资料报道，美国是在 20 世纪 30 年代就进行了肉鸽全价颗粒饲料的研究和生产，如美国的棕榈鸽场于 1932 年就做了用颗粒饲料与原粮饲料喂养肉鸽的对比试验，结果表明，喂颗粒饲料的鸽群比喂原粮饲料的鸽群提高生产率 15%，效益十分显著。此外，德国、泰国和我国的台湾省也相继报道了应用颗粒饲料喂肉鸽的情况，都不同程度地提高了生产率，增加了乳鸽体重和节省了饲料成本。

2. 肉鸽颗粒饲料应用现状

2000 年初，全价饲料已开始在我国肉鸽生产中推广使用，近十几年来全价颗粒饲料应用取得了不错的效果。全价颗粒饲料的生产水平也有较大提高，如广东省 3 个饲料公司生产的全价颗粒饲料占据了广东省肉鸽饲料市场份额的一半，其中深圳华宝饲料公司生产的种鸽颗粒饲料年销售量达到 5 万多吨，是肉鸽饲料市场中销量最大肉鸽饲料生产厂家。河南洛阳畜康牧业有限公司饲料场肉鸽颗粒饲料的月销量达到 200 多吨，供应当地的肉鸽养殖户。此外，较大型的养鸽企业往往自行生产肉鸽颗粒饲料。

随着颗粒饲料的普遍应用和营养水平的不断提高，肉鸽的产量也得到相应的提高，许多鸽场产鸽带仔数从原来的 2 只提高至 3～4 只，颗粒饲料的使用量也从原来的占日粮的 25%提高到 50%，有的达到 70%～80%。特别是 2011 年以来玉米及豌豆等饲料大幅涨价，从性价比来看豆粕代替豌豆将有效提高饲料的蛋白质水平，同时可节约较多的饲料成本。

3. 颗粒饲料原料选择

（1）*动物性蛋白质饲料*　动物性蛋白质饲料蛋白质含量高，是植物性饲料的 1～3 倍，所含营养成分较齐全，特别是植物性饲料中缺乏的氨基酸如赖氨酸和色氨酸，在动物性蛋白质饲料中含量较多；同时含钙、磷等无机盐也较多，且比例适当，较易被机体消化和吸收。动物性蛋白质饲料主要有鱼粉、肉粉等。但使用动物性蛋白质会使饲料有腥味，在青年种鸽阶段可以使用，种鸽哺喂阶段或人工哺喂乳鸽料不要使用。

（2）*植物性蛋白质*　颗粒饲料生产主要应用饼粕类蛋白质饲料，其蛋白质含量丰富，品质也较好。也可以用籽实类饲料，如豌豆、大豆、黑豆等。要注意大豆中含有抗营养因子，必须炒熟后使用。

（3）颗粒大小　徐又新等（1990）比较了圆柱形颗粒饲料（直径6.0毫米、长12.0毫米）与球形颗粒饲料（直径6.0毫米）对种鸽的影响，结果饲喂球形颗粒饲料组，25日龄乳鸽平均多增重54.8克（$P<0.05$），育成率提高10%，饲料报酬提高1.1%，育雏后种鸽体重下降也较少，种鸽能迅速恢复体重，确保了下窝乳鸽的孵化质量。在实际生产中，受生产设备条件的制约，种鸽颗粒型饲料大多还是采用通用柱形颗粒，其中直径3.5毫米、长度5～8毫米的颗粒料效果较好。

5. 配方原则

（1）参考饲养标准　配制日粮时依据饲养标准，并根据鸽的品种、生长阶段、生理状态及饲养目的、生产水平等，来合理配制日粮。

（2）原料选择　要求饲料原料无毒、无霉变、无污染、不含致病微生物和寄生虫。要尽可能考虑利用本地的饲料资源，同时考虑到原料的市场价格，在保证营养的前提下，降低饲料成本。

（3）原料多样化　多种饲料搭配，发挥营养的互补作用，使日粮的营养价值高而适口性好、提高饲料的消化率和生产效能。

（4）控制水分　水分要适宜，水分过大，影响储存，并使配料不准确。

（5）保持饲料的相对稳定　日粮配好后，要随季节、饲料资源、饲料价格、生产水平等进行适当变动，但变动不宜太大，保持相对的稳定，如果需要更换品种时，要考虑逐步过渡。

6. 颗粒饲料使用中存在的问题与对策

（1）存在问题　全价颗粒饲料解决了肉鸽集约化、规模化饲养过程中一些饲料原料采购困难、供应不正常和原粮配合过程繁杂的矛盾，为种鸽的科学饲养提供了营养保证，提高了种鸽的生产性能。但由于颗粒饲料改变了种鸽的采食习惯，生产中也出现了一些问题。刘国强等（2004）在饲养中发现，种鸽原粒料组基本无啄毛现象，而颗粒饲料组啄毛达到2%，且添加2%的羽毛素后啄毛现象仍无改观。另外，由于颗粒饲料采食量多于原粮，容易引起不带仔导致种鸽过肥，从而影响产蛋及受精。

颗粒饲料在开始饲喂时，鸽子可能有采食量下降甚至是拒食的表现，因此肉鸽饲料由原粮改变成颗粒料要有一个过渡阶段，一般过渡期为 7～9 天，刚开始添加 10%的颗粒饲料逐步过渡到全部使用颗粒料。

(2)对策　甘肃农业大学李婉平等(2002)比较了颗粒饲料、原粮、混合料(颗粒料、原粮各占 50%)对种鸽生产性能的影响，在主要营养水平基本一致和管理条件相同的情况下，产蛋数、出雏数无显著差异，乳鸽增重、成活率颗粒饲料组最低，经济效益混合饲料组最好，全部使用颗粒饲料没有达到预期效果，因此建议在种鸽生产中推广应用混合饲料。华南农业大学王修启等(2007)也发现与混合饲料相比，全价颗粒饲料造成了啄毛鸽数量的增多、乳鸽成活率降低和种鸽产蛋间隔的显著推后，降低了乳鸽的品质并延长了乳鸽生产周期，但全价饲料在饲料节约和降低种鸽繁殖期失重方面有明显优势。而沙文锋等(2001)研制的种鸽平衡颗粒饲料实际上也是一种混合饲料，能量饲料使用原粮，保持了种鸽的采食天性，取得了较好的效果。

种鸽在哺育幼鸽时喜食颗粒饲料，不带乳鸽时喜食原粮饲料。在实际生产中，广东的中大型养鸽场大都使用混合饲料，即日粮中原粮饲料占 70%～75%，全价颗粒饲料占 25%～30%，并配保健砂。据深圳市华宝种鸽场 6 年的统计来看，使用颗粒饲料显著提高了健康乳鸽的成活率，一对种鸽全年可多产健康乳鸽 2 只，乳鸽平均耗料量降低 10%以上。另外，使用混合饲料后，亲鸽食后不需在肌胃里进行复杂的机械消化即可迅速反乳给鸽仔食用，种鸽生产性能提高，鸽场普遍采用仔鸽并窝 3 只甚至 4 只的做法，缩短了种鸽繁殖周期。目前大型养鸽场有提高全价颗粒饲料使用比例的趋势，占混合料的 30%～50%，乳鸽可并窝 4～5 只。

六、肉鸽维生素的供给

维生素是家禽所必需的营养物质，它的需要量很小，但对于家禽的新陈代谢、生长发育具有重要的作用。维生素的种类很多，有脂溶性维生素如维生素 A、维生素 K、维生素 D、维生素 E，还有水溶性的 B 族维生素、维生素 C。维生素的用量很小，一般以添加剂的形式供给，有单项维生素添加剂和复合维生素添加剂等区别。肉鸽维生素添加剂需要在饮水中供给，因为饲料原粮和维生素不易搅拌混匀，而保健沙中添加会使维生素失效。肉鸽用维生素添加剂最好选购禽用水溶性复合维生素添加剂，每周按照用量在水中添加 1 次，用 1 天。

七、肉鸽饲料的储藏

1. 原粮饲料

原料饲料库要远离鸽舍，以免招引老鼠闯入鸽舍内。饲料数量不大的话，可以储藏在木桶或木箱内，盖严盖子，可以起到很好的防潮效果。如果饲料数量大，要建造专门的储藏室，其容积必须足够存放下 30 天以上的饲料。储藏室最好用水泥和砖建造，要能防潮、防鼠、防火和隔热，还要能在熏蒸粮仓害虫时保持密闭。在害虫活动季节，要对储藏室内的饲料用二硫化碳进行熏蒸。熏蒸 48 小时后通风 6～8 小时，再盖严盖子或关闭门窗。如果以后又加进新来饲料，应重新熏蒸一次。所以，最好将储藏室造成好几个分隔开的独立分室，把新进的饲料单独放在一起，只对它们进行单独熏蒸。二硫化碳是易燃有毒液体，使用时不得有明火靠近，操作人员要避免吸入其挥发出来的气体。但用二硫化碳熏蒸过的饲料，营养物质不会受到破坏，鸽子吃了也无不良影响。

凡是购进新收获的谷、豆、油料等籽实，必须予以充分晒干或烘干后储存。秋季收获的原已相当干燥的籽实应至少储存 2 个月，秋季收获的比较潮湿的籽实弄干后应储存 4～6 个月。对于用作鸽的原粮饲料，储存的时间在一年或两年内愈长则愈好。

2. 颗粒饲料

颗粒饲料在储存过程中易遭受高温、高湿影响，导致饲料发生霉变。储存饲料时要求空气的相对湿度在 70%以下，饲料的水分含量不应超过 12.5%。

颗粒饲料在储存、运输、销售和使用过程中极易发生霉变。大量的霉菌不仅消耗、分解饲料中的营养物质，使饲料质量下降、报酬降低，而且还会引起采食的畜禽发生腹泻、肠炎等，严重的可致其死亡。实践证明，除了改善储存环境外，延长饲料保质期的最有效的方法就是采取物理或化学的手段防霉除菌，如在饲料中添加脱霉剂等。

总之，应该将配合饲料存放在低温、干燥、避光和清洁的地方。一般情况下，颗粒状配合饲料的储存期为 1～3 个月。

第六章　肉种鸽饲养管理关键技术

内容导读

乳鸽期的饲养管理
童鸽期的饲养管理
青年鸽的饲养管理
成年鸽的饲养管理

一、乳鸽期的饲养管理

1. 人工诱导哺喂

如果乳鸽出壳 5～6 小时，种鸽仍不喂食，要检查和寻找原因。如果是种鸽患病，除要将其隔离治疗外，还要把乳鸽调出并窝；如果是种鸽初次育雏，不会哺喂，应人工诱导哺喂。方法是：把初生乳鸽的嘴轻轻地放进种鸽的嘴里，经过几次诱导，种鸽就会了。

2. 做好选留工作

准备留种的乳鸽要根据系谱记录和个体发育情况精心挑选，保证把高产的个体留下来。查看系谱记录主要是了解父母亲鸽的产蛋记录、孵化情况与育雏情况，选留后代要求亲鸽产蛋间隔短、孵化育雏能力强（母性好）。个体发育情况要求体重大，发育良好，无畸形。早期选种，性状遗传力高，选种效果好。

3. 带脚环

对符合留种条件的乳鸽，1～2 周龄应及时带脚环。脚环是种鸽的一种身份证，终身不变。肉鸽的脚环印有号码，以作为区分姐妹鸽的标志。合格个体在转入童鸽舍时应记载好脚环号码、羽毛特征、体重、性别、出生年月、亲代生产性能等原始资料。

4. 及时调整亲鸽营养

初生乳鸽一是不能行走与采食，完全靠亲鸽来哺育；二是生长发育迅速，增重快。留种乳鸽一般不进行人工哺喂，完全由亲鸽哺喂到 1 月龄独立觅食。在亲鸽哺喂阶段，随着乳鸽日龄的增加，其食量增加，所以亲鸽频频地喂乳鸽，有时每天哺喂多达十几次。要保证亲鸽摄入足够优质饲料，可增加豆类的用量，并且逐步增加饲喂量（比非育期多吃1～3倍的饲料）。雏鸽长到16～17日龄时，高产种鸽一般又要继续发情产蛋，一定要保证饲料营养到位。20～25日龄后，乳鸽会在笼里四处活动，不过还不能自己啄食，仍然依靠亲鸽哺喂。因此要给亲鸽加喂高蛋白质饲料，供给饲料应坚持少给多次的原则，这样不仅可引起亲鸽的食欲和满足喂幼鸽需要，而且可以防亲鸽吃得太饱而将幼鸽喂得太饱。在此期间，亲鸽开始表现不照料幼鸽的动作，当幼鸽饥饿时，就会用自己的喙去碰触亲鸽，或用身体去摩擦亲鸽讨食。这时亲鸽会开始强迫乳鸽独立生活，做出不愿照料乳鸽的动作。此时应增加高蛋白质饲料的供应，以满足其营养需要。

5. 保持巢窝清洁干燥

出壳3～4天后，乳鸽补喂量日见增加，排粪也多，往往容易污染巢窝，尤其是乳鸽下巢盘后，亲鸽减少了对它的呵护，这时的乳鸽身体抵抗力差，最易发病。因此，雏鸽的生活环境一定要清洁、干燥、卫生。定期铲除鸽粪，及时更换麻布片或其他垫物。还应定期带鸽消毒。天气阴雨潮湿时，在舍内铺撒生石灰，以降低舍内湿度，避免细菌滋生。

6. 环境控制

初生乳鸽羽毛很短，御寒能力差，寒冬季节要做好防寒保温工作，当舍温低于6℃时，要增加保暖设施；夏季要防暑，舍温高于26℃时，要做好防暑工作。

二、童鸽期的饲养管理

1. 童鸽的生理特点

童鸽（图6—1）是指留种用1～3月龄的幼鸽。童鸽期生活方式发生了很大的变化，由原来巢盆中亲鸽哺喂变为离巢独立生活，对环境的适应性差，采食能力弱，抗病力弱，还要经历换羽，是肉鸽最难饲养管理的阶段。其生理特点表现在以下几个方面：

图 6—1 童鸽

(1)对环境的适应性差 刚选留的童鸽，正处于从哺育生活转为独立生活的转折期，其环境发生了很大变化，再加上童鸽本身适应能力较弱，饲养管理稍有疏忽，就会使生长受阻或患病，无论冬夏，都要饲养在保暖条件较好、地面干燥的鸽舍内，地面上铺上松软的垫料，并要经常翻松或更换。冬季寒冷，要注意关闭门窗，堵塞孔洞，防止寒风侵入。晚上更应注意舍内温度。夏季炎热时注意通风换气、防暑降温等。

刚被转移到新鸽舍的童鸽，由于对新环境不适应，表现情绪不安，不想饮食等，但经过半个月的养育就有一定的适应能力。在此期间应精心喂养，加强护理，否则很容易患病死亡。

(2)采食能力弱 童鸽由亲鸽哺喂转为自己采食，很不适应，需要有一个过程。要保持鸽笼及巢窝干净和安静，饲料要喂给颗粒状饲料及充足的保健砂，每天供给 1～2 次添加了维生素 B 的水溶液，保健砂每只鸽每天用量 3～4 克。

(3)抗病力弱 童鸽身体各部分发育未成熟，抵抗力较差，疾病的发生和传播比成年鸽严重。童鸽阶段是鸽子一生中最容易患病的时期，尤其在换羽过程中。做好童鸽疾病的预防工作，增强抵抗力，是培育好童鸽的根本保证。预防童鸽发病的积极措施是搞好鸽舍的卫生,减少童鸽与鸽粪接触的机会,保证饲料、饮水的卫生以及给予全价的日粮和充足的保健砂。此外,定期给予群体预防性用药,对提高抵抗力,预防疾病的发生亦有明显的效果。

2. 童鸽饲养方式

(1)离巢时间　商品乳鸽离巢时间为23～28日龄,这时的肉料比最合算,且体重也合适。如留作种用,童鸽可继续留养在亲鸽身边,待30日龄能完全独立生活时再捉离亲鸽。刚开始离开亲鸽的童鸽,应尽量供给较细颗粒的及质量好的饲料,经1～2天适应,童鸽即可完全自行采食。

(2)建立童鸽档案　为了避免将来近亲交配,必须建立系谱档案。被选留种用的童鸽也必须带上编有号码的脚环,然后做好原始记录(如自身脚环号码、羽毛特征、体重及亲代已产仔窝数等),再送入童鸽群饲养。

(3)小群饲养　刚离开亲鸽的童鸽,生活能力不强,有的采食还不熟练,因此,童鸽最好采用小群饲养,防止相互争食打斗,弱小的童鸽吃不足、吃不到蛋白饲料。有条件的养殖场可建设专用的童鸽舍和网笼,一般每群2米^{2}育种笼可饲养20～30只童鸽,也有的养殖场将童鸽养殖在种鸽笼内,每笼3～4只。童鸽阶段对环境的适应性较差,一般采用舍内饲养。要求房舍保暖性好,光照充足,通风良好。长形料槽、饮水杯挂在笼外。

3. 童鸽对饲养环境的要求

(1)温度控制　冬季童鸽要饲养在保暖条件较好、地面干燥的鸽舍内,地面上铺上松软的垫料,并要经常翻松或更换。冬季寒冷时,要注意关闭门窗,堵塞孔洞,防止寒风侵入,晚上更应注意舍内温度。夏季炎热时注意通风换气、防暑降温。环境温度一般控制在25℃左右,避免强风直吹,冬季可用红外线灯泡加热增温。

(2)湿度控制　童鸽阶段经历第二次换羽,脱落的羽毛碎屑到处乱飞,因此鸽舍相对湿度控制为50%～60%,可减少疫病随空气传播。经常进行带鸽消毒,在夏季多雨时期,要注意开窗通风换气。

(3)光照控制　童鸽阶段一般采取自然光照，光照时间不宜过长，但刚转群的童鸽夜间适当补充照明，以提高对环境的适应能力。夏季南方开放式鸽舍要注意适当遮光，避免光线过强引起鸽群骚动。

(4)环境卫生　童鸽舍内饲养，夏季要控制蚊子叮咬，最好用纱窗阻挡，也可用灭蚊剂喷洒驱除，但要注意避免童鸽大量吸入引进中毒。每周至少用过氧乙酸进行一次环境消毒。应注意清洁卫生，每天清除鸽的粪便，并经常清洗水槽和饲槽，防止饲料槽和饮水槽被鸽的粪便污染。

(5)雾霾环境的应对　雾霾天气对养殖业影响主要有两个方面。一是“静稳天气”不利舍内有害气体扩散和户外新鲜空气交换，造成舍内氨气、二氧化硫、二氧化碳等迅速聚集，导致畜禽免疫力降低；二是雾霾载体成为病菌滋生的温床与传播的工具，可能诱发疫病发生。

面对雾霾天气来袭，可采取以下措施减少对养殖生产的不利影响：一是加强舍内通风，降低舍内有害气体等污染物的聚集；二是加强环境卫生消毒，杀灭气源性病原微生物；三是在条件许可情况下，加强空气净化，如除尘、供暖、除湿等技术应用，可在鸽舍内安装大型的空气除尘器等。

4. 做好选种工作

(1)初选　准备留种的乳鸽，再进入童鸽阶段时要经过严格挑选。初选一般是根据乳鸽的体重发育情况、羽毛颜色要求来进行的。凡外形、羽色符合品种特征和生长发育良好、没有畸形缺陷、1 月龄体重达到 600 克以上的鸽，都可以留种。达不到要求的鸽子，作为商品鸽出售。

(2)第二次选种　对于留种用的童鸽，45 日龄后应适当增加运动量，可通过适当刺激让童鸽多运动。55 日龄左右，童鸽开始更换主翼羽，这时再进行一次选留，根据个体发育情况，对不符合种用条件的童鸽予以淘汰。对选留下的优秀个体进行新城疫、禽流感、禽痘等疫苗的接种。

(3)建立档案　为了避免将来近亲交配，必须建立系谱档案。被选留种用的童鸽必须先带上编有号码的脚环，然后做好原始记录(如自身脚环号码、羽毛特征、体重及亲代已产仔窝数等)，再送入童鸽群饲养。

5. 童鸽的饲喂

进入童鸽期后，鸽的生活方式发生了很大的变化，尤其在采食方式上，由亲鸽哺喂转变为自己采食，刚开始很不适应。

(1)饲料要求　不同日龄的童鸽对饲料的要求也不同，一般30～80日龄的童鸽要求饲料营养比较全价，粗蛋白质含量宜在16%～18%，同时颗粒大的粒料粉碎成较细小粒料，再用清水浸泡晾干喂给，以便于吞食与消化。在饲喂上，坚持少喂多餐，以利于消化吸收。80～140日龄童鸽，为预防太肥和早熟，常采取限饲的方法，一般每只每天喂料30～40克，每天喂2～3次，饲料粗蛋白含量降至13%左右。如果发育过缓，达不到标准体重，也可适当提高粗蛋白质含量及饲喂次数。140～180日龄的童鸽，要逐步提高饲料质量，粗蛋白质含量要求达到15%左右，以促使鸽群成熟配对。

2月龄左右童鸽开始换羽，饲料配方中能量饲料可适当增加，占85%～90%，火麻仁的用量增为5%～6%，以促进羽毛的更新。保健砂中适当加入穿心莲及龙胆草等中草药，饮水中有计划地加入抗生素，预防呼吸道病及副伤寒等疾病的发生。

(2)学习采食阶段的饲喂　童鸽在开始学采食期间，最好用颗粒较小的饲料(小麦、高粱、小粒玉米、大米、豌豆等)，便于采食。在饲喂前先用水进行浸泡软化，利于消化。同时供给优质的保健砂。对一些还没有学会采食的童鸽要进行人工塞喂，保证正常的营养需要。每天饲喂3～4次，以保证足够的营养和热量来源。在饲喂时，最好每次加喂钙片或鱼肝油1粒，应视情况而定，发育比较好的可以减少，因为钙质过量会使骨骼、羽毛变脆而易断。

(3)童鸽的饮水　有的童鸽开始可能不会自行饮水，可在其渴时，一手持鸽，一手将其头轻轻按住(不要猛按或按得太深，以防呛死)，让其饮水数次后即会自饮。在饮水中最好适当加入食盐或B族维生素，对预防童鸽疾病有好处。

(4)帮助消化　童鸽消化机能较差，有的童鸽吃得太饱，容易引起积食，可灌服酵母片帮助消化。保健砂一般每只童鸽每天 5 克左右定时供应，保健砂颗粒不宜过大，可适当添加适量酵母粉和中草药粉，既帮助消化，又增强抵抗力。还要细心观察食欲情况，发现有食欲减退、缩在一旁不思食者，都应及时进行隔离检查，防止病重死亡或传染他鸽。

6. 预防用药

童鸽期是肉鸽一生中最容易患病的阶段。特别容易患消化不良和传染病。因此，在做好童鸽饲养管理各方面工作的同时，定期进行针对性的预防性用药，能够减少疾病发生。从留种开始饲养到配对上笼平均成活率达 90%以上。做好饲养管理工作是预防疾病的前提，但是预防性用药也是不可忽视的，只有多方面结合，综合预防，才能收到理想的效果。

（1）刚离巢童鸽的用药　幼鸽 30 日龄左右便离巢转入童鸽阶段。为了减少应激，防止发病，刚离巢的童鸽可用复合维生素 B 液每只每天 0.2～0.3 毫升，维生素 A、维生素 D 分别每只每天 200～300 国际单位和 40～50 国际单位（可用鱼肝油乳剂）进行饮水（每天分 2 次加入饮水中），连续饮用 2～3 天。每只鸽每天饮水量为 40～60 毫升。

（2）阴雨天童鸽的用药　阴雨天，连续下雨，鸽舍潮湿，是饲养童鸽的大忌。这时，要彻底洗擦场地，防止鸽粪积聚，减少饲料和饮水污染，避免雨淋和饮污水，并按说明增加维生素 A、维生素 D，疗程视下雨时间长短而定。

（3）控制毛滴虫病和念珠菌病用药　毛滴虫和念珠菌寄生于鸽体内相同的部位，即口腔、咽部、食管和嗉囊。所引起的症状和病变十分相似，并常合并感染。幼年鸽感染率较成年鸽高，症状和病变亦较严重。因此要定期检查，定期预防。①毛滴虫病：一般每 3～4 个月检查一次，采集食管分泌物直接涂片，40 倍镜检，发现有虫体感染后即全场全面性用药（包括产鸽），可用 0.05%的 1，2－二甲基－5－硝基咪唑（Dimetridazole）溶液饮水，连用 7 天。用药后再采食管分泌物镜查，检查疗效。②念珠菌病：由于念珠菌与一毛滴虫常并发感染，因此在消灭毛滴虫感染的同时，应继续消灭念珠菌的感染。可用制霉菌素每千克饮水100万国际单位，连饮5～7天。饮水时，中间最好摇动饮水器具。

(4)鸽出售运输前的用药　部分童鸽饲养到一定时期，需要出售并运输到各地，为了减少运输途中的应激，减少疾病的发病和传播，在运输前3天需要喂服抗菌药物，如青霉素、链霉素、磺胺类药物等，连用2～3天。

7. 换羽期的管理

童鸽在55～60日龄开始换羽，第一根主翼羽首先脱换，以后每隔10天更换一根主翼羽，至6月龄时基本更换结束，并进入体成熟。副羽则一年换一根。童鸽换羽期间，外界的不良刺激(寒冷、空气污染、营养不良等)会诱发疾病的流行，如沙门菌病、球虫病、毛滴虫病和念珠菌病等。因此，要做好防寒保暖、环境卫生清洁工作，增加饲料中火麻仁比例。换羽期要保障蛋白质摄入，适当减少日粮中能量饲料的比例而增加蛋白质饲料，一般蛋白质饲料的占比应达到25%以上。保健砂饲喂量每天每只肉鸽6～8克定时供给，并适当增加保健砂中钙、磷的含量。

换羽前期(50～80日龄)是童鸽在整个饲养期内发病率和死亡率的高峰时期。发病、死亡高峰一般从换羽开始，持续1个月左右，以后逐渐降低。因此，高峰期内全力做好预防工作，是童鸽健康生长和提高成活率的重要保证。这段时期内，要给予一定的药物预防，可根据情况选择使用或交替使用如下几种药物：①青霉素和链霉素混合饮水，在每10千克饮水中加入青霉素和链霉素各150万～200万国际单位(为了防止药物分解，每天可分2次给药)。②0.01%高锰酸钾溶液饮水，连续饮用3～5天为1个疗程，高峰期内使用3个疗程，每个疗程相隔3～4天。对个别症状明显的病鸽隔离治疗、处理。

8. 童鸽的洗浴管理

沐浴既能使鸽体羽毛保持清洁，防止体外寄生虫病，又能刺激鸽体内生长素的分泌，促进鸽体生长发育。一般每周洗浴1～2次。童鸽洗浴时间不宜太长，每次半小时即可，浴后的污水，要随时倒掉，以免童鸽自饮污水，引起疾病。驱除童鸽体内外寄生虫较有效的方法是水浴驱虫法:采用0.2%~0.3%的敌百虫水溶液让童鸽水浴,每月1次,配对上笼前1周1次,效果很好。要防止因药液浓度过高造成中毒。

三、青年鸽的饲养管理

肉鸽生产中,通常把3~6月龄的鸽称为青年鸽或育成鸽,这是培育种鸽的关键阶段,青年鸽培育的好坏直接影响种鸽的生产性能,这个时期的饲养管理应根据青年鸽的生理特点进行。

1. 青年鸽的生理特点

(1)适应性增强　3月龄后的青年鸽已度过50~80日龄换羽危险期,生长发育减缓,消化能力增强,第二性征逐渐明显,新陈代谢旺盛。青年鸽时期应实行限制饲养,以防止采食过多而过肥,从而抑制性腺的发育。3月龄后的青年鸽公、母较容易区分,有条件的应将公母鸽分开饲养,防止早熟、早配、早产等现象发生。80日龄后,鸽进入稳定的生长期,此时是骨骼生长发育的主要阶段,应注意饲料中钙、磷含量及配合比例。

(2)活泼好动　青年鸽是鸽一生中生命力最旺盛的阶段,通常饲养方式为大群散养,力求让它们多晒太阳,多运动,夏天多洗浴,以增强其体质。青年鸽第二性征逐渐明显,爱飞好斗和争夺栖架,新陈代谢相对加强。

(3)性腺发育加快　3月龄以后的青年鸽,性腺发育加快,逐渐达到性成熟。

2. 青年鸽的饲养方式

(1)大群饲养　青年鸽适合大群地面平养或网上平养,以增加运动量。将小群饲养的童鸽转入大群饲养的青年鸽棚,一般每群250只左右,活动空间40米^{2}左右,饲养密度每平方米6~8只。地面和网上要设置栖架。舍外设置运动场,运动场要求向阳,并保持清洁干燥。采食、饮水均在运动场进行。地面平养鸽舍保暖性较好,适合北方寒冷地区采用。网上平养鸽舍通风、防潮性能较好,适合南方多雨、炎热地区采用。转群应选择晚间进行,白天转群容易产生打斗现象。转群前青年鸽棚应进行清洁和消毒。

（2）公、母分群　3月龄的青年鸽，第二特征有所表现，活动能力也越来越强，这时可选优去劣，公、母鸽分开饲养，并对鸽群进行驱虫，保证鸽正常生长发育。6月龄以前配对属于早配，早配、早产对种鸽以后生产性能的发挥非常不利，应尽早区分公、母鸽，分开饲养。

> 青年鸽主要通过性行为表现和耻骨特征进行公母鉴别。雄鸽耻骨厚硬，两耻骨间距窄；雌鸽耻骨薄软，两耻骨间距宽。

3. 青年鸽的饲喂

（1）限制饲喂　青年鸽生长发育减缓，如果自由采食，会出现采食过多而引起体膘过肥，将直接影响到肉鸽以后的繁殖性能，有的甚至由于脂肪浸润卵巢而不产蛋。要适当减少日粮中玉米、小麦、大麦等能量饲料的比例，增加豆类比例，同时控制每天的喂量。刚进入大群饲养青年鸽棚的3～5天内，肉鸽采食量可能有一定的下降，待恢复正常采食量后，应开始减小饲喂量，从60日龄开始，每只肉鸽每天饲喂量应控制在35～40克，每天分2次饲喂。往后每隔5天左右，饲喂量下降5%，最后稳定在30克左右，直至5月龄，部分青年鸽开始产蛋时，恢复35～40克的正常喂量。限制饲喂不必担心肉鸽的膘情偏瘦，偏瘦的体膘往往后期产蛋繁殖性能更好。

特别注意3～5月龄的青年鸽饲料的供给量，不能为了追求鸽子的体重，不停地增加饲料的营养水平和食量，每天供料2～3次为宜，每次供给量也不能太多，约30分吃完。吃完料后将饲槽拿开或翻转，底部朝上，防止饲槽被粪便污染。保健砂的供给应充足，每天供给1～2次，每只每天用量3～4克，晚上不需补充饲料和增加光照。

（2）保障蛋白质水平　青年鸽仍然需要不断换羽，至6月龄时基本更换结束，并进入体成熟。由于青年鸽伴随着主翼羽毛的更换和机体各类器官的发育健全，因此，青年鸽在限制饲喂量的同时，要适当减少日粮中能量饲料的比例而增加蛋白质饲料，一般蛋白质饲料的占比应达到 25%以上。保健砂饲喂量每天每只肉鸽 6～8 克定时供给，并适当增加保健砂中钙、磷的含量。

4. 青年鸽管理

(1)增加运动　青年鸽活泼好动，适合大群地面平养或网上平养，以增加运动量。在地面和网上要设置柄架，鸽飞上飞下加强运动，这对于增强体质，防止过肥很有好处。青年鸽阶段要有足够的运动场面积，运动场向阳，保持清洁干燥。

(2)做好选留　选留个体健壮、精神饱满、眼睛灵活、羽毛光亮、表现活泼的鸽；淘汰个体小、迟滞、眼无神、羽毛松乱、不爱活动的鸽。经选留的鸽要按公母进行分群饲养，以防止早配早产。145～155 日龄的鸽要加强观察，发现配对后及时抓出，分开饲养。

(3)驱虫和疫苗接种　童鸽转入青年鸽阶段，要做好驱虫和疫苗接种工作。3 月龄时，肌内注射鸽瘟灭活苗 0.5 毫升，上笼前再进行 1 次，用量 1 毫升。上笼前驱虫，用左旋咪唑或丙硫咪唑，每千克体重 0.1 克(1 片)，2～4 周后再用 1 次，彻底消灭体内寄生虫。定期使用抗生素和多种维生素，预防天气变化剧烈时的应激反应及传染病的发生，做好清洁卫生，加强管理。

(4)鸽捕捉的方法　在大群中捕捉鸽需要有捕鸽罩(图 6－2)，网口直径 35 厘米左右，网深 40 厘米，杆长 2～5 米。用捕鸽罩可以轻松将地面、栖架及飞行的鸽捕捉到。捕到后，将网口扣向地面，用一手深入网罩，压住鸽背部，使其不能挣扎，然后用手掌同时将翅膀和鸽身夹紧，轻轻从网罩中取出。

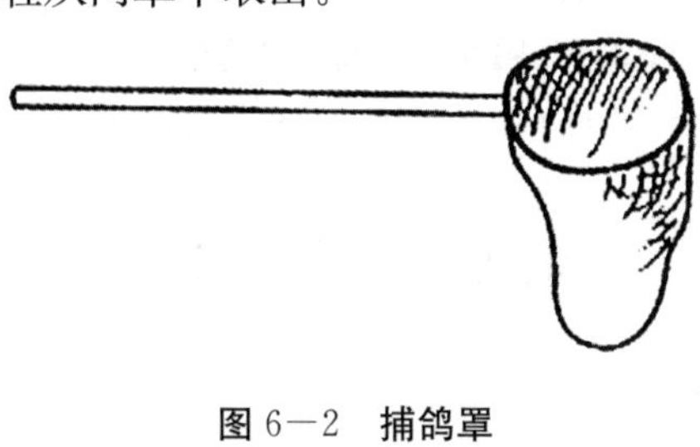

图 6－2　捕鸽罩

如果没有捕鸽罩，捕捉时应将鸽赶到鸽舍一角，两手高举，张开手掌，从上往下迅速地轻轻将鸽子压住。压住后不要让鸽扑打翅膀，以免损伤翼羽和尾羽。然后再用上面的方法将鸽捉住。在笼中抓取鸽时，一手深入笼中，将鸽赶到笼子的一角，然后从鸽身体后上方迅速按压住背部，张开手掌抓住鸽的身体及翅膀，从笼中抓出。具体的捉鸽、持鸽方法可参照图 6－3、图 6－4。

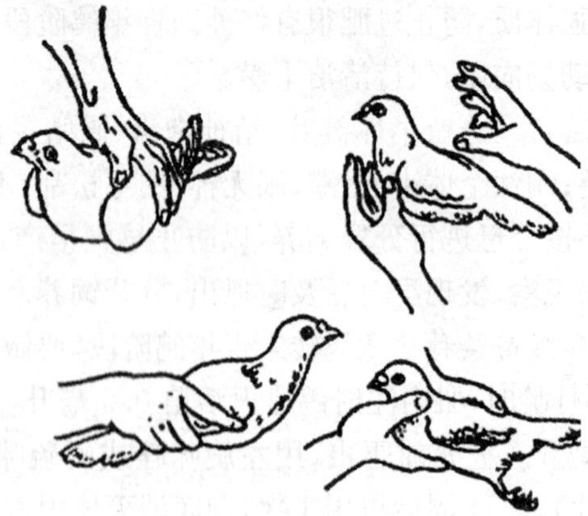

图 6－3　捉鸽的方法

图 6－4　持鸽的方法

1. 单手持鸽法　2. 双手持鸽法

四、成年鸽的饲养管理

1. 种鸽笼养

将配好对的种鸽单笼饲养是目前最常见的饲养方式，其优点总结如下。

(1)提高饲养密度,减少基建投资　肉鸽笼养,每平方米房舍可饲养种鸽 3～4 对,而群养每平方米只能饲养 1～2 对。

(2)易于饲养管理　种鸽笼养,单笼配对,观察记录方便,操作方便,大大节省清洁卫生的时间,增加了单位劳动力的饲养数量,每个饲养员可以负责 1 000～1 500 对亲鸽的饲养管理,比群养方式增加 2～3 倍,提高了工作效率。

(3)提高种鸽的生产力　种鸽笼养避免了配对种鸽之间的相互影响、相互干扰,可减少破蛋率,提高孵化率和年产乳鸽窝数。同时,由于亲鸽专心孵化和育雏,孵化率和乳鸽的肥度都有明显提高。

(4)有利于对亲鸽的细心观察和记录　单笼饲养的种鸽,饲养人员能够及时掌握亲鸽的生产情况,发现问题立即采取措施,而且便于做好选优去劣工作,可将生产力较差及病残鸽及时处理淘汰。

(5)减少传染病的发生与传播　笼养种鸽将每对鸽都隔开,互相接触的机会减少,且饲料、饮水的供给都在笼外,减少粪便和尘埃的污染,可有效地预防传染病的发生及传播。

2. 种鸽配对

(1)种鸽的配对年龄　肉鸽性成熟较早,3 月龄左右就出现求偶行为,但这时身体还没有完全成熟,配对过早种蛋受精率低,畸形蛋比例高,还会影响到以后的繁殖。等到 6 月龄配对比较合适,这时身体发育较好。大群饲养青年鸽要避免早配,否则会影响到以后的繁殖。肉鸽的配对方法有自然配对和人工强制配对两种,在生产中人工强制配对较常用。

(2)自然配对　将发育成熟的公、母种鸽按照相同的比例放入同一场地散养,由公、母鸽自行决定配偶,然后将配对成功的一对种鸽放入同一繁殖笼中饲养,这种配对方法称为自然配对。自然配对的种鸽关系维持较好,能相处较长时间,甚至终身不变。自然配对工作的关键是做好配对场所的准备,在较短时间内完成配对任务。为了辨认配对成功的组合,在场地的四周要设置临时巢盆,晚上将在同一巢盆中公、母鸽抓住,放入同一种鸽笼中。自然配对容易出现近亲交配，长期近亲交配会出现近交衰退，应避免。肉鸽自然配对需经历以下 3 个阶段。

第一阶段：结识亲和。将计划配对的公、母鸽，抓住双方求偶心切的时期，在安静无外来干扰的环境下，在专设的配对笼或配对室里（室内要有鸽笼及草窝）让其双方相互认识接近。

第二阶段：暖窝配种。观察到配对公、母鸽双方亲和结识后，让其在预先准备好的鸽巢内暖窝配种，欢度蜜月，加深感情。

第三阶段：巩固配对。当完成上述两个程序后，还需用 1 周左右使其配对巩固。看到首次配种行为后，继续留在配种笼或配种室内 1 周，使其进一步亲和加深感情，直至消失互啄和驱笼行为为止。不要一看见配种后就迁入生产鸽笼或鸽舍内。

（3）人工强制配对（图 6－5） 将发育成熟的公、母鸽鉴定性别后，按照一公一母直接放入同一繁殖笼中饲养，人为决定种鸽的配偶，因此称为人工强制配对。与自然配对相比较，人工强制配对不需要专门的配对场所，方法简单易行，被大多数养鸽场所采用。同时，人工强制配对也有利于育种工作的开展，完成合理选配。人工强制配对要求公、母鉴别准确度高，一般要由专业人员或有经验的饲养人员完成。这种配对方法一次成功率不是很高，配对后要注意观察配对情况，一旦发现打斗，要及时分开，重新配对，否则会出现严重后果。

图 6－5 人工强制配对

不论是自然配对还是人工强制配对，配对后都要戴上有编号的足环，足环编号与巢箱的编号要一致，同时做好记录，以利查对。新配种鸽要注意观察配对情况，避免不良配对。如果是人为配对的种鸽，其相互建立感情仍然需要时间，一般 2～3 天即可。如果出现争斗行为，应及时隔离；隔离 3～4 天后配对仍不成功，则应重新配对，以免造成不必要的伤亡。有时由于公母鉴别错误，造成两母或两公配对。这种情况两只鸽子很难相处，不停打斗。有时一公一母配对也出现打斗，往往由于感情不和，也要拆开重配。

3. 做好上笼前的准备工作

（1）*饲养笼具的准备* 肉鸽普遍采用笼养，每个单笼放置 1 对种鸽，对每个单笼进行编号，方便观察记录工作的开展。另外准备好巢盆、垫料、采食和饮水器具。种鸽笼一般为三层（图 6－6），两层中间放承粪板，也有四层鸽笼（图 6－7），但最上面一层不便于照蛋操作。

图 6－6 三层笼养

图 6－7 四层笼养

（2）*种鸽上笼前的鉴别与挑选* 选择体形大、羽色具有本品种特征，羽毛有光泽，体质健壮，结构匀称，发育良好，无畸形（瞎眼、歪嘴、瘸腿等）的。6 月龄性成熟，上笼配对时要求公鸽体重在 750 克以上，母鸽体重在 600 克以上。对准备上笼的公母鸽肛门周围进行剪毛（图 6－8），是提高种蛋受精率的有效措施，剪毛工作在以后的生产中要经常进行。

（3）*驱虫、接种疫苗* 3 月龄时肌内注射鸽瘟灭活苗 0.5 毫升，上笼前再注射 1 次，用量 1 毫升。上笼前驱虫，用左旋咪唑或丙硫咪唑，

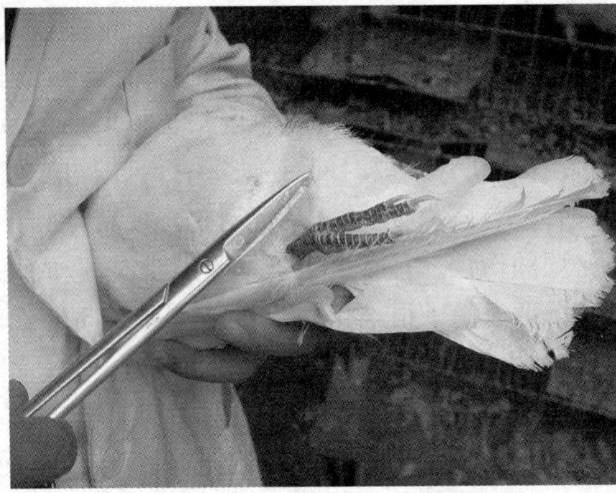

图 6－8　肛门羽毛修剪

每千克体重 0.1 克(1 片),1 周后再用 1 次,彻底消灭体内寄生虫。

(4)做好记录　种鸽要做好各项记录工作,对种鸽笼要进行编号,制作种鸽卡片档案,做好各项生产记录。如产蛋记录、孵化记录、乳鸽生长记录、乳鸽处理记录等。种鸽生产记录卡片见表 6－1。

表 6－1　种鸽卡片

第____棚____间____号笼　　　　雄____雄____雄____

　　　　　　　　　　　　　　　编号:　　体重:　　羽色:

配对日期____年____月____日　　雌____雌____雌____

项目/窝序	产蛋日期	产蛋量	无精蛋数	死精蛋数	死配蛋数	出雏数	留种数	出售数	残次数	死亡数	各日龄体重(克)				羽色特征		备注
											7	14	21	28			
1																	
2																	
3																	

4. 配对后的管理

(1)定巢与亲巢　种鸽要有舒适称心的巢窝才能产蛋和进入孵蛋,不然即便产了蛋,也会弃之而不孵,失去繁殖能力。为此,要先为种鸽建造一个独立生活环境(单笼饲养),在巢架上放置巢盆,铺上干净垫料。随后把配对后的种鸽放入笼内，进行定巢与亲巢。所谓定巢就是使种鸽认可和熟悉为其安排的巢窝。一般入笼后3～5天内种鸽便对人为准备的巢盆产生感情，出现恋巢表现，亲鸽双双进出于人为安排的巢窝，见此现象表示定巢过程已完成。再过3～5天后亲鸽相互形影不离，伏在巢里并发出“喔喔”的叫声，这是对巢窝称心如意的表现，此乃亲巢过程。

(2)做好配对后的观察记录工作　新配种鸽要注意观察配对情况，避免不良配对。肉鸽上笼配对后7～10天，饲养人员要观察和记录，为照检做准备。用一根短竹竿从笼外伸入，轻轻将巢盆中的鸽子挑起，即可看清产蛋、出雏情况(图6—9)。

图6—9　种鸽查窝

配对后很友好，2～3天后公母鸽相互熟悉、互相梳理羽毛、交喙接吻，相互交配配对后7～10天产蛋。如果公母不和，配对后即出现打斗行为，应尽早隔离。

如果雌雄鉴别错误，将两只公鸽配在一起，大多数情况会发生激烈的打斗行为，容易被发现。但是，有时两只公鸽也能和平共处，观察发现配对后长时间不产蛋一般属于这种情况，要重新进行公、母鉴别与配对。再一种情况是，公鸽鉴别错误，将两只母鸽配对放入同一笼中，一般情况下两只母鸽很少打斗，但观察发现短时间产出4枚蛋。

(3)配对后巢盆、垫料管理　种鸽上笼配对后，要尽快将巢盆、垫料准备好，为产蛋、孵化做好准备，避免将蛋产在没有垫料的巢盆中弄破，或者直接将蛋产于笼底。种鸽配对上笼前，要将巢盆清洗干净，氢氧化钠溶液浸泡消毒处理，清水冲掉氢氧化钠溶液，放在笼内巢盆架上。巢盆中要铺好垫料，垫料要求柔软、干燥、无污染。生产中常用垫料有麻袋片、薄海绵、地毯、垫布等，这些材料不容易掉出来，容易清洗，消毒后可以重复利用。

当笼中乳鸽长到 10 天左右时，饲养人员要准备另外一个巢盆，将原有巢盆放置在笼底一角供乳鸽休息(或铺设塑料网，将乳鸽放置其上)，新巢盆放置在巢盆架上，为下一窝蛋做好准备，否则容易将蛋产在笼底而踩破。一般高产种鸽在乳鸽出壳后 1 周就能产下一窝，低产的种鸽要到乳鸽长到 20 多天后才产下一窝蛋。饲养人员一定要及时查窝，做好产蛋记录，淘汰产蛋间隔长(两窝蛋超过 50 天)的低产鸽。

(4)肉鸽的产蛋观察与记录　肉鸽上笼配对后 7～10 天会产蛋，饲养人员要细心观察产蛋日期，记录产蛋情况，及时发现异常情况。做好产蛋记录也是为鸽蛋的照检做准备。鸽一窝只产蛋 2 枚，第二枚蛋间隔 26 小时产出，平均蛋重 23 克左右，蛋壳纯白色。初产母鸽有时只产 1 枚蛋，也属于正常情况，第二窝蛋就正常了，但是绝不会一窝产下 3 枚以上。记录种鸽产蛋情况时，用一根短竹竿从笼外伸入，轻轻将巢盆中的鸽子挑起，即可看清产蛋情况。初产种鸽的蛋重较小，孵化率、受精率也较低，随着种鸽逐渐发育成熟，种蛋重量也达到正常。产蛋后及时检查有无畸形蛋和破蛋，发现问题及时处理。初产鸽要经常观察蛋巢是否固定，新配偶要观察是否和睦。体形大的鸽要特别小心加以护理，防止压碎鸽蛋，更要防止由于营养不全或有恶食癖的鸽啄食种蛋。2～3 年龄杂交王鸽蛋重分布及蛋重与孵化率的关系见表 6－2。

表 6－2　蛋重与孵化率的关系

蛋重(克)	蛋数(枚)	孵化率(%)
17～19.5	5	80.0
19.6～21.5	13	84.6

续表

蛋重(克)	蛋数(枚)	孵化率(%)
21.6～23.5	42	83.4
23.6～25.5	40	84.6
25.6～27.5	19	84.2
27.6以上	8	75.0

5. 肉鸽繁殖期对环境条件的要求

为种鸽创造适宜的环境条件是提高肉鸽繁殖力的基本要求，种鸽的繁殖力与鸽舍内的温度、湿度、通风和有害气体之间有密切的关系，鸽舍要做到冬暖夏凉，干燥清爽，有害气体含量不至于危害鸽体健康。鸽的孵化温度受到自然温度影响很大。天气寒冷，孵化早期易引起死胚，巢盘要适当增厚垫料和加封门窗；天气炎热，孵化后期易死胚，要适当减少垫料，打开门窗和用水洒地板，还可用风扇降温。

(1)光照　光照时间的长短和强度可直接影响肉鸽的性成熟和生产性能，如长时间的光照肉鸽可早熟，反之则会延迟肉鸽的开产日龄。足够的光照时间可刺激肉鸽视觉细胞，从而引起一系列的性激素分泌活动，促使卵泡的发育和排卵。一般对产蛋母肉鸽光照时间要求达10～17小时，过长、过短都会对产蛋有影响。

(2)温度　鸽的正常体温为40.5～42.5℃，由于鸽子没有汗腺，要通过皮肤和呼吸蒸发散热，因此，需要一个相对较低的舍温环境。温度对肉鸽的影响主要有3个方面：①对采食量的影响：气温升高时，采食量降低，应减少能量的摄入量，适当增加蛋白质饲料；气温低时，肉鸽需要能量多，采食量也增加，所以要对肉鸽在不同温度条件下对采食量进行调整。②饲料效能随着环境温度的升高和采食能量的减少而提高。③温度会影响产蛋率、蛋重及蛋壳质量等。一般种鸽最佳温度为21℃，肉鸽适宜温度是18～24℃，较好经济效益温度上限是27℃。所以，一年四季应尽量把肉鸽舍温度保持在18～27℃为宜。舍内温度过高主要依靠通风来解决，冬季通风会降低舍温，但仍要进行短时间通风，以排除水汽及污浊气体，保持舍内湿度适宜和空气新鲜。

(3)相对湿度　相对湿度是空气中水汽含量与该温度下饱和水汽含量之比。适宜的温度时舍内相对湿度应是55%～60%，如果湿度过大，会使肉鸽的羽毛污秽，特别是高温时，肉鸽的蒸发散热受阻，体内积热，产生热射病。低温时空气中水汽容热量及导热性增大，肉鸽失热过多，易受凉甚至冻伤。相对湿度过低，如低于17%，会使雏肉鸽羽毛生长不良，成肉鸽羽毛蓬乱，皮肤干燥，还会引起舍内灰尘数量增多，导致系统疾病。

(4)通风　良好的通风对鸽舍的降温起着重要作用，同时对降低相对湿度也十分有效。鸽舍、鸽笼应具有良好的通风条件，特别是炎热和潮湿的季节更是如此。若舍内通风不良，缺乏新鲜空气，会导致有害气体浓度升高，易使幼鸽体质衰弱和患病，胚胎发育不良。当用木板或竹片钉鸽笼时，板条要尽量窄一些(1.0～1.5厘米)，若太宽，不利于通风和采光。另一方面，寒冷季节，特别是北方要做好鸽舍的防寒工作。最主要的是不要使寒风直接吹到鸽身上。

6. 肉种鸽日常管理

(1)人鸽亲近　鸽性胆小易惊，故惊扰是养鸽大忌。因此要培养人鸽感情。除了经常亲近鸽的饲养人员外，他人不能随意接触鸽和进入鸽舍。人进去时，态度要温和，要遵守接近程序，打扫鸽舍时动作要轻稳，严禁粗暴；当鸽群出现惊恐时，要及时消除引起惊恐的音响、异物、异色等，回避陌生人。

(2)定时、定量饲喂　1～2月龄幼鸽饲喂3～4次/天，3～6月龄饲喂2次/天，种鸽饲喂2～3次/天，哺乳期产鸽适当补饲。

(3)保证充足饮水　水对肉鸽来说既是最重要的，但又是最容易被忽视的营养素。肉鸽养殖要全天供水。水温是随舍温变化的，舍温很低时应增加水温，而气温高时应降低饮水温度，这样才会使肉鸽按需要饮水，保证肉鸽的需水量。气温低时，饮用温水可改进饲料效能。气温高时，水能帮助肉鸽降温。饮用水的最佳温度为10～25℃。

(4)投放保健砂　为促进营养物质的消化吸收，在补充多种维生素及微量元素的同时，必须供给新鲜、干燥的保健砂。保健砂最好现配现用，盛放保健砂应使用陶瓷或塑料制品，以免保健砂中的营养元素被破坏。

(5)搞好卫生　鸽舍要保持安静和干燥、清洁，如阴暗潮湿，周围环境太嘈杂会严重影响鸽子的生产，同时易发生各种疾病。鸽舍必须做到清洁卫生，环境安静，防止疫病，杜绝兽害。笼舍内无积粪，无污水、污物，无臭味，无蚊蝇等。笼舍每天清扫一次，每隔半个月用3%来苏儿溶液喷雾消毒一次。工作人员进入鸽舍要穿工作服和鞋。鸽笼必须是网眼笼底，使粪便能及时漏入接粪盘，保持鸽笼卫生。喂鸽的水槽、食槽、保健砂杯必须安放在笼养鸽笼的外面，与粪便隔绝，防止体内寄生虫感染。群养鸽的共用食槽和水槽必须有保护装置，防止鸽粪进入槽内。定期给肉鸽洗浴，保持鸽羽毛清洁，防止体外寄生虫入侵。

7. 孵化阶段管理

(1)创造适宜的孵化环境　饲养人员首先要做好巢盆及巢盆中垫料的管理，创造安静的孵化环境。种鸽舍光线不要太强，否则会影响种鸽的自然孵化，在窗户边的鸽笼由于光线过强，孵化率有所下降。窗户太大的鸽舍，最好加装窗帘，在中午前后做遮光处理。

(2)自然孵化管理　鸽子在产下第二枚蛋后才开始孵化，但也有一些刚配对的鸽产第一枚蛋后便开始孵化。以后多次产蛋，就没有这一现象了。孵化管理应注意下列几点：第一，孵化时，鸽子精神非常集中，对外界的警戒心特别高，所以一般不要去摸蛋或偷看孵化，不让外人进鸽舍参观；此外，还要避免汽车喇叭声及机械声等干扰，尽量保持鸽舍环境安静，让鸽安心孵蛋。第二，遇有鸽在孵蛋期间离开蛋巢到外面活动情形时，不用担心，更不必去惊动它，因为鸽知道如何调节温度。第三，要提高饲料的营养水平，粗蛋白质含量应在18%～20%，这样才能使鸽获得足够的营养，为乳鸽出生后供应鸽乳做好准备。

(3)照蛋　在孵化过程中，根据产蛋记录，于孵化至4～5天进行一次照检，将无精蛋和死精蛋剔除。照蛋在晚上进行，容易观察，鸽子也比较安静。照蛋两人操作，一人取蛋、放蛋，一人照蛋。照蛋工具为手电筒。取蛋、放蛋时要求手心向下，伸入鸽子腹下，以免踩破种蛋。照蛋人员要转动鸽蛋，发现胚胎及血管。正常发育的胚蛋，照蛋时发现在蛋的一侧有均匀的血管分布，呈蜘蛛网状；如果蛋透明没有血管，属于无精蛋；如果血管短小而扁平，呈一条血线或血环，则属于死精蛋（图 6—10）。

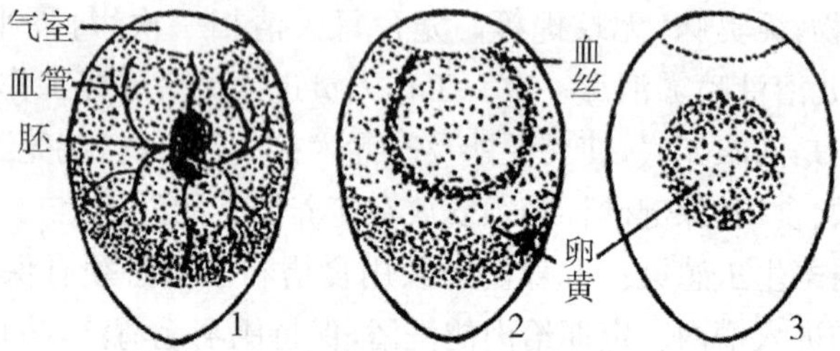

图 6—10　鸽蛋的照检（第五天）

1. 正常发育胚蛋　2. 死精蛋　3. 无精蛋

也可以在孵化到第十天进行第二次照蛋。若蛋内一端乌黑，固定不动，另一端气室空白增大，则胚胎发育正常；若蛋内容物如水状流动，壳呈灰色，则为死胚蛋。无精蛋、死精蛋、死胚蛋都应及时捡出。

（4）种蛋的并窝，提高繁殖率　照蛋后，如果剩下 1 枚正常发育胚蛋，可以并入其他窝中，让保姆鸽代孵。这样没有鸽蛋的种鸽可以集中精力搞好下一窝的生产，缩短繁殖周期，使全群的繁殖率大大提高。要求并入的鸽蛋和保姆鸽产蛋日期相近，保证同时出雏。保姆鸽可以同时孵化 3 枚种蛋。

（5）出雏观察与人工助产　经过 18 天的孵化，大多数小鸽破壳而出。出雏时要注意观察，个别出壳困难的要进行人工助产。方法是将蛋大头蛋壳敲破，发现蛋壳膜干燥、黄白色，即可助产，如发现蛋壳膜湿润、有血管，不能助产。助产时打开蛋壳膜，将小鸽头部轻轻拉出壳外，放回巢盆中继续孵化。经过 19 天仍然没有出壳，估计胚胎已经死亡，要从巢盆中取出丢弃，防止影响下一窝蛋的生产。

（6）体表寄生虫防治　羽虱会造成种鸽烦躁不安，不能安心孵蛋。笼养产鸽每年安排 1～2 次药浴，可用 0.3%灭虫菊酯或 0.2%敌百虫溶液进行药浴。

第七章　商品乳鸽与鸽蛋生产关键技术

内容导读

乳鸽的生理特点与生长规律
乳鸽的屠宰性能
自然哺喂乳鸽生产
乳鸽人工哺喂技术
商品鸽蛋生产关键技术

一、乳鸽的生理特点与生长规律

1. 早期生长速度快

经过 17～18 天的孵化，雏鸽即破壳而出，刚孵出的雏鸽身体很小，喙部相对于其躯体显得很大，这是乳鸽吸引亲鸽哺喂的需要。刚出壳的乳鸽绒毛黄色细软、稀疏，保暖性很差，躯体软弱，不能行走，不会啄食，眼睛未睁开(一般在 3～4 日龄时睁开)，卧在亲鸽腹下。需要亲鸽继续暖窝至 13 天左右。乳鸽生长速度很快，刚出壳时重量只有 18 克左右，2 天后体重就能增加 1 倍，经亲鸽哺育 28 天，体重可达到 500 克以上。

2. 乳鸽增重规律

甘肃农业大学李婉平等对乳鸽各周龄体重及绝对增重进行了研究。发现乳鸽的快速生长期在 1～2 周龄，3 周龄增重减慢。这一方面是乳鸽本身的生长发育规律，此外也与亲鸽的哺喂料量难以满足乳鸽迅速生长有关。乳鸽在 2 周龄后进行人工哺喂效果更佳。乳鸽各周龄体重及绝对增重值见表 7—1。

表 7—1　乳鸽各周龄体重及绝对增重值(克)

周龄	1	2	3	4
平均体重	160.37	351.68	476.02	528.49
周增重值	142.84	191.31	123.34	52.47

二、乳鸽的屠宰性能

1. 活重

活重是指乳鸽上市空腹体重，乳鸽上市日龄一般在 25～28 天，活重要求达到 500 克以上。人工哺喂可以提高乳鸽上市活重。

2. 屠体重

乳鸽放血、浸烫拔羽、去除喙壳脚皮后的重量就是屠体重，湿拔毛必须沥干水分后测定屠体重。屠宰率计算公式为：

屠宰率(%)=$\frac{屠体重}{活重}$×100%。乳鸽屠宰率一般在 85%～88%。

3. 半净膛重

羽毛、喙壳、脚皮去除干净后的乳鸽胴体需要开腹去内脏，半净膛销售。先挤压肛门，使直肠中粪便排出，在肛门下横切(剪)一刀，长度 2 厘米，伸进手指、钩住肌胃将消化系统内脏拉出，称取半净膛重。半净膛重需要保留腺胃、肌胃、心、肝以及腹脂。半净膛率计算公式为：

半净膛率(%)=$\frac{半净膛重}{活重}$×100%。正常乳鸽的半净膛率应达到 77%～80%。

4. 全净膛重

全净膛重是指半净膛重减去腺胃、肌胃、心、肝以及腹脂的重量。全净膛率计算公式为：

全净膛率(%)=$\frac{全净膛重}{活重}$×100%。正常乳鸽的全净膛率应达到 61%～65%。

江苏省江阴市威特凯鸽业有限公司测定的欧洲肉鸽屠宰性能指标见表 7—2。

表 7-2 欧洲肉鸽屠宰性能测定(4 周龄乳鸽)

屠宰指标	屠宰性能(克)					
	Ⅰ系		Ⅱ系		Ⅲ系	
	公	母	公	母	公	母
活体重	601.54	575.27	622.32	596.88	639.09	612.75
屠体重	505.91	481.56	522.78	500.92	535.74	514.29
半净膛重	464.39	441.74	481.52	463.41	494.76	473.83
全净膛重	369.25	351.14	392.37	370.13	394.67	378.25
胸肌重	103.24	99.31	112.47	103.26	110.27	106.89
腿肌重	30.13	28.71	32.26	30.26	32.51	31.04
肌胃重	12.52	11.92	13.01	12.89	13.59	12.71
腹脂重	6.43	5.82	6.55	5.93	6.77	5.98
翅重	68.97	65.05	71.94	68.72	73.62	69.88
屠宰率	84.10%	83.71%	84.01%	83.92%	83.83%	83.93%
半净膛率	77.20%	76.79%	77.38%	77.64%	77.42%	77.33%
全净膛率	61.38%	61.04%	63.05%	62.01%	61.76%	61.73%
胸肌率	27.96%	28.28%	28.66%	27.90%	27.94%	28.26%
腿肌率	8.16%	8.18%	8.22%	8.18%	8.24%	8.21%

三、自然哺喂乳鸽生产

1. 自然哺育规律

鸽属于晚成雏，一般需要亲鸽哺喂才能成活(或后期人工哺喂)。孵出后的前 3 天，哺喂的完全是父母亲鸽嗉囊分泌的鸽乳。乳鸽 4 日龄以后，亲鸽哺喂的食物中逐渐加入饲料，7 日龄以后鸽乳停止分泌，完全依靠亲鸽吃进去的饲料来哺喂。因此，7 日龄后，可以进行人工哺喂，缩短繁殖周期。为了便于管理，生产中多在 15 日龄后开展人工哺喂，乳鸽成活率高。亲鸽自然哺喂过程为：亲鸽靠近幼鸽，由于幼雏挤压亲鸽胸部，引起亲鸽哺喂反应，乳鸽将喙从亲鸽喙角伸入亲鸽喙中，亲鸽伸颈低头，从嗉囊中吐出食物，食物进入幼鸽喙中。自然哺育一定要做好巢盆、垫料的清洁卫生工作，创造舒适的生长环境。亲鸽产下一窝蛋后，将乳鸽抓到笼底，放置在巢盆中或饲料网上。

自然哺育要注意转折期。雏鸽出壳后，12～13 日龄后，食量逐渐增加，容易引起消化不良、嗉囊积食等疾病。在这期间，应给亲鸽喂一些易消化的小颗粒饲料，喂给亲鸽或乳鸽酵母片，每次 1 片，每天 1 次，连喂 3 天。

2. 巢盆管理

为了提高乳鸽的成活率和生长速度，需要做好巢盆、垫料的清洁卫生工作，创造舒适的生长环境。保持巢盆、垫料的清洁卫生。也可以在笼底一角铺设塑料网（或巢盆），将 15 天以后的乳鸽置于其上，减少铁丝笼网底对乳鸽的摩擦，避免出现胸部囊肿。

3. 加强种鸽饲喂

乳鸽的正常生长发育需要从饲料中获取营养，而乳鸽的饲料基本由亲鸽来哺喂，所以为了提高乳鸽的生长速度，必须对亲鸽加强饲喂，每天摄入足够的饲料来满足自身与乳鸽生长的需要。亲鸽在哺喂幼鸽阶段，随着乳鸽的长大，采食量增加很多。非带仔生产鸽每天每对采食量为 75～90 克，带 0～7 日龄乳鸽的生产鸽每天每对采食量为 95～110 克，带 8～14 日龄乳鸽的生产鸽每天每对采食量为 135～150 克，带 15 日龄至上市乳鸽的生产鸽每天每对采食量为 145～160 克。生产中要对带仔亲鸽增加饲喂次数，延长饲喂时间，增加豆类比例。哺喂期种鸽每天要饲喂 3～4 次，每次 30 分，饲养人员在加料时，观察巢盆或底网上乳鸽的大小，判断采食量的多少，对每个鸽笼采取不同料量的控制。

要对哺喂期种鸽调整饲料配方，喂给亲鸽营养丰富而全面的日粮，饲料代谢能 12.14 兆焦/千克左右，粗蛋白质含量为 15%～16%，这就要求蛋白质饲料达到 30%～40%，能量饲料占60%～70%，满足产蛋与乳鸽生长需要。而保健砂应在平常成分的基础上增加蚝壳片、微量元素、酵母片的供应。

4. 提高两只乳鸽生长的均匀度

（1）对换位置　亲鸽总是最先哺喂巢盆中固定位置的乳鸽，长期会造成一大一小。两只乳鸽对换位置，有利于均匀受食。具体做法是在 6～7 日龄乳鸽会站立之前，每隔 2～3 天对同一窝的两只乳鸽调换一次位置，以便得到种鸽的平衡照顾。

（2）隔离体重大的一只　体重大的乳鸽在受食争强中处于强势地位，会越长越大。到了哺喂时间，可以先把体重大的乳鸽从巢盆中取出，让亲鸽先哺喂体重小的一只，然后再将另外一只放回。这样 3～5 次以后，两只乳鸽体重就会接近。

（3）增加喂料次数　将早、晚两次的喂食细分为 4 次。具体就是早上第一次投喂时，投喂量以鸽子能在 20 分内吃完为宜，然后间隔 1 小时后再投喂第二遍，量同上。晚上也和早上一样操作。这样喂大的幼鸽基本都可保证个头相当，而且种鸽还不挑食，保证了营养的全面摄入。这种做法的理论依据就是：亲鸽的哺喂是条件反射式的。在投喂第一次时，很可能大的那只幼鸽吃饱了，小的却没有，1 小时后再次投喂时，亲鸽在条件反射影响下继续吃食，然后再次哺喂幼鸽，此时偏大的幼鸽由于已吃饱，索食欲望减弱，小的那只仍然强烈，所以正好被喂饱，这样就保证了两只幼鸽吃进同量的食物，从而长势均等。

（4）调并乳鸽　1 窝仅孵 1 只乳鸽或 1 对乳鸽因中途死亡仅剩 1 只的，都可以合并到日龄相同或相近的其他单雏或双雏窝里。这样做，可以避免因仅剩下 1 只乳鸽往往被亲鸽喂得过饱而引起嗉囊积食的现象。刚并窝时要注意观察亲鸽有没有拒喂和啄打新并入的乳鸽的现象。

5. 及时离巢

作为商品乳鸽，根据市场需要，尽量提前离巢。这样，亲鸽才能集中精力搞好下一窝生产。一般商品乳鸽 25 天左右离巢较为合适，这时乳鸽羽翼丰满，体重适宜，屠体美观，肉质最佳。在南方市场，有需要 20～23 天的乳鸽，乳鸽离巢可以适当提前。但从乳鸽的生长规律来看，21～27 天这一阶段长势较为旺盛，也是乳鸽增重较快的阶段。需要人工哺喂时，15 天抓出人工哺喂较为合适，成活率高，便于管理。留种乳鸽可以适当推迟离巢时间，但最晚不能超过 30 日龄。

6. 防止乳鸽消化不良

乳鸽生长到 7 天以后，从亲鸽嗉囊中获取的基本上全部是饲料，而且采食量大大增加，很容易引起乳鸽消化不良。发现消化不良现象时，应喂给亲鸽或乳鸽一些帮助消化的药物，如酵母片、维生素 B_1 片等，可以有效防止乳鸽消化不良现象的发生。

7. 乳鸽并窝

亲鸽在哺喂乳鸽过程中，有时会死掉 1 只，这时可以将剩下的 1 只并入其他出壳日期相近的窝中，并窝后一般 1 对亲鸽可以带 3 只乳鸽，没有乳鸽的亲鸽可以集中精力搞好下一窝生产，缩短产蛋间隔与繁殖周期，从而提高了种鸽群年产乳鸽的数量。生产中，也有的场家将 2 只刚出壳的乳鸽并到其他窝中，或者人工孵化后，每窝 3～4 只置换出仿真蛋。

研究发现并窝饲养时每窝 3 只的乳鸽体重增长与非并窝仔鸽相似，而且在乳鸽生长速度相近的情况下，并窝组乳鸽平均耗料量较少，肉料比与非并窝组比较，差异极显著，说明一对亲鸽同时喂养 3 只乳鸽与喂养 2 只乳鸽相比，有明显降低饲料的消耗量，提高饲料报酬的作用(佛山科技学院胡文娥等，2006)。

研究发现，亲鸽哺育 4 只乳鸽比哺育 3 只乳鸽需要消耗更多的体力，但在之后两者体重的增长近似，说明经过一定的调整，亲鸽适应了哺育 4 只乳鸽且哺育性能提高。试验中育雏 3 只和 4 只，雏鸽的每周平均体重差异不显著，说明每窝 3 只与 4 只雏鸽的生长无太大变化(扬州大学动物科技学院王莹等，2013)。对于母性良好的亲鸽，在生产中可以采取育雏 4 只的方法。

乳鸽并窝要看亲鸽的育雏能力，并且不能长期让一对亲鸽连续并窝，否则会增加保姆鸽的负担，缩短种鸽利用年限。有些肉鸽养殖场，将 4 只乳鸽并到一窝中，这样会引起种鸽过度疲劳，缩短种鸽利用年限，得不偿失。并蛋、并窝在极端天气时会造成大量的种蛋、乳鸽受损。在2008年2月的寒冻灾害中，南方采用并窝的鸽场受损率远高于不并窝的鸽场。

四、乳鸽人工哺喂技术

在肉鸽养殖过程中，养殖户总是希望每对亲鸽年产乳鸽数越多越好，而且要求乳鸽获得较快的增重，及早达到收购标准(500克以上)。但是，养殖户都会认识到，单靠传统自然哺喂生产工艺与方法，即使管理水平很高，也难以达到此目的。

人工哺喂是指当乳鸽生长到一定日龄后(7～15日龄)，将其从种鸽巢盆中抓出，放置于专门的人工哺喂车间，用人工的方法将哺喂用的饲料灌喂到乳鸽嗉囊，以达到乳鸽快速育肥的目的。乳鸽人工哺喂技术的出现与应用，在很大程度上解决了乳鸽生长缓慢、种鸽产子数少的问题，大大提高了养鸽的经济效益。特别是人工哺喂与鸽蛋人工孵化技术的结合应用，使肉鸽养殖进入了一个全新的时代。

1. 乳鸽人工哺喂的优点

(1)缩短肉鸽的繁殖周期　人工哺喂使乳鸽提前脱离亲鸽的哺喂，让种鸽尽快地恢复产蛋、孵化能力，提前进入下一产蛋周期，缩短了繁殖周期。乳鸽7～15日龄时，从巢盆中抓出，进行人工哺喂，种鸽可以集中精力产下一窝种蛋。这样全年可以多产乳鸽2～3对。

(2)提高了乳鸽的成活率和合格率　自然哺喂情况下，一般在乳鸽20日龄后，亲鸽即将进入下一产蛋周期，而无力照顾乳鸽，有的乳鸽因得不到足够的饲料而发育迟缓，更有甚者还会被行为反常的亲鸽啄伤啄死。乳鸽人工哺喂可以避免乳鸽后期被亲鸽啄伤、啄死的情况发生，提高了乳鸽的成活率。

(3)提高乳鸽上市体重　乳鸽后期采用人工喂养，由于饲料是粉碎的，容易消化吸收，并适当地提高饲料的粗蛋白质、能量水平，加上人为的定时、定量饲喂，每次都能吃饱，因此生长速度较快，上市体重大。乳鸽的个体重量较自然哺喂能提高10%以上，一般28日龄体重可达到600克以上，提高了乳鸽的等级与销售价格。

(4)屠体比较美观　乳鸽后期(15 日龄后)采用人工哺喂,比自然哺喂上市体重提高 10%左右,而且改善了乳鸽肉质与含脂率,乳鸽肌肉丰满,皮下脂肪有一定沉积量,肤色好,屠体美观,适合传统烤制食用。

(5)可以利用各种饲料资源　自然哺喂乳鸽只吃亲鸽吐出的原粮,人工哺喂可以利用如豆粕、菜籽粕等蛋白质饲料资源,降低了饲料成本。而且可以将微量元素、维生素等添加剂一块加入,不需要单独再喂给保健砂,省工省时。综合计算,人工哺喂饲料成本比自然哺喂能降低 20%～30%。

2. 乳鸽开始人工哺喂日龄的选择

乳鸽开始人工哺喂日龄的选择非常关键,太早乳鸽的消化机能差,容易引起消化不良,成活率和生长速度都会受到影响。但乳鸽人工哺喂太晚的话,就达不到缩短繁殖间隔、提高繁殖率的效果。甘肃农业大学养禽教研室的科研人员对比发现,15 日龄的乳鸽开始进行人工哺喂比较适宜,乳鸽的增重最佳,而且成活率最高。15 日龄开始人工哺喂,操作较为简单,只需将日常使用的种鸽饲料粉碎即可以使用,也可以利用其他肉用家禽(肉鸡、肉鸭)常用的配合饲料,因为饲料已经粉碎,营养全面,就不要再加保健砂了。

生产中,有的养殖场家在 10 日龄开始进行人工哺喂,若哺喂技能较好,营养搭配合理的话,也可提前到 7 日龄进行。7 日龄以前人工哺喂成功率较低,但随着人工鸽乳的成功研制,1 日龄就开始人工哺喂也是可以的,只是对技术要求高。

3. 哺喂用具

人工育肥的器具目前较多使用移动式吊桶灌喂器和软瓶灌喂器,这两种器具都有操作简便,便于移动的优点,育肥效率较高。

(1)软瓶哺喂　用软塑料奶瓶,或者饮料瓶改造。将粉状配合饲料加等量温开水,调成糊状,然后装入瓶中,瓶口接橡胶软管,便于喂料。哺喂人员坐在木凳上,将乳鸽放在大腿上,左手固定并用食指和拇指将喙打开;右手将软管塞入乳鸽口腔食管中,然后用力挤压软瓶,将饲料挤入乳鸽嗉囊中(图 7—1)。这种哺喂方法适合规模较小饲养场应用，操作简单实用。

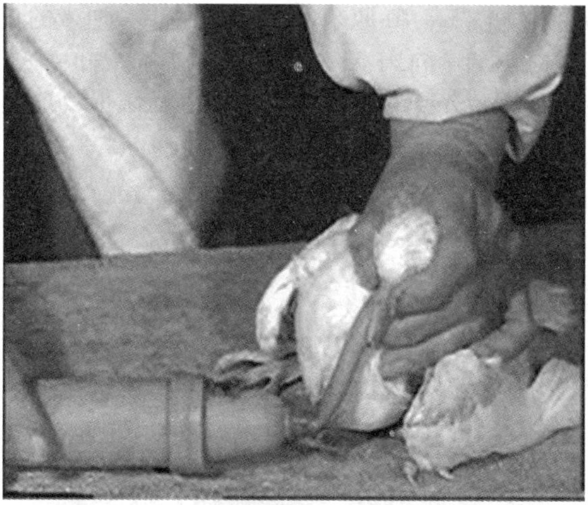

图 7—1 软瓶哺喂

（2）吊桶灌喂器 属于专门的哺喂器械，一人操作，每小时可哺喂 300～500 只乳鸽，适合规模化生产。乳鸽养在哺喂床（育肥床）上，舍内温度提高到 30℃左右。采用脚踏式喂鸽机（图 7—2）或手枪式电动气控喂鸽机完成。左手握住乳鸽，右手掰开鸽嘴，对准灌喂器的出料口，右脚踩动开关，饲料及水一起灌入乳鸽嗉囊。

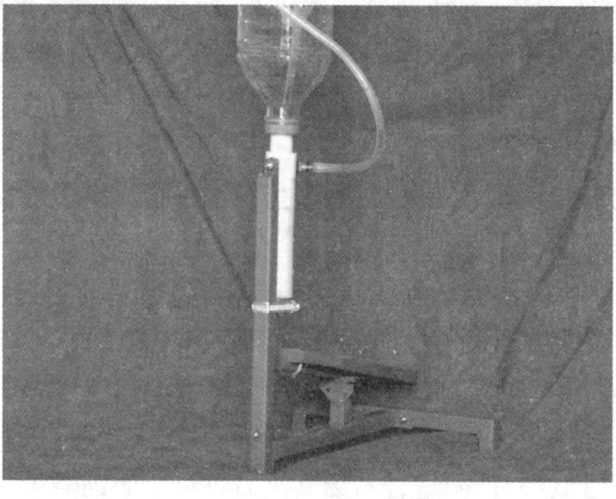

图 7—2 乳鸽灌喂器

(3)哺喂床(图 7—3)　一般可制作成长 200 厘米、宽 100 厘米、四边高 50 厘米，笼脚高 70 厘米，网眼 1 厘米×1 厘米的长方形镀锌网眼平面鸽笼，笼的中间用铁丝网隔开，便于捉拿和辨认，也可避免雏鸽相互践踏，还可在笼具上配备保温伞。喂鸽器、保温箱、雏鸽笼的容量和只数，应根据生产规模来确定。

图 7—3　乳鸽哺喂床

4. 人工哺喂方法

用左手小指与无名指夹住乳鸽脖子，大拇指与食指夹住乳鸽的上喙，轻轻提起，中指剥动下喙将鸽嘴扳开。右手将料管插入乳鸽嗉囊内 4 厘米左右(注意压住乳鸽的舌头，防止舌头插入出料管)。踩动哺喂器踏板，将饲料注入鸽嗉囊内(插入深度要注意，太深了可能会伤了嗉囊，太浅了饲料不易进入嗉囊内)。

5. 哺喂饲料准备

(1)饲料配方　采用高能量、高蛋白水平配方。广东省家禽研究所配方：玉米 40%，小麦 20%，麸皮 10%，豌豆 20%，奶粉 5%，酵母粉 5%，另加入适量蛋氨酸、赖氨酸、维生素、微量元素、食盐等。也可以用 90%优质雏鸽饲料，5%进口鱼粉，4%熟食用油，1%微量元素及维生素添加剂。采用全价粉状饲料，粗蛋白质水平 22%，代谢能水平 12.56 兆焦/千克。乳鸽饲料的配制配方较多，在使用新配方时，必须经过试喂，证明适合本场乳鸽后方可全面饲喂。

(2)粉碎与调制　原粮饲料在条件允许的情况下尽量粉碎细点

(可更换粉碎机的筛网),细粉料配置成浆料后不易沉淀,方便使用,且易被乳鸽消化吸收。尽量选择加力出料方式灌喂工具,这样可以减少浆料中的水含量,并可以降低工作强度提高工作效率。在实际使用中干粉料与水的比例,以 1∶2.2 左右为宜。混合饲料的水温可以根据天气情况来确定,混合后的浆料温度在 38℃左右比较合理,以接近乳鸽体温为好。尽量避免混合后的浆料长时间放置,那样会增加浆料的浓度,而使饲喂工具出料力度增加,甚至影响工具的正常使用。研究发现,如果在原粮饲料里添加 25%左右的粉碎小麦,可以有效地防止浆料的沉淀。

6. 哺喂量

人工哺喂每天早、晚各 1 次,13 日龄以上乳鸽,平均每天每只喂 50～60 克(干粉料重量)。喂量也可以参照自然繁殖的同日龄乳鸽嗉囊鼓起程度来确定,喂料太多可能影响消化。如果发现有个别消化不好,可以少喂料,多喂水,并轻轻将嗉囊内的料团揉碎。人工饲喂的料中水分含量比较多,一般不会出现缺水的情况发生。所以 1 天喂 2 次料后,就不需要再单独喂水。人工哺喂乳鸽粪便里水分较多,但要和拉稀区分。乳鸽进行人工喂养后,需与种鸽隔离,在单独的哺喂房舍进行,要提高舍内温度,避免乳鸽受凉影响正常消化。

7. 人工哺喂注意事项

(1)掌握哺喂技术　哺喂是难度较高的一项技术,哺喂工作要专人负责。操作人员必须进行培训,先进行小批量实验,掌握补喂料的调制与哺喂方法。然后在总结经验的基础上在鸽场全面铺开。乳鸽全程人工哺育成功率较低,最好是种鸽哺育 2 周后再进行人工哺育。

(2)环境控制　需设立专门的人工哺喂室,为乳鸽健康成长提供合理的环境条件。哺喂室温度要保持基本稳定,环境温度维持在25～28℃,温度过高,乳鸽会发生喘息,影响消化吸收。环境温度过低,乳鸽皮肤发绀,颤抖,甚至出现冻死现象。哺喂室要保持清洁干燥和通风,减少呼吸道疾病的发生。环境还要保持安静,饲养密度合理,噪声和拥挤会使雏鸽相互挤压,造成伤残。蚊子是传播鸽痘的主要媒介,夏秋季节要防蚊虫叮咬,必要时可以在晚间点上蚊香。

(3)哺喂要点　灌喂时，管道要深入乳鸽食管中，不要把乳鸽饲料洒出来，以防弄湿鸽体、浪费饲料，而且会引起乳鸽受凉感冒。插管时要小心，避免插入气管，以免损伤食管和嗉囊。哺喂量要根据乳鸽的日龄大小灵活掌握，每次哺喂多少应有所区别，不要平均分配，一般是早、晚量多，中午量少。

(4)不同用途分别对待　以生产商品乳鸽为目的，可在15日龄后开始人工哺喂，强制育肥，以期达到较高的上市标准(600克以上)。以生产后备种鸽为目的，一般不进行人工哺喂，要求乳鸽25日龄开始进行诱饲(在笼中学习种鸽采食)，使其到28～30日龄出窝时学会自由采食。

(5)慎用药物添加剂　因为乳鸽生长迅速，对药物的吸收能力很强，所以对市场上的非乳鸽专用成品饲料和各种药物添加剂要充分了解其成分，以防乳鸽中毒死亡或造成药物残留。在乳鸽人工哺喂饲料中适当添加营养性添加剂，如多种维生素制剂、微量元素添加剂、氨基酸添加剂(赖氨酸、蛋氨酸)等，可以促进乳鸽生长发育，提高抵抗力，提高饲料转化率。

(6)严格消毒　乳鸽饲料在人工哺喂过程中因器具、空气、人等接触，增加了饲料的污染风险，容易造成病从口入。搞好哺喂时的环境和乳鸽饲料的卫生和消毒工作，是保证人工哺喂成功的重要一环，每个哺育人员必须高度重视，减少操作环节的污染。

五、商品鸽蛋生产关键技术

鸽蛋蛋壳洁白如玉，口感细腻柔软，营养丰富而产量有限，随着肉鸽产业的不断发展，专门化的鸽蛋生产产业应运而生，既丰富了人们的饮食需要，又增加了肉鸽养殖收入。而且鸽蛋生产对于调节乳鸽上市数量、规避乳鸽市场风险具有重要作用。目前国内鸽蛋的消费市场主要集中在东南沿海经济发达省份和城市，特别是浙江省温州市的需求量最大，拉动了当地及周边的蛋鸽生产，例如，温州市平阳县有专门化的蛋鸽场，专门生产鸽蛋，采用双母配对来提高鸽蛋的产量，已经取得了成功，并且获得国家发明专利。

商品鸽蛋生产需要做好的工作如下。

1. 选留高产种鸽和培育高产品系

鸽蛋生产过程中，要对每对种鸽做好生产记录，特别是产蛋记录。一般情况下，鸽蛋取走后，种鸽会在10天后产下一窝蛋，这样一个月可以产下2～3窝。如果产蛋间隔延长或长时间不产蛋，要找出原因，对于产蛋减少的老龄种鸽要及时淘汰。

2. 双母配对提高产蛋量

“泰平王鸽蛋鸽‘双母拼对’高产蛋率技术方法”由浙江省平阳县星亮鸽业有限公司完成，该项技术已经获得国家专利(项目编号:200810059382)。利用双母拼对，每10对母鸽笼之间安插一对公、母鸽。在产蛋鸽产下第二枚蛋后连同产蛋箱一并取出，6天后放回产蛋箱，待产第二窝蛋。采用“双母拼对”组建产蛋鸽群，每对产蛋鸽月产蛋达8枚以上，比原来提高77.78%，不养种公鸽又可降低饲养成本35%。采用科学的饲养技术，解决了双母拼对不能持久产蛋的瓶颈。双母配对新技术还有待于在全国推广，实际应用效果有待验证。

3. 增加饲料营养

可以适当增加豆类比例，饮水中定期补充多种维生素，保健砂营养要全面。据报道，在保健砂中添加蛋氨酸可以提高肉鸽产蛋量。

4. 提高蛋壳品质

鸽蛋蛋壳较薄，在产蛋、收蛋、包装环节会造成破损，破蛋率明显升高。有的场包装后销售的鸽蛋破蛋率(破损或裂纹蛋占百分比)高达30%，严重影响鸽蛋的保质期和品质。提高鸽蛋蛋壳品质，关键是保健砂配制要合理，保健砂中钙、磷含量和比例要合适，提供优质钙源，如贝壳粉的效果优于石粉。定期在饲料中添加鱼肝油，也可以补充维生素D，促进钙、磷的吸收与利用。

5. 做好巢盆垫料的管理

每天检查巢盆一次，发现巢盆中缺少垫料要及时补充，垫料被粪便严重污染的也要及时更换掉，否则会造成商品鸽蛋蛋壳污染，缩短保质期。

6. 加强保健和疾病防治工作

每年定期对产鸽群进行新城疫、鸽痘免疫接种与体内外寄生虫的驱除工作，减少疫病发生风险，可以大大提高肉鸽的产蛋率。在天气变化、转群，进行药物预防时，要选择不影响产蛋的药物，磺胺类药物、呋喃类药物、部分抗球虫药物会引起产蛋率的下降。

7. 冬季取蛋管理

受冬季温度低、温差大、空气干燥等不利因素的影响，种鸽经常出现不抱窝、死胎蛋多、乳鸽生长缓慢并有零星死亡的现象，为了在这段时间内提高经济效益，取蛋是目前最理想的方法之一。取蛋不仅解决了种鸽冬季孵化和哺育过程中不利因素造成的影响，而且冬季鸽蛋价格高，效益显著。搞好冬季取蛋时期的饲养管理是增加效益的重要保障。

(1)取蛋时期的饲养　每天饲喂 2 次，早、晚各 1 次，平均每对种鸽每天耗料 75 克。肉鸽冬天饮水量相对较少，但必须保证全天供水，绝对不可断水。冬季可以在饮水中添加电解多维、红糖来提高能量补充体力，增强种鸽御寒能力。

(2)调整保健砂　取蛋时期保健砂中可添加中药保健品如激蛋散、蛋鸡宝等来促进卵泡发育，提高产蛋率。为了提高蛋壳品质，减少破损率，延长保质期，保健砂中钙、磷含量和比例要适当。原粮饲料中补充鱼肝油，对维持输卵管上皮完整性，提高产蛋率、蛋壳品质都有很好的作用。

(3)防寒保暖　入冬前要检查鸽舍，堵塞鸽舍墙壁上的裂缝和孔洞，避免肉鸽受寒风侵袭，并用塑料膜封严前后窗，晚上要在窗外挂麻布帘，门上挂防风帘，这样可以提高舍内温度。冬季舍内的目标温度为 13～20℃，如果温度低于 5℃时，应增设取暖设施，防止鸽蛋冻裂或破损，还要补充光照，定期清理粪便，勤消毒勤观察。

(4)检查鸽蛋质量　每天及时检查鸽蛋质量，特别是蛋壳质量，破损率高时要查找原因，进行改善，以提高鸽蛋的商品率。鸽蛋收集后放入通风的塑料筐中，低温保存。鸽蛋的保质期较短，要尽快销售。通过采取必要的保鲜措施，可以把鸽蛋保质期延长到 60 天以上。

第八章　肉鸽产品加工与销售关键技术

内容导读

乳鸽产品的营销
乳鸽屠宰工艺
鸽肉产品深加工技术
鸽蛋的包装与营销
鸽粪的加工与利用

一、乳鸽产品的营销

乳鸽的上市日龄为25～30天。达到上市日龄的乳鸽要及时和种鸽隔离，待上市出售。超过上市日龄的鸽体重会有所下降，且肉质变差。乳鸽销售有活鸽和白条鸽两种方式，要根据市场行情灵活掌握。受季节、肉鸽生产周期性特点和市场需求变化影响，乳鸽全年价格存在规律性变化（图8—1）。

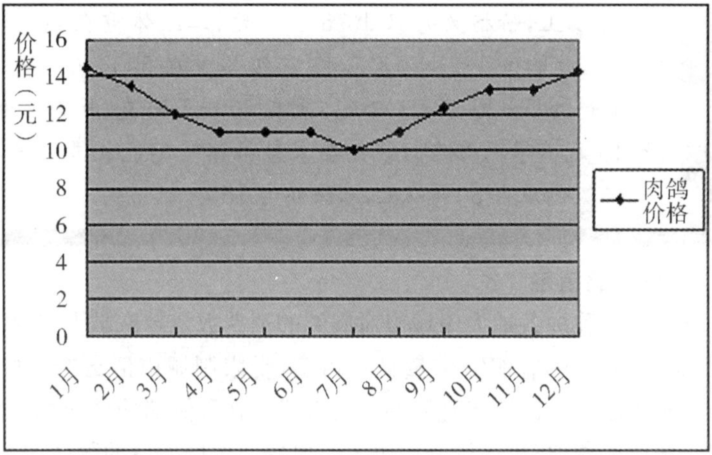

图8—1 全年肉鸽价格变化规律

1. 活鸽销售

目前国内乳鸽的收购标准一般要求25日龄体重达500克以上，有一定的羽毛，无病、无残，胸肌饱满，用手指从背部向胸部抓过，拇指与中指的距离相差 2～3 厘米。

乳鸽经屠宰后去掉毛、血和内脏，屠体重达 350 克以上。王鸽的乳鸽屠体重应达到 450 克左右，石岐鸽和贺姆鸽屠体应重达 410 克左右，香港杂交王鸽屠体应重达 400～450 克。大型肉鸽如展览型白王鸽和灰王鸽体型稍大，但生产性能较低，一般不适宜作乳鸽生产。

国外乳鸽大都经屠宰后再投放市场整只销售，屠体皮肤要求灰白色或浅黄色，无血斑和残存羽毛，有的会加上透明塑料纸包装，并附上生产厂的商标、生产日期和保存日期、保存方法等。国内体型较小的鸽，价格相对要便宜，一般在市场售出，用来作煲汤料或炖品；体型较大的价格相对较高，适合宾馆酒楼，可用以制作红烧乳鸽、炖鸽等。

广东市场上收购的乳鸽一般分为四级：一级要求体重 650 克以上，价格为每只 13.5～15 元；二级体重在 600～650 克，收购价 12.5～13.5 元；三级体重在 500～600 克，收购价 11.5～12.5 元；四级体重在 400～500 克，收购价为 8～10 元不等。收购的乳鸽要求整批体重不能相差太多，一、二级鸽应占 80%以上，三级鸽占 15%～18%。

2. 白条鸽销售

近年来，我国各地大中城市对肉鸽的消费数量越来越大，特别是大的宾馆、酒店的乳鸽需求量日益增多，受限制城市活禽交易的影响，白条鸽成为城市销售乳鸽的主要方式。在乳鸽消费的淡季，价格下跌，可以冷藏，待价格回升后再上市出售。但冷冻后的胴体皮肤色泽会差些，皮肤颜色多显灰暗，而新鲜乳鸽皮肤呈灰白色或淡红色。若有冷藏仓库，可快速冷冻，将冷藏温度降到－30～－20℃，这样可以保留乳鸽的鲜美味道，酒楼、宾馆和进出口公司仓库可采用此法进行冷藏。经冷藏的乳鸽胴体，可以进行长途运输，如出口日本等地。

3. 深加工销售

现代营养学研究表明，乳鸽不仅肉质细腻鲜美，而且营养价值极高，蛋白质及能量均居肉食品之首，是一种高档营养品和滋补品。原粮饲喂的方式使乳鸽更属绿色食品，可以放心食用，符合现代高收入群体的饮食需求，销量日益增多。畜禽肉类加工属于朝阳产业，但鸽类的深加工产品在市场上少之又少。随着人们生活水平的提高，加之在大中城市人们生活节奏较快，加工后打开即可食的乳鸽更受人们欢迎，前景十分广阔。

肉鸽养殖场为开拓乳鸽的销路，可考虑与食品加工厂联合开发乳鸽深加工产品。我国的红烧乳鸽举世闻名，若做成罐头类销售或出口，其销路一定供不应求。也可利用乳鸽的滋补作用做成乳鸽滋补罐头，或乳鸽滋补口服液，既有益社会及人类对食品的需要，又能增加乳鸽的销售渠道，有利于商品乳鸽的生产和开发。

二、乳鸽屠宰工艺

1. 待宰乳鸽的选择

乳鸽屠宰最佳日龄为出壳后 25～28 天，这时的乳鸽羽毛丰满，容易拔干净，胴体美观，适合白条销售。但目前国内市场普遍 23 天屠宰，远没有达到最佳上市体重，深加工最好在 28 日龄屠宰。屠宰年龄太早，绒毛不易脱净；屠宰年龄推迟，虽羽毛易脱落，但乳鸽的饲料报酬降低，肌肉丰满下降，鸽肉肥度差，肉老硬。乳鸽上市体重最好达到 500 克以上，最大的可以达到 850 克。

有经验的饲养者可以根据乳鸽羽毛的生长情况大致判断乳鸽日龄，初养者可以根据产蛋等生产记录来判断学习。未满 20 日龄的乳鸽头部尖细的黄色绒毛完全没有褪掉，背上和翅膀的大羽还未长齐，羽根部血管明显。21～25 日龄的乳鸽头部和颈部羽毛覆盖完全，头部部分纤细的绒毛已褪去，身上羽毛基本长齐，但没有完全成熟，无光泽。25～28日龄乳鸽头颈部纤细的绒毛大部分已被羽毛取代，翅膀主翼羽长出较长，坚硬度增加。30日龄以上的乳鸽头、颈、身上的尖细绒毛随日龄增加而减少，羽毛成熟，且随日龄增大而越发漂亮，有光泽。

2. 待宰乳鸽的运输

乳鸽的屠宰要运到专门屠宰场进行，方便机械化流水操作，保证食品安全。有些鸽场在场内屠宰，污染养殖环境还不利于疫病的防控，且容易造成产品污染。乳鸽由养殖场到屠宰场需要专门运输笼（图8—2），运输笼为塑料笼或铁丝笼，要求笼面光滑，防止挂伤乳鸽皮肤。每笼装20只左右，以每只乳鸽有趴下的位置为宜，避免乳鸽打堆、挤压造成伤亡。密度过大，容易在运输过程中相互抓伤背部嫩皮，屠宰后胴体留下伤痕，就成为次品。夏天长途运输必须在晚间进行，堆放多层鸽笼间要留空隙，保证空气流通，必要时上下笼要互相错位，避免笼内因闷热而导致鸽窒息或中暑死亡。不能在运输途中耽误时间，要求直达屠宰场，送至屠宰场后应尽快将鸽笼送进屠宰车间，否则应将鸽笼全部摆放在宽敞遮阳的通风处。

图8—2　乳鸽运输

3. 宰前禁食

宰前禁食可以减少饲料浪费。屠宰前乳鸽一般要禁食6～12小时，使消化道内食物得到充分消化，有利于排空肠道内容物，宰后嗉囊也容易清洗，减少屠宰过程中肠道破裂造成的污染现象发生。乳鸽收笼时间以清晨未开食为好，运到屠宰场在下午进行屠宰。

4. 宰杀放血

传统肉鸽采用不放血闷死法，会影响到皮肤颜色和保质期。现代乳鸽屠宰采用放血法，屠宰人员左手抓住乳鸽的翅膀根部，同时将头部固定后仰，用屠宰刀具在乳鸽下颌部切断颈总动脉、食管、气管，切口尽量小，但放血要完全，保证屠体完整美观，皮肤没有淤血。

口腔放血法是一种新的屠宰工艺，外观无切口。需要用铁皮做一个圆锥形铁罐，挂在一个固定的铁架上，铁罐上面口大，下面口小。屠宰时将乳鸽头部向下，放在圆锥形铁罐内，头伸出铁罐下部的小口外，屠宰者用小刀伸进鸽口内，直刺头盖骨方向和颈部，然后将小刀迅速旋转拉出，鸽的血液就可以通过颈部血管流出口外。这样屠宰时乳鸽翅膀和双脚不能扑动挣扎，血液流出较完全。

5. 浸烫拔毛

将放血完全的乳鸽置入60～70℃水中15～20秒，并不停翻动。胴体皮肤会变红且柔软，稍凉后拔毛，每只乳鸽拔毛只需30秒左右。要注意烫时水温不要太高，时间也不能太长，以免皮肤脱落，颜色变深且缺乏光泽从而影响外观，降低售价。也可以放入自动打毛机脱毛，但需要人工拔净残留羽毛和喙壳与脚皮。如称屠体重需要沥干水分。

6. 开膛去内脏

从嗉囊处剪开皮肤，分离嗉囊、食管。挤压肛门，使粪便排出，在肛门下横剪一刀，长度2厘米，伸进手指把肌胃与肠道拉出，肝脏保留在腹腔。市场上销售的白条鸽一般不去嗉囊，仅剪破嗉囊清洗掉内容物，肝脏保留在腹腔，肌胃、腺胃去除。

7. 称重分级

每只白条鸽逐只称重，按重量和肤色分级放入转运箱。在称重分级时注意光鸽的质量，凡带伤痕、破皮、瘦弱、皮肤深暗或有其他缺陷的光鸽另行处理出售。白条鸽的分级标准不同地区有差异，例如，江苏省按重量分为 385 克/只和 415 克/只 2 种规格，河南省的分级标准为大、中、小 3 类，广东省的分级标准更细。

8. 包装冷冻

将去除内脏的白条鸽放入清水盆中浸泡、清洗，彻底清洗干净后码放在周转筐中待售。如果需要长期储存(3 个月)，单个装入保鲜袋快速冷冻。包装时乳鸽头颈弯向右侧，夹在右侧翅膀内，并使头露出外面，两脚弯曲折向腹腔开口内，抽真空、封口，然后装箱，放入冷库进行速冻，冷库温度为－18℃。白条乳鸽的冷冻包装见图 8－3。

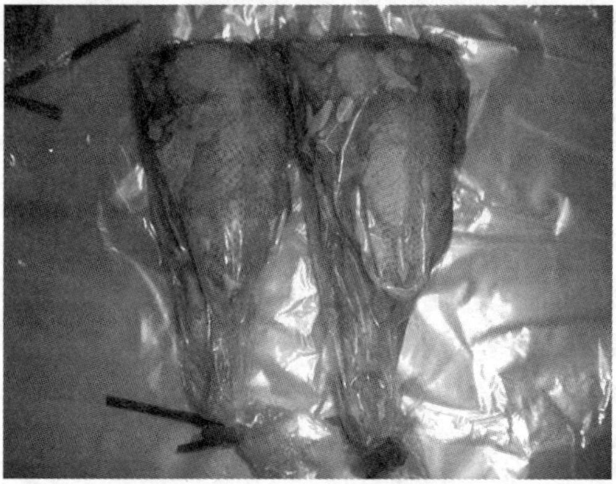

图 8－3　白条乳鸽冷冻包装

9. 乳鸽屠宰线屠宰工艺

乳鸽现代屠宰工艺采用流水线作业。活鸽上屠宰线吊架由人工操作，鸽在经过电麻醉后切断颈部血管放血，再经过热水烫毛等，均为自动化，到最后分割包装或全净膛包装，作为鲜活产品直送销售网点。此种屠宰线每小时可屠宰 1 000 只乳鸽，需要 10～12 人配合进行，在一个会旋转的挂钩上有 12 个位置，1 人吊鸽，1 人宰杀，鸽血流入槽内通到木桶内，1 人摘下杀好的鸽放入热水中浸泡，有 3～4 人烫毛、拔毛，2 人剖腹，2 人整理内脏，2 人装塑料袋或装入塑料盘内送入－40～－20℃下速冻。

三、鸽肉产品深加工技术

1. 脆皮乳鸽

脆皮乳鸽是粤菜中的一款名菜。此菜具有皮酥肉嫩、鲜香味美的特点。制作方法如下：

(1)主料　肥嫩乳鸽(2 只)、桂皮(少许)、甘草(少许)、八角(少许)、黄酒(325 克)、葱花(165 克)、姜(80 克)、白酱油(80 克)、鸡汤(2 500 克)、精盐(80 克)、饴糖(少许)、白醋(少许)、丁香(4 克)。

(2)乳鸽处理　先将乳鸽颈部放血致死，然后将其投入 60℃左右的水中浸泡约 2 分捞出，从头到尾拔净毛，并除去嘴和脚上的老皮，再用温水洗净鸽身，随后用小刀从鸽肛门处开口，掏出内脏和食管、气管，洗净血水后晾干水分待用。如购买白条鸽，将乳鸽除去内脏洗净即可。

(3)腌制　将鸽装入一大盆内，加入精盐、干海椒节、花椒粒、十三香粉、老姜片、白酒等拌匀码味，夏季码味约 2 小时；春、秋季约 5 小时；冬天约 8 小时。

(4)烫皮　大锅上火，掺入清水烧开，放入码好味的乳鸽，烫至紧皮时捞出，晾干水分。也可不腌制，将各种香料放入鸡汤内，上锅烧约 1 小时，即成白卤水，再将乳鸽放入白卤水内，即停火，浸 1 小时后取出。

(5)熏制上色　将烫皮后的乳鸽挂入熏炉内，点燃花生壳、茶叶、松柏枝、木炭，但使其没有明火，关上炉门，熏约 20 分，开炉翻动 1 次，再熏约 20 分出炉。熏制的作用主要是上色，另外增加鸽肉风味。如果没有熏炉可以直接上色处理。方法为用饴糖、白醋调成原糊，涂在乳鸽皮上，挂在风凉处吹 3 小时，等乳鸽皮吹干，直接油炸食用。

(6)卤制　将熏制好的乳鸽放入秘制卤水锅中，浇沸后转小火卤约 10 分，关火，再焖约 20 分捞出，用沸水冲洗净乳鸽表面的油污，趁热用洁净毛巾搌干水分，再用毛刷在鸽身均匀地刷上脆皮汁，挂在阴凉通风处晾干。

(7)油炸　锅入色拉油烧至四成热，放入2只晾干的乳鸽即1份菜的量，用小火慢慢地将其浸炸至色呈棕红且表皮酥脆时捞出。

(8)切块装盘　斩成5～7块，摆入盘中还原成鸽形，点缀上15克香菜，随1个椒盐味碟上桌即成(图8－4)。色金黄，皮脆嫩，肉清香。

图8－4　脆皮乳鸽

2. 酱香乳鸽

(1)加工流程　原料乳鸽选择→宰杀→白条乳鸽腌制→卤制→烘烤→修整→装袋→真空封口→杀菌→包装储运

(2)原料处理　选择健康肥壮乳鸽作为加工原料，屠宰洗净，取出内脏，用酒精燃烧燎毛后将其置于2%～3%盐水中浸泡30～40分，洗净置于腌制缸中。腌制混合盐的配制：将1.5千克砂糖与9.3千克食盐混匀，混合盐存放于干燥处。辅料的配制：每100千克原料加入白酒1.5～2.8千克，酱油2～3千克，香料水15～20千克，以淹没原料为准。

(3)预煮浸汁　按100千克肉鸽的用量：料酒、味精、老姜各2.5千克，酱油3千克，葱白2～3千克，肉豆蔻、草果、桂皮各0.5～2千克，山柰(砂姜)、八角(大料)各0.3千克。香辛料汤应提前制备，待沸后加入乳鸽再煮沸2～3分，起锅后抹上糖色。香辛料的调整应按乳鸽加工量增减。

(4)烘烤　将鸽头弯曲插入胸部，两爪抓住腹中。烘烤室温80～88℃，时间为1～2小时。如无烘烤设备可置入180～200℃植物油中炸40～60秒。

(5)整形包装　将烤好的鸽剔除骨外露、畸形者，高温复合薄膜包装，1 鸽 1 袋真空封口。

(6)杀菌储存　一般 300 克装采用升温 10 分，恒温 35 分（120℃），再降温至 38～42℃的方法杀菌。然后晾干，装入外包装，将外包装封口，装箱后入库储存。

3. 电烤乳鸽

电烤乳鸽是以新鲜乳鸽为原料，经腌制涂料后，用远红外线为热源烤制而成。产品具有外酥内嫩、色鲜味美、麻辣爽口、香而不腻等优点，备受消费者欢迎。

(1)工艺流程　原料乳鸽选择→宰前处理→宰杀白条鸽→去头去爪→清水洗净→浸卤腌制→晾干→烫皮→填料→涂料→整形→晾干→烘烤→成品。

(2)主要设备准备　远红外线烤箱、浸提锅、腌卤缸等。

(3)乳鸽挑选与宰杀　选择出壳 25 天左右，体重 500 克左右的健康无病乳鸽为原料。宰前避免鸽剧烈运动、惊吓、过度拥挤、冷热刺激等。送宰前 12 小时开始停喂，供应充足的饮水。

(4)清水洗净　将净膛的鸽放入清水中浸泡，手工洗去鸽体内膛及体表等处的血水及污物。

(5)浸卤腌制　先按配方比例准确称取全部香辛料，放入盛有 3 千克水的浸提锅中，加热至沸并用文火保持 30 分，将浸提液过滤于浸泡缸中，再加入配方中的白糖、黄酒、食盐、四季葱等搅匀，冷却备用。待料液冷却至 25℃以下时将处理好的鸽放入腌料液中，腌制 4～6 小时即可。

腌料配方：（鲜乳鸽 5 千克）大茴香 15 克，食盐 175 克，小茴香 4 克，花椒 20 克，四季葱 10 克，桂皮 3 克，干辣椒 120 克，生姜 50 克，白砂糖 100 克，味精 15 克，料酒 50 克。

(6)晾干与烫皮　将腌制好的鸽坯用挂钩挂在晾架上晾干表皮，然后用勺舀沸腾的卤液浇于鸽体上进行烫皮。这样在烤制时可减少从毛孔中流失脂肪，并使表皮蛋白质凝固，皮肤紧缩，皮下气体最大限度地膨胀，烤后皮层酥脆。烫皮后的鸽坯再挂于晾架上晾干表皮水分。

(7)填料　从烫皮晾干后的鸽坯腹部开口处将葱、姜、香菇等料填入体腔内，然后用钢丝针将口封好即可。填料中葱为鸽重的10%，姜为鸽重的2%，香菇适量。

(8)涂料与晾干　按配方要求将涂液配好搅匀分两次均匀地涂于体表面。然后挂于通风处晾干。注意涂料时鸽体表面不得沾水、油，以免因涂布不均匀烤时造成花皮现象。涂料配方：饴糖或蜂蜜30%，料酒10%，腌卤料液20%，水40%，辣椒粉适量。

(9)烤制　先将烤箱温度迅速升至230℃，再将涂料晾好的鸽体移入箱内，恒温烤制5分，这时表皮已开始焦糖化。然后打开烤箱排气孔，将炉温降至190℃，烤25分后表面呈金黄色。再关闭电源焖5分，出炉即为成品。

(10)成品　出炉后的成品鸽，鸽腹朝上放入盘中，将钢丝针取下整形后即可出售。

4. 金黄香鸽加工

(1)原料处理　鸽子选用健康无病60日龄以内的肉鸽，鸽的品种和饲养期必须一致，大小基本均匀，胖瘦适中，以便加工和控制质量。采用颈部宰杀法，放血完全，将毛去干净，取出全部内脏、嗉囊、气管、食管，反复清洗，漂尽血污，沥干水分待用。

(2)腌制液配制　腌制液的配比以50千克原料计算：生姜100克，葱150克，大料150克，花椒100克，香菇50克，丁香10克，白芷50克，肉豆蔻5克，草果10克，山柰30克，食盐3.25千克，葡萄糖50克，白糖400克，硝酸钠5克，味精25克，白酒250毫升，黄酒200毫升。

(3)腌制方法　把香料称好后用纱布包好放入适量水中煮沸1～2分，再加入食盐和其他辅料，溶解后过滤，冷却。倒入预先放好鸽的腌制缸中，并压上适当的重物使鸽完全浸没于腌制液中。在腌制过程中适当翻动2～3次，使鸽腌制均匀，夏天腌制12小时，冬天适当延长。

(4)填料整形　将腌好的鸽放在清水中漂洗，除去污秽杂物，拔净残毛，漂去血水。用调料勺挑约5克腹内涂料(配方：芝麻油100克，辣椒粉50克，味精15克搅拌均匀)，均匀涂于腹腔内壁。每只鸽腹内放生姜8～10克，洋葱8～10克，鲜菇10克，然后将两腿塞入腹腔，整形。用铁钩钩入鸽的腋下待用。

(5)烤制出品　将红外线炉温升至180℃，将鸽入炉烤30分，再将温度升到240℃，至鸽体全身上色均匀，呈红色或金黄色即可出炉，然后在鸽体上抹一层香油，冷却即为成品。若没有红外线炉，也可用木炭、电烤炉烤制，温度视当地饮食习惯而定。

5. 乳鸽软罐头的加工技术

(1)原料整理　选用健康良好的乳鸽，断食8～12小时，宰杀、放血、脱毛。去掉脚爪，取出内脏及瘀血，割除肛门，拉掉食管、气管和食囊，洗净沥干备用。

(2)干腌　每50千克鸽料用食盐1千克，亚硝酸钠30克，维生素C25克，葡萄糖400克，磷酸盐100克。将精盐炒干，冷却后与其余料混匀，涂抹鸽全身。肉质处应重点涂抹，涂后一层层堆放缸中，腌制6～8小时。

(3)湿腌　每50千克干腌乳鸽料用净水50千克，精盐1.5千克，白糖1千克，八角150克，桂皮25克，丁香20克，甘草250克，花椒和胡椒各100克，茶多酚5克。将香辛料用纱布包扎好，放入水中熬煮，至有浓香味后，冲入放有精盐、白糖和茶多酚的腌缸中搅拌，冷却后加入黄酒混匀。将干腌乳鸽冲净沥干，放入湿腌液中腌8～12小时。

(4)整理与烘烤　将乳鸽捞出沥干放在工作台上，用手压断锁骨成平板状、用细绳或铁钩钩住送入烘房挂于烘架上，在45～50℃下烘烤8～10小时，至含水量30%以下。

(5)切块与包装　将出烘房的半成品刷一层芝麻油，切为2厘米宽、3～5厘米长的条块状，装入复合铝箔蒸煮袋。

(6)杀菌、冷却　送入高温杀菌锅杀菌。出锅后自然冷却。在37℃±2℃下存放5～7天，检查无胀袋和生霉现象，即可装箱、打包为成品。

6. 麻辣香酥乳鸽软罐头的加工

(1)乳鸽选择　选 28 天左右,毛重 750～1 000 克健康无病的乳鸽。

(2)采用颈部宰杀法　放血完全,将毛去干净,掏出全部内脏器官,去脚,最后用清水洗净,将洗净乳鸽在沸水中浸 1 分,洗去浮油、毛和污物,待用。

(3)卤制　取八角 10 克,茴香 20 克,桂皮 60 克,陈皮 40 克,酱油 500 克,丁香 20 克,山茶 30 克,花茶 25 克,砂仁 15 克,食盐 2 千克,料酒 300 克。将香料用纱布包好,放入适量水中煮制 20～25 分,再加水(前后 2 次总用水量为 100 千克)煮沸,调节食盐浓度到4%～5%。将处理好的乳鸽放入卤水中文火卤制 15～25 分。捞出乳鸽,另取沸水,反复浇淋鸽身,以干净纱布揩干鸽体水分待用。利用不同的温度卤制均能使乳鸽入味和成熟,但低温处理时间过长,劳动效益较低,高温处理虽能缩短时间,但入味不均匀且易破皮。在生产中一般控制在 75～80℃,时间 20～30 分为宜,既缩短时间又保证入味。

(4)抹糖　取麦芽糖用水蒸至溶解后加入白醋、大红浙醋、料酒、清水拌匀后均匀涂抹在鸽体表面,反复抹糖 2～3 次,保证色泽均匀一致,用小钩将鸽体挂起沥干。

(5)油炸　将油烧至 160～180℃时把冷却晾干的乳鸽入锅炸至表面金黄色,鸽肉黏脆香酥时出锅冷却。油炸过程中注意油温不能太高,否则容易使鸽皮起泡、脱离鸽肉,且易炸焦破皮。油温也不能过低,否则鸽皮过厚,且水分损失过多,影响经济效益。

(6)麻辣液浸泡　将油炸的乳鸽趁热在麻辣液中浸泡 5～10 分,沥干后进行包装。麻辣液配方为(以乳鸽 10 千克计):食盐 200 克,芝麻油 200 克,味精 20 克,花椒 40 克,胡椒 20 克,辣椒粉 20 克,葱头 30 克,姜汁 30 克,砂糖 100 克,料酒 200 克。

(7)包装　将油炸冷却后的乳鸽装入包装袋,在真空包装机上控制真空度在 0.1 兆帕,热封 3 档,加热 6 秒,抽气 40 秒。

(8)杀菌、冷却　将填充好的软包装放入立式杀菌锅中,加盖,当升温到 121℃时杀菌 10～20 分,待冷却至 38～40℃出锅。

如不喜食麻辣口味，也可省去浸泡麻辣液这一工艺流程，但需待油炸出锅冷却后才可包装，由于罐头杀菌以后，鸽体变软，食用前若能复炸一下，风味更佳。

7. 酱炙乳鸽的加工

(1)原料　白条乳鸽1只(600克)，甜面酱40克，葱花10克，姜末5克，酱油35克，料酒15克，味精5克，芝麻油25克，食盐15克。

(2)制作方法　①将白条鸽放在板上，从尾背部下刀开口，开至前肩骨处，挖出内脏，洗好后放入开水锅内煮透捞出，用干净布擦干。②锅内下入15克芝麻油，把甜面酱炸一下，添入高汤，烘成浓汁，盛入碗中，再将汁均匀地抹在鸽身上，放入盛器内上笼蒸熟。③将剩余下的10克芝麻油下入锅内烧热，放入葱、姜炸一下，下入调料和面酱汁，将鸽腹朝上，背朝下，放入锅内加热酱制。待汁浓时把鸽取出放入盘中即成。

(3)特点　汁柿黄，肉浓烂，味酱香。

8. 全乳鸽肉酱及其制备方法

(1)原料　28日龄以下的乳鸽，闷杀留血、去毛后净膛，去除嗉囊、肠，保留其血、心、肝、肺、胃及肾。

(2)配料　当归、枸杞子、食盐、味精等。

(3)制作方法　将处理好后的乳鸽整体放入绞肉机中绞碎，加入当归、枸杞子，拌入调料，用锅炒熟后，包装，灭菌。

(4)特点　全乳鸽肉酱不仅鲜美香醇，而且是尚好的绿色高级营养补品，特别适合老、幼、弱、病者食用，是食品行业上的一个突破，填补了一项空白，具有极其广泛的推广价值。

四、鸽蛋的包装与营销

1. 鸽蛋营养分析

鸽蛋含有人体必需的氨基酸，蛋白质容易消化吸收。鸽蛋中磷脂、卵磷脂、铁、钙、维生素A、维生素B_1、维生素D等含量丰富。鸽蛋口感细嫩、爽滑，味道鲜美，长期食用能增强皮肤弹性，改善血液循环等功能，起到美容养颜的功效。目前鸽蛋在大中城市逐渐为人们所青睐，已被作为新一代的美味佳肴。

2. 鸽蛋的滋补功效

中医药学认为，鸽蛋味甘、咸，性平，具有补肝肾、益精气、丰肌肤诸功效。中国医学科学院卫生研究所资料表明，鸽蛋是高蛋白低脂肪的珍品。李时珍《本草纲目》中记载：鸽蛋能调精益气，滋阴补阳。鸽蛋能增强人体的免疫和造血功能，对手术后的伤口愈合，产妇产后的恢复和调理，儿童的发育成长更具功效，是老少皆宜的药膳。鸽蛋对女人特别滋补，是滋阴补肾之佳品，儿童常吃还可预防麻疹。

3. 主要消费市场

早在2000年前，浙江、上海、江苏等经济发达地区就率先食用鸽蛋，至今全国各地已形成庞大的鸽蛋消费市场。很多养鸽场已形成每到秋季就开始销售鸽蛋至第二年正月的惯例，甚至有的养鸽场常年以生产鸽蛋为主。由于鸽蛋的消费增加，商品乳鸽产量大大减少，这也是长期以来乳鸽市场始终保持供不应求的一个原因。

鸽蛋蛋重虽小，但价格不菲。在我国南方发达地区及韩国、东南亚等地都流行吃鸽蛋，是继吃乳鸽之后又一兴起的鸽产品。而鸽吃的是五谷杂粮，还有由多种微量元素配制的保健砂，更显得鸽蛋是鸽的精华所在。鸽蛋蛋清非常细嫩，筋道十足，蛋黄颜色鲜艳。总之鸽蛋是蛋中珍品，越来越被人们所接受。

4. 适合生产商品鸽蛋的时机

乳鸽是肉鸽生产的主要产品，但在某些时候，适合收取鸽蛋进行销售，往往会比生产乳鸽更能增加收益。

(1)鸽蛋销售旺季　每年的端午节、中秋节、元旦、春节等重大传统节日前，是鸽蛋的销售旺季，往往会形成供不应求的局面，鸽蛋的售价比平时高出30%～50%。这段时间，养殖户要瞄准市场、瞅准时机，做好产品包装与营销，充分组织货源，扩大销量，增加收入。

(2)乳鸽市场疲软时　近年来，乳鸽市场整体行情看好，但有时候受供需关系、突发事件影响，价格也会出现不小波动。例如在2013年全年，受H7N9流感的影响，乳鸽价格一路下滑，甚至跌破了乳鸽的成本价。乳鸽价格低到一定程度，生产乳鸽越多，企业亏损越大，这时就应转变产品结构，由乳鸽生产转向鸽蛋生产，挽回企业经济损失。

（3）冬季　每年冬季，天寒地冻，鸽蛋的受精率、孵化率显著降低，乳鸽生产成本大幅度增加。这段时间正好是鸽蛋的销售旺季，可以及时将鸽蛋取出销售，不让其进行孵化育雏。冬季鸽蛋容易保存、保质期大大延长，鸽蛋可以卖到较高价位。

5. 鸽蛋的包装

（1）大包装箱　此包装适合收购商大批量发给一级经销商使用，可以减少包装与运输成本。大聚苯乙烯泡沫箱，最下层铺 3 厘米稻壳，将一层鸽蛋平放，其上再放一层稻壳铺平，2 厘米左右，依次将鸽蛋稻壳交替铺平，最上面一层放 3 厘米厚稻壳，加盖，用胶带封口。此种方法占用空间小，适合大批量长途运输。鸽蛋运输装箱见图 8—5。

图 8—5　**鸽蛋运输装箱**

（2）小礼品包装　此包装为超市或专卖店使用，适合消费者购买，携带方便。用 4 厘米厚泡沫聚苯乙烯板按照鸽蛋的大小形状做成凹坑，然后将鸽蛋竖放在凹坑中，两块同样的泡沫聚苯板对合在一起，将鸽蛋夹在其中（图 8—6），然后放入纸质包装盒中，此包装鸽蛋每个独立，不会相互碰撞，因此大大减少了破损的概率，适合长途运输。此包装要求鸽蛋大小均匀，刚开产的小蛋不适合。还要求鸽蛋新鲜、干净、无破损，无沙皮蛋。

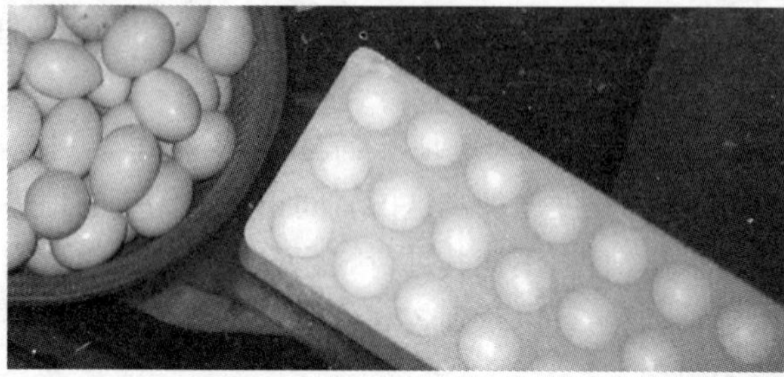

图 8—6　聚苯乙烯板夹层包装

(3)礼品筐包装(图 8—7)　此包装容量大，适合送礼或家庭消费采购。礼品筐包装适合在当地超市销售，不适合长途运输，因为在运输时鸽蛋之间碰撞容易造成破蛋或裂纹蛋。礼品筐包装的优点是干净卫生、直观，消费者可以从顶部看到鸽蛋。包装盒一般为竹筐，也可以是塑料筐，尽量不要用纸箱，因为用纸箱包装鸽蛋，消费者看不到里面鸽蛋的品质，对鸽蛋的品质不相信。注意筐底要先铺上聚苯乙烯板，厚度 2 厘米，太薄容易变形。每个包装筐(箱)可以放 100 枚左右鸽蛋。

图 8—7　礼品筐包装

6. 鸽蛋新鲜度指标

（1）失重率　鸽蛋在储藏前后的失重百分比。用精度为0.1克天平称重计算。计算公式：

失重率（%）$=\frac{(\text{储前重量}-\text{储后重量})}{\text{储前重量}}\times 100\%$。失重率越低，蛋越新鲜。

（2）蛋黄指数　将被检测鸽蛋横向磕破蛋壳，使蛋内容物全部置于玻璃平面上，用蛋白高度测定仪测量蛋黄高度，用精度为0.02毫米的游标卡尺测量蛋黄直径，蛋黄高度与直径之比为蛋黄指数。蛋黄指数越高，蛋越新鲜。

（3）哈夫单位　先用精度为0.1克天平称出鸽蛋重量W（克），再将鸽蛋打开放在玻璃平面上，用蛋白高度测定仪测量浓蛋白的高度H（毫米），哈夫单位的计算公式为：$H.U.=100log(H-1.7W^{0.37}+7.57)$。

（4）散黄率　是散黄鸽蛋数占被检鸽蛋总数的百分比。将被检测鸽蛋横向磕破蛋壳，使蛋内容物全部置于玻璃平面上，记录散黄的鸽蛋数，按散黄鸽蛋数除以被检鸽蛋总数计算散黄率。

浙江大学动物科学学院于荟等（2011年）研究发现，鸽蛋常温25℃储藏期间，其蛋黄指数和哈夫单位随储藏时间的延长而降低，失重率和散黄率随储藏时间的延长而增高。储藏28天的蛋黄指数和哈夫单位分别降低了21.95%和16.05%。鸽蛋常温储藏期间各项指标变化情况见表8－1。

表8－1　鸽蛋常温储藏期间各项指标的变化情况

储藏时间（天） 指　标	0	7	14	21	28
失重率（%）	0.00	1.45	2.98	5.13	8.16
蛋黄指数	0.41	0.35	0.32	0.32	0.32
哈夫单位	81.12	79.75	76.01	74.39	68.10
散黄率（%）	0.00	25.00	37.50	50.00	75.00

7. 鸽蛋的保鲜

由于鸽蛋壳薄，蛋白质含量高，较难保鲜，易变质，储存期较短，不利于储存销售，因而保鲜难成为制约蛋鸽业进一步发展的技术瓶颈。浙江大学专家团队在浙江省平阳县开展了鸽蛋消毒技术、涂膜技术和保鲜等方面的研究，最后形成清水清洗、充气消毒、低温储存以及真空包装等为一体的简便、高效的鸽蛋保鲜办法，并达到理想的保鲜效果。通过对鸽蛋失重率、哈夫单位、蛋黄指数和散黄率等指标的测定，发现应用该技术，鸽蛋保鲜期可在原来基础上延长 1 倍，保鲜期可达 60～70 天。

浙江大学动物科学学院于荟等研究表明：温度是鸽蛋保鲜的第一要素，常温储藏鸽蛋的保鲜期只有 7 天；适宜的低温储藏可延缓蛋黄指数和哈夫单位的下降速度，减少失重，大幅度地延长鸽蛋的保鲜期，2℃±1℃冷藏条件下可保鲜 40 天；0.5 克/米^3 臭氧杀菌与冷藏结合可使鸽蛋的保鲜期延长到 60 天；采用清水清洗＋臭氧杀菌＋6%聚丙烯酸涂膜＋冷藏的综合措施处理，可使鸽蛋的保鲜期达 70 天。

五、鸽粪的加工与利用

1. 粪便收集

肉鸽粪便的清理依其饲养规模不同而有所差异，小型肉鸽场多采用人工清理，大型肉鸽场则以机械化清粪方式为主。鸽舍内的粪便不可长期堆积，夏秋季每 3 天应清理 1 次，冬春季每周清理 1 次，粪便清理后，用生石灰或草木灰进行地面、承粪板消毒。

2. 厌氧堆肥

厌氧堆肥是在缺氧条件下利用厌氧微生物进行的一种腐败发酵分解，其终产物除二氧化碳和水外，还有氨、硫化氢、甲烷和其他有机酸等还原性终产物。其中氨、硫化氢及其他还原性终产物有令人讨厌的异臭，而且厌氧堆肥需要的时间也很长，完全腐熟需要几个月的时间。传统的农家肥就是厌氧堆肥。厌氧过程没有氧参加，酸化过程产生的能量较少，许多能量保留在有机酸分子中，在甲烷细菌作用下以甲烷气体的形式释放出来，厌氧堆肥的特点是反应步骤多，速度慢，周期长，占用场地大。小型鸽场粪便产生量小，该处理方法简便，可以采用。

3. 好氧堆肥

好氧堆肥技术经过近几十年的发展，生产技术相对比较先进，又被称为现代化堆肥技术。在堆肥过程中，有机废物中的可溶性物质可透过微生物的细胞壁和细胞膜被微生物直接吸收；而不溶的胶体有机物质，先被吸附在微生物体外，依靠微生物分泌的胞外酶分解为可溶性物质，再渗入细胞。微生物通过自身的生命代谢活动，进行分解代谢（氧化还原过程）和合成代谢（生物合成过程），把一部分被吸收的有机物氧化成简单的无机物，并释放出生物生长、活动所需要的能量；把另一部分有机物转化合成新的细胞物质，使微生物生长繁殖，产生更多的生物体。现代化堆肥生产的最佳温度一般为 55℃，按我国粪便无害化卫生标准（GB 7959—87）要求，堆肥最高温度达 50～55℃以上，要持续 5～7 天。这是因为大多数微生物在 45～80℃内最活跃，最易分解有机物，此温度范围内病原菌和寄生虫大多数可被杀死。适合大型肉鸽养殖场粪便处理。

（1）条垛式发酵　条垛式发酵就是将堆肥物料堆积成长条状，可以是矩形、梯形和三角形等形式，并平行排列起来，在露天或棚架下堆放，每行物料堆宽 4～6 米，高 2 米左右，长度可根据需要确定。根据垛体是否装置供气通气管道设备，条垛式发酵分为动态条垛式发酵和静态条垛式发酵。

1）动态条垛式发酵　动态条垛式发酵是垛体不安装供气通气管道设备，而用专门的翻堆机进行通风供氧的目的。翻堆机对物料进行翻转搅动，使空气与物料接触，达到自然通风供氧的目的。除了通风供氧之外，机械翻搅还对物料有破碎和混合作用，有利于产生均匀、细碎的堆肥产品。翻堆机是其关键设备，常见的有链板式翻堆机和螺旋式翻堆机。一般每周搅拌 1～3 次，在翻堆过程中可以根据需要向堆内补充水分以保持物料的水分含量。经过 1～2 个月即可获得腐熟的产品。动态条垛式发酵设备及其工作示意图见图 8－8。

2）静态条垛式发酵　静态条垛式发酵是另一种敞开式堆肥方法，与动态条垛式发酵不同，静态条垛式发酵需在垛体下铺设专门的通风系统，进行强制供氧。通风供氧系统是静态条垛式发酵的核心；它由高压风机、通风管道和布气装置组成。根据是正压还是负压通风，可把强制通风系统分成正压排气式通风和负压吸气式通风两种(图 8—9)。

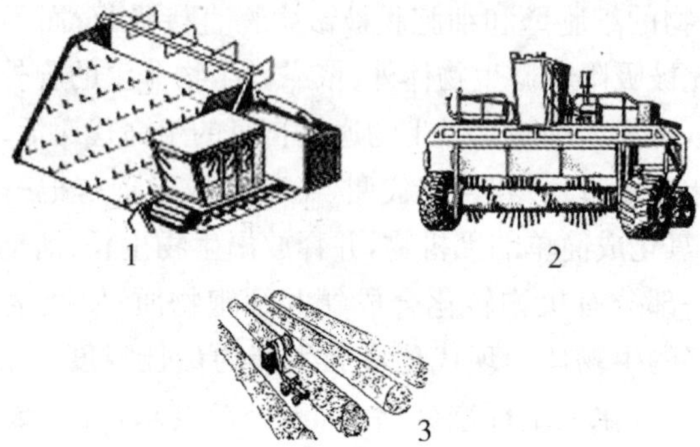

图 8—8　动态条垛式发酵设备及工作示意图

1. 链板式翻堆机　2. 螺旋式翻堆机　3. 机械翻堆过程

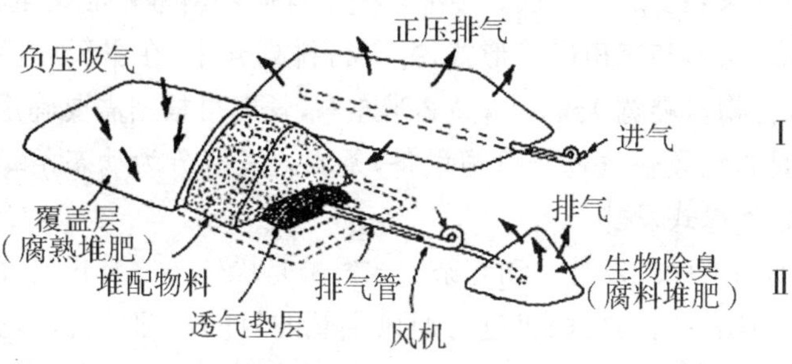

Ⅰ正压排气通风　　Ⅱ负压吸气通风

图 8—9　静态条垛发酵强制通风系统工作示意图

空气由风机加压(正压通风)后，通过管道被输送到透气垫层，然后再通过透气垫层分布到物料中。透气垫层可用锯末、成品堆肥等作材料，其作用是把空气均匀地散布到物料中。负压通风时，空气的流动情况正好相反。

堆肥物料空隙度对空气的输送影响很大，因此，静态条垛式发酵对物料的尺寸和空隙大小有一定的要求。一般情况下都需要添加膨松剂加以调节，最常用的膨松剂是小木块，它既可以增加物料的空隙度，还可吸收和保持水分。堆肥结束后，通过筛分可把膨松剂分离出来，再循环使用。通常，堆肥的停留时间大约为 21 天，此后反应堆被拆除，物料经筛分等处理工序后，得到最终的堆肥产品。

通风时间和通风量的大小可通过温度反馈系统进行自动控制，通过空中喷洒系统可向条垛补充水分。此外，由于堆肥过程中要产生臭气，因此条垛后一般都要设置除臭装置。把臭气引入腐熟的堆肥中，利用堆肥吸附过滤臭气是一种简单有效的方法。

(2)搅拌型发酵池　搅拌型发酵池主要由一个长条形的发酵池和一个搅拌翻堆机组成，此外，还有进出料装置、供气装置等附属设备。翻堆机包括行走装置和搅拌装置两大部分。工作时，行走装置在池两边的轨道上牵引搅拌装置向前移动，而搅拌装置也在同时动作，对物料进行翻动、搅拌、混合和破碎，并把物料向出料端输送(图 8－10)。搅拌型发酵池一般设计成多个发酵池平行排列，当一个发酵池的翻堆操作完成后，由专门的移动装置把翻堆机移至下一个发酵池继续工作。搅拌装置有多种形式，常见的有水平螺旋耙齿式、水平螺旋搅龙式和垂直旋转桨式。物料在翻搅过程中获得氧气，但有时也在底部铺设带有小孔的缝隙地板(或管网)供强制通风用，以提高供氧能力。另外，还可装配洒水及排水设施以调节物料水分。一次发酵时间通常在 8～12 天。

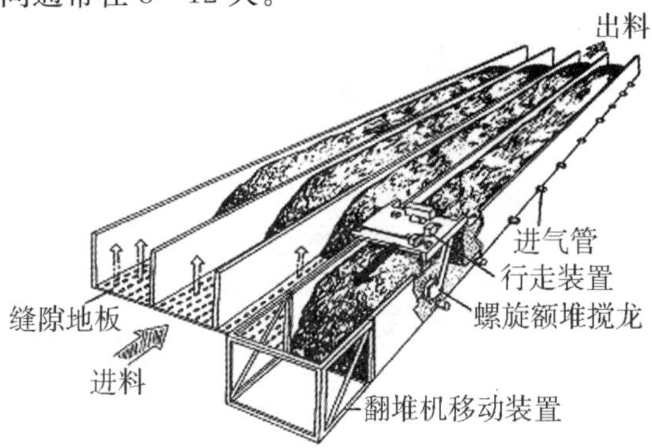

图 8－10　搅拌型发酵池工作示意图

4. 干燥法

(1)太阳能大棚干燥　此法需要太阳能大棚干燥设备，搅拌机在大棚内反复行走、翻动、捣碎、推动粪便，排风机将大棚内的湿气排出棚外，直至粪便中的水分降至需要的含量。此法的优点是节能，运行成本低；但在处理过程中有臭味排放到空气中而造成污染。也可将鸽粪平铺于塑料大棚地面上，厚约 2 厘米，直至干燥。

(2)快速高温干燥　采用高效燃烧炉，将含水量高的湿鸽粪烘干加工成粉状或颗粒状的有机复合肥料或饲料颗粒。

5. 化学处理

计划化学处理的鸽粪尽早收集，用 39%的甲醛(福尔马林)混合处理。福尔马林的添加量以干鸽粪的 0.7%计算，混匀放置 3 小时后即可利用。化学处理法可降低蛋白质溶解度，提高蛋白质的利用率。加工后的鸽粪可进行合理利用，可用来喂猪、牛、羊、鸭和鱼等，添加时要循序渐进，一般前 5 天添加比例不超过 5%，以后每隔 3～5 天增加 5%左右，直到 10%～20%。喂鸭时可撒在地面上让鸭自由采食。病鸽的粪便应剔除，单独采用深埋或焚烧等方式进行无害化处理。

第九章　肉鸽常见病防治关键技术

内容导读

鸽病综合防控措施
肉鸽的传染病
肉鸽的寄生虫病
肉鸽营养代谢病
肉鸽普通病
肉鸽中毒病

一、鸽病综合防控措施

1. 隔离饲养

(1)科学引种　引种是目前鸽病传播的主要途径，饲养场引进种鸽时，应从健康种鸽场引进，并持有动物检疫合格证明，跨省引进，应经跨省异地引种检疫审批办证点同意方可引种。引进后，应及时报告动物防疫监督机构进行检疫。

(2)场地隔离　肉鸽规模养殖场要远离居民区 1 000 米以上、距离公路主干道 500 米以上，家庭小规模养殖肉鸽也要尽量选择远离人员密集区。肉鸽引种前要进行检疫，确认健康后才能引种，引种后要在隔离区进行隔离饲养 30 天以上，确认健康无病原携带后，方可进入正常饲养区。

(3)病鸽隔离　当肉鸽群出现疑似疫病流行时，病鸽与健康鸽应隔离饲养，病鸽饲养于患病动物隔离区，确诊后采取进一步治疗或销毁处理。尤其是出现大量死亡时，要沉着冷静，及时通知兽医部门进行诊断。肉鸽的常发疫病有鸽瘟、禽流感、鸽痘、副伤寒等，要密切关注，避免疫情扩大。

(4)不同年龄段种鸽隔离　成鸽机体抵抗力比较强，有时可能带毒或带菌但不会发病，不表现任何症状。幼龄鸽抵抗力弱，对多种病原的易感性很高，如果成鸽和童鸽、青年鸽在同一圈舍饲养或圈舍距离比较近，均可增加童鸽、青年鸽的发病风险。不同类型、不同阶段种鸽也应分开饲养，种鸽舍与后备鸽群舍的距离至少应有 50 米以上，而且饲养人员也不要互相串舍。饲养用具最好也要分开。

(5)饲养人员隔离　在集中连片饲养肉鸽的地区，不同养殖户之间尽量减少互相串岗，每天进入鸽舍前注意消毒，防止鸽病在不同鸽场之间流行。

(6)防止生物传播　饲养场内严禁饲养其他禽类以及犬、猫等动物。饲养场内应捕杀老鼠、消灭蚊蝇，消灭疫病的传播媒介。饲养员及场内其他工作人员应定期体检，取得健康合格证后方可上岗工作。坚持"全进全出"生产制度，童鸽、青年鸽、产鸽不能混养，避免相互传染疾病。

2. 卫生消毒

做好鸽场的卫生消毒工作，是有效减少病原微生物数量与浓度，防止疫病发生的重要措施。鸽场日常卫生消毒要制度化，必须严格执行。肉鸽饲养场、舍、食槽、水槽及周围环境应每周消毒 2 次(场地消毒、带禽消毒各 1 次)。肉鸽饲养场、舍使用的消毒药剂应选用 2 种以上，交替使用，以免产生抗药性。童鸽舍、青年鸽舍鸽必须"全进全出"，对空栏进行彻底清洗、消毒。

(1)常用的消毒方法

1)机械性消除　用机械的方法如清扫、洗刷、通风等清除病原体，但必须配合其他方法才能彻底消除病原体。在进行任何消毒之前，必须将鸽舍和设备彻底清理和冲洗干净，这是消毒程序中最重要的一个环节。

2)物理消毒法　紫外线有较强的杀菌能力，门卫消毒室可以设紫外线灯消毒。但紫外线穿透能力弱，只能作用于物体表面的微生物。火焰烧灼用于笼具等金属制品的消毒，效果良好，特别对球虫卵囊。病死鸽也可以通过焚烧、深埋来处理，彻底杀死病原微生物。

3)化学消毒　化学消毒是指用化学消毒药物作用于病原体微生物，使其蛋白质变性，失去正常功能而死亡。目前常用的化学消毒药物有含氯消毒剂、过氧化物类消毒剂、碘类消毒剂、醛类消毒剂、杂环类气体消毒剂、酚类消毒剂、醇类消毒剂、双胍类和季胺盐类消毒剂等。环境中的有机物质往往能抑制或减弱化学消毒剂的杀菌能力。各种消毒剂受有机物的影响不尽相同，如在有机物(家禽粪便)存在时，含氯消毒剂的杀菌作用显著下降；季铵盐类、双胍类和过氧化合物类的消毒作用受有机物的影响也很明显；但环氧乙烷、戊二醛等消毒剂受有机物的影响比较小。如果有机物存在，消毒剂量则应加大。

消毒剂的使用中，还要注意拮抗物质对化学消毒剂会产生中和与干扰作用。如：季铵盐类消毒剂的作用会被肥皂或阴离子的洗涤剂所中和；酸碱度的变化可直接影响某些消毒剂的效果，如戊二醛在 pH 由 3 升至 8 时，杀菌作用逐步增强，而次氯酸盐溶液在 pH 由 3 升至 8 时，杀菌作用却逐渐下降；季铵盐类化合物在碱性环境中杀菌作用增强。

4）生物消毒　生物消毒是利用动物、植物、微生物及其代谢产物杀灭或去除环境中的病原微生物的方法。常见的方法有通过发酵、应用微生态制剂等达到消毒的目的，多用于粪便、病死鸽的无害化处理。

（2）常用的消毒环节分类

1）消毒池　肉鸽规模养殖场在进入场区要设置车辆消毒池和人员消毒通道。在进入生产区有第二道车辆消毒池和人员更衣消毒间。工作人员进入生产区都要消毒和更换工作服。家庭养殖肉鸽也要设置外来人员与车辆的消毒设施，比较方便的做法是准备好简易喷雾器与消毒剂，重点消毒部位为人员鞋底、车辆轮胎。

2）空舍消毒　各阶段种鸽全部淘汰或转出后，对整个鸽舍及其所有的设备进行彻底的清洗和消毒。空舍消毒彻底，对控制肉鸽传染病的发生有很好的作用。生产中童鸽舍、青年鸽舍、人工补喂鸽舍应经常进行空舍消毒。种鸽利用年限长，当发生严重传染病威胁时，也要考虑使用空舍消毒。

3）环境消毒　是指对鸽舍内外环境的消毒，包括鸽场道路、鸽舍外墙、鸽舍地面、鸽舍内墙壁等消毒。环境消毒通过减少病原微生物的浓度来达到防病目的。

4）带鸽消毒　带鸽消毒就是在鸽舍内饲养肉鸽的情况下，用一定压力将消毒液均匀喷洒在舍内空间之中，起到消毒降尘、预防疾病的作用。带鸽消毒不仅可以冲洗掉笼具上灰尘，抑制或杀灭病原微生物，还可以使悬浮在空气中的固形物凝集沉降，达到净化空气的目的。另外，通过带鸽消毒，起到干燥时加湿、高温时降温的作用。带鸽消毒应选择对鸽刺激小的消毒剂，如季铵盐类消毒剂、过氧乙酸、新洁尔灭、次氯酸钠、复合碘、复合酚等。日常消毒时应几种消毒剂交替使用，使各种消毒剂的优势互补，同时避免长期使用一种消毒剂使病原对其产生耐药性。消毒液的浓度一定要合理掌握，浓度太低，达不到效果，浓度太高，不但浪费、腐蚀设备，而且还容易对鸽造成伤害，在鸽群发病时，浓度应适当加大。配制消毒液最好用温水（40℃以下）配制。带鸽消毒一般在每天中午温暖时或熄灯后进行，在高温季节也可以在每天最炎热时进行，可以同时起到防暑降温的目的，若无通风设备，则要谨慎进行，否则会适得其反。

将消毒剂按适当浓度配好，在鸽笼的上方约 0.5 米处喷雾，消毒液落在鸽的体表和地面，使鸽的羽毛微湿。喷雾时动作要快，不可使笼具过湿，地面也要喷洒消毒剂，把地面和墙壁以下的地方喷湿，然后尽快通风。消毒应在每次清完粪后进行。有条件的可以安装自动喷雾装置。另外，在外界温度较低时进行消毒，舍温会降低，应及时提高舍温

5）饮水消毒　肉鸽养殖场饮用水消毒的目的是杀灭或除去水中的致病微生物，防止肉鸽饮用后发生传染性疾病。肉鸽的饮用水和人的饮用水卫生安全指标是一致的。生产中常见的饮水消毒剂多为氯制剂、碘制剂和复合季铵盐类等。

6）设备和器械的消毒　饮水器、料槽、巢盆、保健砂杯等都应定期进行清洗消毒。先用消毒水浸泡，便于刷洗干净，刷干净后用含氯消毒剂、高锰酸钾、季胺盐类消毒剂浸泡消毒 20～30 分。

（3）常用消毒剂分类

1）过氧化物类消毒剂　作用强而快，为高效消毒剂，在物品上无残余毒性，对细菌及其芽孢、病毒、霉菌均有效。消毒效果不受温度的影响。主要用于禽舍内环境消毒。有的过氧化物消毒剂如过氧乙酸，有较强的刺激性、浓度高时会有一定的腐蚀性，使用时应加以注意。

2)双链季铵盐类　为高效消毒剂,结构稳定,对有机物的穿透能力强,如羽毛、黏液、粪便等。作用时间长,在一般环境中,保持有效消毒力 5～7 天,在污染环境中可保持 2～3 天。消毒效果不受光、热、盐水、硬水、有机物的影响。无刺激、无残留、无毒副作用、无腐蚀性,对人畜安全可靠。带鸽消毒和环境消毒均可以。该类消毒剂对无囊膜的病毒杀灭效果不如对有囊膜的强,即对有些病毒的杀灭效果不理想。

3)碱类消毒剂　为高效消毒剂,杀菌作用强而快,杀菌范围广,对细菌及其芽孢、病毒、霉菌均有效,价格低廉。主要用于舍外环境消毒和空舍消毒。缺点是消毒效果受消毒剂的浓度影响较大,浓度越高消毒效果越好,但高浓度时有极强的腐蚀性。对铁质笼具腐蚀性强。

4)碘消毒剂　杀菌力强,杀灭迅速,具有速杀性,主要起杀菌作用的是游离碘和次碘酸。可用于带鸽消毒和舍内环境消毒。缺点是对水量低,有效杀灭病原微生物和病毒的浓度较高,300 毫克/升水作用 5 分才能将芽孢杀灭;杀灭病毒要 30 毫克/升水的浓度。受温度、光线影响大,易挥发;在碱性环境中效力降低,消毒力受有机物影响;高浓度时有腐蚀性、有残留,吸收过多可造成甲状腺亢进。

5)含氯消毒剂　对病毒、细菌均有良好杀灭作用;易溶解于水,有利于发挥灭菌作用;对芽孢杆菌有效。舍内环境消毒,饮水消毒均可。缺点是易受温度、酸碱度的影响,有机物存在可降低有效氯的浓度,从而降低消毒效力;具有刺激性和腐蚀性。可产生挥发性卤代羟,如氯仿、三氯甲烷等致癌物质。

6)甲醛　熏蒸消毒首选,其挥发性气体可渗入缝隙,并均匀分布,减少消毒死角;具有极强的杀灭作用。主要用于空舍熏蒸消毒。缺点是刺激性强,有滞留性,不易散发,有毒性;消毒力受温度、湿度、有机物影响大;熏蒸时间长,要 12～24 小时才能达到消毒效果;易氧化,长期保存易沉淀降效。

3. 免疫接种

免疫接种是预防病毒性传染病的重要措施。接种一种疫苗,只能预防一种传染病。接种疫苗后，需要一定的时间才能产生免疫力，一般弱毒疫苗，如新城疫疫苗、鸽痘疫苗，接种后经过4～7天产生免疫力。肉鸽养殖场应根据肉鸽常见传染病和本场及周边地区鸽病流行情况，制定合理的免疫程序。免疫接种虽然能使鸽群对某些疾病形成一定抵抗力，但如果有毒力强的病原侵入鸽群时，难免还会造成不同程度的损失，尤其是对雏鸽。养殖人员要时时记住，良好的饲养管理和卫生消毒制度才是预防疾病最有效的办法，千万不要以为接种了疫苗就万事大吉，放松了卫生消毒等预防措施。

(1)肉鸽常见疫苗的种类

1)弱毒疫苗　这种疫苗是用活的病毒或细菌制备经致弱而成。当接种进入鸽体内可以生长繁殖，既能增加相应抗原量，又可以延长和加强抗原刺激作用。因此，弱毒疫苗具有产生免疫效果好、接种方法多、用量少、使用方便的优点，还可用于紧急免疫接种。但弱毒疫苗容易引起接种反应和呼吸道症状，有时还影响产蛋。如果疫苗的毒力减弱不够，还会造成接种鸽在一定时间内不断向外排毒，从而感染没有接种过疫苗的鸽。接种弱毒苗时，有的鸽群反应良好，有的则出现较多的不良反应。生产中鸽场使用的弱毒疫苗主要是鸡新城疫Ⅰ系、Ⅳ系、克隆-30、鸽痘弱毒苗等。

2)灭活疫苗　又称死苗。一般是用强毒株病原微生物灭活后制成。其安全性能好，不散毒，受温度的影响较小，易保存。但灭活苗用量大，接种方法以皮下注射或肌内注射为主，费工费时。此外，灭活苗产生免疫力时间较长，价格高。生产中鸽场使用的灭活疫苗有鸽瘟油乳剂灭活苗、鸽瘟蜂胶灭活苗，也可以用鸡新城疫灭活苗来代替。

(2)疫苗的运输与保管

1)疫苗的运输　疫苗的安全运输是保证免疫成功的重要环节之一，在天气炎热时，弱毒疫苗应在低温条件运输，一般需要用专用疫苗箱，并放置冰块降低运输温度；油乳剂灭活疫苗可以在常温下运输，但要避免阳光直射和高温条件下运输。

2)疫苗的保存　疫苗购买回场后，要有专人保管，造册登记，以免错乱。不同种类、不同血清型、不同毒株、不同有效期的疫苗应分开保存。弱毒苗要求存放在−20℃的低温环境，而油乳剂灭活苗在2～8℃冷藏柜存放，不能冷冻，冷冻后油水分离不能使用。应经常检查冰箱温度，最好应有备用电源。冰箱如结霜或结冰太厚时，应及时除霜，使冰箱达到预定的冷藏温度。

(3)疫苗的使用剂量　疫苗的剂量不足，不能刺激机体产生有效的免疫反应，剂量过大则可能引起免疫麻痹或毒副反应，所以疫苗使用剂量应严格按产品说明书进行。有些人随意将剂量加大几倍使用，是没有必要的。大群接种时，为弥补注射过程中的一些浪费，在配制时可适当增加10%～20%的用量。

(4)疫苗的稀释　稀释疫苗之前应对使用的疫苗逐瓶检查，尤其是名称、有效期、剂量、封口是否严密、是否破损和吸湿等。对需要特殊稀释液的疫苗，应用指定的稀释液。弱毒疫苗一般可用生理盐水或蒸馏水稀释。稀释液应是清凉的，这在天气炎热时尤应注意。稀释液的用量在计算和称量时均应细心和准确。稀释过程应避光、避风尘和无菌操作，尤其是注射用的疫苗应严格无菌操作。稀释过程一般应分级进行，对疫苗瓶应用稀释液冲洗2～3次。稀释好的疫苗应尽快用完，尚未使用的疫苗也应放在冰箱或冰水桶中冷藏。

(5)疫苗的接种途径　免疫接种时操作上的失误，是造成免疫失败的常见原因之一。不同免疫接种途径的优缺点及注意事项如下：

1)饮水免疫　饮水免疫避免抓鸽环节，可减少劳力和对鸽群应激，适合散养童鸽和青年鸽弱毒苗的免疫。注意油乳剂灭活苗不能通过饮水免疫。饮水免疫使用的饮水应是凉开水，水中不应含有任何消毒剂。自来水要放置2天以上，氯离子挥发完全后才能应用，否则会杀死疫苗中的抗原。饮水中应加入0.1%～0.3%的脱脂乳或专用饮水免疫保护剂，以保护疫苗的效价，提高免疫效果。为了使每只鸽在短时间内能均匀地摄入足够量的疫苗，在供给含疫苗的饮水之前停水2～4小时(视环境温度而定)。稀释疫苗所用的水量应根据鸽的日龄及当时的室温来确定，使疫苗稀释液在1～2小时内全部饮完。饮水器应充足，使鸽群2/3以上的鸽同时有饮水的位置。饮水器不得置于直射阳光下，如风沙较大时，饮水器应全部放在室内。夏季天气炎热时，饮水免疫最好在早上完成。

2)滴鼻点眼　滴鼻点眼免疫接种如操作得当，效果往往比较确实，尤其是对一些预防呼吸道疾病的疫苗。当然，这种接种方法需要较多的劳力，也会造成一定的应激，操作上稍有不慎，则往往达不到预期的效果。应注意稀释液必须用蒸馏水、生理盐水或专用稀释液。稀释液的用量应准确，最好根据自己所用的滴管、滴瓶滴试，确定每毫升多少滴，然后再计算疫苗稀释液的实际用量。为使操作准确无误，应该一人抓鸽保定，一人免疫操作。在滴入疫苗之前，应把鸽的头颈摆成水平位置(一侧眼鼻向上)，并用一只手指按住朝向地面的一侧鼻孔。在将疫苗液滴入眼和鼻以后，应稍停片刻，待疫苗液确已被吸入后再将鸽放开。

3)肌内或皮下注射　适合灭活苗的免疫，如新城疫、禽流感灭活苗。肌内或皮下注射免疫接种的剂量准确、效果确实，但耗费劳力较多，应激较大。使用连续注射器注射时，应经常核对注射器刻度容量和实际容量之间的误差，以免实际注射量偏差太大。注射器及针头使用前均应蒸煮消毒。皮下注射的部位一般选在颈部背侧皮下，肌内注射部位一般选在胸肌处。针头插入的方向和深度也应适当，颈部皮下注射时，针头方向应向后向下，与颈部纵轴基本平行，针头插入深度为 1～1.5 厘米；胸部肌内注射时，针头方向应与胸骨大致平行，插入深度 1～1.5 厘米。在注射过程中，应经常摇动疫苗瓶，力求疫苗的均匀。应先接种健康群，再接种假定健康群，最后接种有病的鸽群。

4)翼膜刺种　翼膜刺种主要用于鸽痘疫苗的接种，一般每 1 000 羽份疫苗用 25 毫升生理盐水(或专用稀释液)稀释，用接种针(或注射器)蘸取稀释好的疫苗，在鸽翅膀内侧无血管的翼膜处刺种。做翼膜刺种时，一定要确定接种针已蘸取了疫苗稀释液，使每只被接种鸽接种到足量的疫苗。

(6)肉鸽免疫程序　各生产场应根据本地区疫病流行情况，制定适合本场的免疫程序。肉鸽免疫程序的制定应了解当地肉鸽养殖传染病流行特点与发病规律，有无禽流感报道，综合制定合理的免疫程序。目前我国肉鸽养殖免疫接种主要预防鸽瘟（鸽Ⅰ型副黏病毒病）、鸽痘、禽流感等，细菌性疾病如鸽霍乱、副伤寒通过药物预防来防控。肉鸽场参考免疫程序见表9—1。

表9—1　肉种鸽免疫程序

日龄	疫苗名称	接种方法	用量	备注
7～20	新城疫Ⅳ系	滴鼻，每只1～2滴	5倍量，1 000羽份疫苗供200只乳鸽	流行期
30	鸽Ⅰ型副黏病毒灭活苗	胸部肌内或颈部皮下注射	0.5毫升	留种鸽
5～6月龄	鸽Ⅰ型副黏病毒灭活苗	胸部肌内或颈部皮下注射	1毫升	留种鸽上笼前
30～60	禽流感油苗	胸部肌内或颈部皮下注射	0.5毫升	受威胁地区
30以上	鸽痘或鸽痘弱毒疫苗	翼膜皮下刺种	2倍量，生理盐水或专用稀释液	每年4月进行

4. 合理用药

近年来，肉鸽细菌性疾病、寄生虫病时有发生，如鸽副伤寒、鸽大肠杆菌病、球虫病等，制约着肉鸽业的健康发展。对于这类疾病应通过药物预防来控制，但养殖户应充分认识到，药物防治也是一门学问，只有运用得当，才能取得良好的预防效果。

（1）球虫病预防　地面平养青年鸽容易发生球虫病，要注意预防和治疗。球虫对各种防治药物很容易产生耐药性，并能将耐药性遗传给后代，形成对某些药物的耐药虫株。因此，预防肉鸽球虫病应选择高效药物，并经常换药或两种以上药物交替使用。

（2）预防应激发生　肉鸽在转群、上笼、配对、天气突变期间，会发生应激，鸽群容易患病。在正常的饲养管理中，为避免应激反应，可以投喂适当的药物或营养性添加剂。例如，在应激发生前2天饲料中增加2～3倍用量的复合多种维生素，或在每千克饮水中加入1～2克电解多维，热应激时饲料中添加一定量的维生素C等。红霉素、泰乐菌素等抗生素对缓解因应激导致的细菌性、支原体性继发感染很有帮助。

(3)投药途径要科学

1)饲料投药　肉鸽饲料一般为粒状原粮或颗粒饲料，饲料投药很难搅拌均匀。因此，肉鸽用药尽量通过饮水途径。但如果遇到难溶于水或不溶于水的药物，也可以采用饲料投药，如一些清热解毒的中草药。方法是：先用鱼肝油将饲料表面拌湿，然后将药物洒到饲料中，就可以粘到饲料原粮表面，被肉鸽采食进入消化道。也可以用一定量的水溶解药后，用喷雾器喷洒在颗粒饲料或原粮表面上，以保证所有肉鸽吃到足量的药物。应注意：①药量计算精确。②药料一定要拌匀。③现拌现喂，要在药料吃完后再添正常料。

2)饮水投药　即把水溶性药物溶解于饮用水中，让鸽在喝水时达到治疗效果，尤其是鸽群发病后食欲降低而饮水正常的情况下较为适用。饮水投药非常方便，但必须注意下列事项：①在配制时应按每只每天药量和饮水量准确计算出药与水的比例，配成一定浓度的药水，供鸽饮用。②水温应在25℃以下，放于阴暗处供饮用。③配好的药水存放时间不能太久，应现用现配或现饮现加。④饮用时间不宜过久，一般1～2小时内饮完。用药前停止饮水，以保证鸽都能饮到含有药物的水。夏天停止饮水0.5～1小时，冬季停止饮水2～3小时。

3)气雾给药　气雾给药是指使用能使药物气雾化的器械，将药物弥散在鸽舍空气中，让鸽通过呼吸作用于呼吸道黏膜的一种给药方法。应用气雾给药时需准确掌握气雾用药的剂量，不能套用饮水或拌料药的剂量，而是依据鸽舍空间大小准确计算剂量。常用于气雾的药物有链霉素、卡那霉素、庆大霉素、红霉素、新霉素等，用于治疗鸽慢性呼吸道病。

4)注射给药　是指把药物用注射器注射到肉鸽胸部肌肉、颈部皮下，具有疗效高、用药量少的优点。其注意事项为：注射给药适合于一些急性败血性疾病的紧急治疗，如鸽葡萄球菌病、大肠杆菌病。适用于小群隔离饲养的病鸽进行单独治疗。适用于某些经饮水口服不易吸收或不吸收，血药浓度低的药物，如链霉素、卡那霉素、庆大霉素。注射部位以颈部皮下最好，其次是胸部肌肉，尽量不用腿部肌内注射。胸部肌内注射时一定要将针头略平行于胸肌，角度过大会刺伤肝脏，造成人为的肝破裂而死亡。

5)保健砂给药　是经消化道的给药方法，很实用。注意药物应无异味，按一定比例配在保健砂中混匀。放在背光或阴凉处供自由采食。

6)滴入给药　将药液吸入小滴管或无针头注射器内，趁喉头张开瞬间，往喉头气管内滴入药液1～2滴，重复几次，每次应待鸽恢复呼吸后才能滴药。可1天2次，也可根据用药需要而定。

7)填塞给药　掰开鸽嘴，将胶丸或分成小块的药片塞于咽部令其吞下；粉剂型药物与玉米面或其他面粉用水混合做成一个小药团，喂法同上，如果下吞有困难，则用手蘸些水，滴入口内。此法适于个别发病的鸽和食欲废绝的病鸽，其优点是给药剂量准确，并能让每只鸽都能服到药物。但填药时不可误入气管，否则会引起窒息死亡。

(4)肉鸽用药注意事项　鸽对磺胺类药物的吸收较强，很容易发生中毒，必须慎用。鸽无汗腺，解热镇痛类的药物几乎不能用。鸽无咳嗽能力，强烈镇咳类的药物不能用。鸽的肠短，但蠕动能力较强，一过性的泻药不能用。氯苯胍使用后肉会产生异味，不能用。鸽的胆碱酯酶相对缺乏，切勿使用有机磷类杀虫药。对产蛋鸽而言，应该慎用或禁用可能降低血液中钙含量的药物。喂乳期亲鸽不能使用毒性较大及副反应强的药物，并且应严格控制给药剂量，防止药物通过鸽乳传递而引起乳鸽中毒。

5. 疫病监测

对危害严重的传染病要进行定期检疫与抗体检测，避免发病后造成大的损失。肉鸽场常规监测的疾病主要包括：高致病性禽流感、新城疫、副伤寒、大肠杆菌病等。根据当地实际情况，由动物疫病监测机构定期进行疫病监督抽查，并将抽查结果报告当地畜牧兽医行政管理部门。

肉鸽饲养场发生重点疫情时，应及时向当地畜牧兽医行政管理部门报告。确诊发生高致病性禽流感时，应对鸽群实施严格隔离、扑杀措施。全场按高致病性禽流感疫情判定及扑灭技术规范(NY 764—2004)规定执行。肉鸽饲养场发生新城疫时,应对鸽群实施清群和净化措施,全场进行彻底清洗、消毒。病死或淘汰肉鸽的尸体,应按病害动物和病害动物产品生物安全处理规程(GB 16548—2006)进行无害化处理。

乳鸽出栏销售前应按畜禽产地检疫规范(GB 16549)规定进行产地检疫。检疫合格肉鸽方可允许上市销售,不合格肉鸽按(GB 16548)进行深埋或焚烧处理。

二、肉鸽的传染病

1. 鸽瘟

鸽瘟又名鸽新城疫,也称鸽Ⅰ型副黏病毒病,是一种高度接触性、败血性传染病。该病的特征是病鸽下痢、震颤、单侧或双侧性腿麻痹,慢性及流行后期的病例有扭头、歪颈等神经症状。该病传播迅速,发病率高,死亡率高。

【病原】病原为鸽Ⅰ型副黏病毒,在分类上属于副黏病毒科,副黏病毒属。成熟病毒粒子近圆形,直径120～300纳米。该病毒具有囊膜,囊膜外有糖蛋白纤突,具有红细胞凝结特性。鸽Ⅰ型副黏病毒对热抵抗力较强,60℃经30分,55℃经45分死亡,37℃可存活7～9天。病毒对酸碱抵抗力强,对化学消毒剂的抵抗力不强,一般消毒剂如氢氧化钠、甲醛、漂白粉等5～20分杀灭。感染途径多样,可以通过消化道、呼吸道、眼结膜、创伤和泌尿生殖道传播。

【流行特点】该病发病迅速,可以感染各年龄阶段的肉鸽。1～3月龄童鸽最易感,感染后症状最明显,发病率高。根据病毒毒力的不同,死亡率在30%～100%。成年产鸽感染后,呈慢性经过,无明显的死亡高峰,最后因采食困难,消瘦衰竭死亡。哺乳期乳鸽可以从鸽乳中获得母源抗体,对本病具有一定的抵抗力,只呈现零星死亡。该病一年四季均可发生,初冬和初春气候寒冷多变,容易造成大流行,应提前做好免疫接种工作。老疫区流行缓慢,发病率、死亡率逐渐降低，出现散发性发病。有些鸽场成年鸽不表现临床症状，只是乳鸽、童鸽发病并造成大批死亡。

【临床症状】肉鸽感染病毒后，潜伏期1～10天，通常是1～5天表现症状。发病初期病鸽精神不振，缩头闭目，羽毛蓬松，不愿活动，食欲减退，体温升高至43℃。病鸽眼睛下陷，脚趾干皱，出现一侧翅或双侧翅下垂，腿脚麻痹。病鸽普遍排泄黄绿色水样粪便，肛门周围粘有绿粪。童鸽3～5天后出现大批死亡，夜间死亡较多。成年鸽感染有部分耐过。但遗留有神经症状后遗症，包括阵发性痉挛，头颈扭曲，颤抖和头颈角弓反张等，出现率在5%～10%，最后往往因全身麻痹而不能采食或饮水导致衰竭死亡。病鸽受到惊吓或刺激，神经症状表现更为明显。成年鸽由于神经症状影响到正常的采食饮水，表现消瘦、脱水。

【病理剖检】急性死亡病鸽，剖解病理特征明显，全身败血症。表现颈部皮下广泛性出血，呈紫红色；嗉囊内充满酸臭的米汤样液体；咽部黏膜充血，偶有出血；腺胃乳头出血，肌胃角质层下有出血斑；肠道黏膜广泛性出血，盲肠扁桃体出血；脑水肿，脑血管局部出血。繁殖期母鸽卵巢出血、卵黄变性，呈污绿色。

慢性死亡病例，消瘦脱水，皮肤较难剥离，消化道内容物减少，嗉囊无食物，肠道出血严重。一般合并有其他细菌、霉菌感染，如大肠杆菌、曲霉菌等。

【诊断要点】一般根据发病流行情况、外观临床症状和病理剖解特征，做出初步判断。如发病迅速，童鸽发病率、死亡率高；排黄绿色稀粪，扭头歪颈等神经症状明显；应用抗生素治疗无效；剖检胃肠道黏膜出血明显，腺胃乳头出血，颈部皮下广泛性出血等。以上这些均具有诊断价值。进一步确诊需要做血清学试验（HI试验）和病原的分离鉴定。

【预防措施】鸽瘟为肉鸽最常见传染病之一，肉鸽饲养应执行严格的隔离饲养制度，切断病原的传播途径。种鸽场要远离其他家禽饲养场，尤其是鸡场，鸽场四周最好有生物隔离带如耕地、草地、树林、沟壑等。鸽场四周应设围墙，场区大门设消毒池，进入场区的车辆应严格消毒，车体进行喷雾消毒。消毒池中可用2%～3%氢氧化钠或3%～5%来苏儿。生产区中不同阶段的肉鸽应分开饲养，童鸽对鸽瘟最易感，要避免和成年鸽接触。引种时要防止病原的传入，不从疫区引种。新引入的种鸽应隔离观察1个月，确定健康后才能混入大群。

亲鸽分泌的鸽乳及其所产蛋的蛋黄中都含有新城疫母源抗体，亲鸽体内保持较高的抗体水平，是降低商品乳鸽感染鸽瘟概率、正常出栏的必要条件。准备留种的鸽，从乳鸽阶段接种鸽瘟疫苗。种鸽每年春季和秋季各注射一次灭活疫苗，同时使用弱毒苗滴鼻点眼。

【发病后处理】鸽舍中如发现疑似鸽瘟病鸽，立即隔离。出现神经症状前，治疗有一定效果。一旦出现神经症状，则表示神经系统受到损伤，失去治疗价值。大群用药，病毒灵原粉0.1%饮水，连用5～7天；中草药方剂清瘟败毒散0.5%拌料，连用3～5天。紧急接种：大群用药后1周，接种弱毒苗和灭活苗。

治疗可试用金银花、板蓝根、大青叶各20克，煎水灌服，每只鸽每次5毫升；或用黄芩100克，桔梗70克，半夏70克，桑白皮80克，枇杷叶80克，陈皮30克，甘草30克，薄荷3克，煎水供100只鸽饮用，每天1剂，连用3天。

2. 鸽痘

鸽痘是由痘病毒引起的鸽皮肤或黏膜发生痘疹为特征的急性高度接触性传染病。本病呈世界性分布，通过蚊虫叮咬传播，多发生于鸡，但在肉鸽养殖上时有发生。该病典型特征为鸽的体表皮肤产生痘痂或鸽口腔与喉部形成干酪样的沉积物。

【病原】病原是痘病毒，属于痘病毒科，禽痘病毒属。禽痘病毒是以鸟类为宿主的痘病毒的总称。目前研究认为禽痘病毒中包括鸡、火鸡、鸽、金丝雀、鹌鹑、灯心草雀、欧掠鸟痘病毒。该病毒大量存在于病禽的皮肤和黏膜病灶中，它在病变部位皮肤的表皮细胞或黏膜细胞胞浆内可形成圆形的包涵体，病毒对外界的抵抗力很强，在脱落的干燥痂皮中可存活数月，阳光照射数周仍可保持活力。在60℃下加热1.5小时才能杀死，－15℃下保存多年仍然有致病性。病毒对消毒剂较敏感，1%的氢氧化钠、1%的醋酸、1%的氯化汞可在5～10分内杀死病毒，甲醛熏蒸1.5小时也可杀灭病毒。在腐败的环境中，病毒很快死亡。

【流行特点】病禽脱落和散布的痘痂碎屑是主要的传染源，因为本病主要通过蚊子和其他吸血昆虫叮咬传递病毒，因此温暖潮湿的季节是蚊虫大量繁殖的季节也是本病的多发季节（每年7～9月）。病毒经皮肤和黏膜的伤口感染，当消化道或呼吸道发生其他病原感染时，偶尔可以继发禽痘。此外人员、物品和车辆等在病原的传播上也需引起重视。幼鸽较成年鸽多发，且死亡率高。成年鸽发病率、死亡率均较低。

【临床症状与病理变化】

(1)皮肤型　皮肤上出现水痘或结节，在眼周、喙周、脚等皮肤裸露部位可见。痘由针头大小到豌豆大小，甚至更大，色泽初为灰白色，继而呈血红色小泡，10天左右破溃，1～2周后干燥结成棕褐色痘痂。长满痘痂的幼鸽非常难看，严重者可致鸽死亡。

(2)咽喉型　咽喉上有黄白色小斑或溃疡沉积物，臭而不易剥离，鸽因咽喉沉积物堵塞，常窒息或饥饿死亡。

(3)混合型　既有皮肤型又有咽喉型，常窒息而死。

【预防】本病主要通过蚊虫叮咬传播，因此要消灭蚊虫，可用灭害灵（氯菊酯、胺菊酯）或其他杀虫剂灭蚊虫。鸽舍周围清理干净，特别是不能有虫子繁殖的静止水面。河南省叶县天照肉鸽养殖合作社的做法是在鸽舍点蚊香，取得了很好的预防效果。本病引起的是一过性感染，病鸽耐过后可以获得坚强免疫。常用疫苗为鸽痘弱毒疫苗，于每年4月接种一次，方法为翅下翼膜刺种。接种后10～14天产生坚强的免疫力，保护力可持续9个月。

【治疗】本病目前尚无特效药可用，但为了减少死亡和控制疾病扩散，可口服病毒灵（盐酸吗啉双胍片），每天每只喂1片，连用5～7天，促进痘痂干燥、萎缩和脱落。补充多种维生素，促进伤口愈合，提高机体抵抗力。皮肤型痘疹一般不需治疗，可用镊子小心剥离，伤口用碘酊消毒；口腔、咽喉黏膜上的假膜如影响进食和呼吸，可用镊子小心剥离，然后用碘甘油消毒，或用烧红的小烙铁除掉痘疹，患部涂碘甘油、汞溴红或紫药水。眼部肿胀的病鸽，可挤出里面的干酪样物，用 2% 硼酸溶液冲洗干净。

张久惠(2013)报道用中药制剂治疗鸽痘，取得很好的疗效，方法是选用银翘散加减：金银花 60 克，连翘 45 克，石膏 20 克，天花粉 20 克，板蓝根 20 克，桔梗 25 克，荆芥 30 克，淡竹叶 20 克，薄荷 30 克，牛蒡子 45 克，芦根 30 克，甘草 20 克(此为 200 只肉鸽 1 天的用药量)。将上述中药加工成细粉，均匀拌入饲料内，分上、下午集中喂服。不好拌入时，可把上述中药煎水 3 次，将煎后的 3 次药液混合后，加适量水，让鸽自由饮用，连续用药 5 天。

3. 鸽流感

鸽流感是由 A 型流感病毒引起的接触性传染病。除鸽之外其他多种家禽及野鸟亦可感染发病。本病以头、颈、胸部水肿和眼结膜炎为特征。

【病原】禽流感病毒属于正黏病毒科 A 型流感病毒，根据病毒的血凝素(HA)和神经氨酸酶(NA)的抗原性不同，可将其分为不同的亚型，如 H5N1、H9N2 等。血凝素和神经氨酸酶极不稳定，常常发生变异。迄今，已从 50 多种禽鸟中分离到 200 多种血清型的禽流感病毒。病毒存在于病禽所有组织、体液、分泌物和排泄物中。本病毒对紫外线敏感，直射阳光下 40～48 小时即可将其灭活。56℃加热 30 分，60℃加热 10 分可使病毒失活，常用的消毒剂均可杀死病毒。病毒在粪便中可存活数周，在冷冻的禽肉和骨髓中可存活 10 个月。

【流行特点】各日龄鸽都易感，但以乳鸽最为敏感，其次是童鸽和青年鸽。每年从秋末到初春为流行季节，主要经消化道直接接触传染，但经空气通过呼吸道的感染危害性更大，发病更快。饲养用具、运输工具、饲养人员等都能成为传播媒介。昆虫、野鸟、鼠等出入鸽舍的动物也都是本病的传播者。另外，气候突变，鸽舍寒冷，饲养密度高亦是本病发生的诱因。

【临床症状】禽流感因感染毒株毒力的不同及鸽的年龄不同等临床表现不尽相同，感染 H9 亚型禽流感病毒时，一般无明显症状，种鸽孵化率略有降低，乳鸽早期死亡稍上升。在感染高致病力的 H5 亚型禽流感病毒时，乳鸽死亡增多，最早死于 3～5 日龄。其临床表现为：病鸽精神委顿，缩颈嗜睡，食欲减退或废绝，逐渐消瘦，排黄绿色带黏液稀粪，鼻腔分泌物增多，呼吸急促，眼肿胀，流泪，眼睑被浆液性分泌物黏着，最后衰竭死亡。

【病理剖检】感染 H9 亚型禽流感病毒时，母鸽输卵管充血、水肿，但气管、支气管和肺均无明显病变。感染 H5 亚型高致病力禽流感病毒后，死亡的乳鸽及种鸽的肌胃角质膜下、十二指肠黏膜均有明显的出血斑点，胰脏水肿并有黄白色坏死点，肝肿大呈暗红色，有时气管、支气管和肺充血出血，有的还可见泄殖腔充血、出血、坏死。

【防治措施】目前，对禽流感尚无特效的防治药物，需要采取综合性防疫措施。在引进种鸽时要严格检疫，防止传入本病。鸽舍要空气流通，注意防寒保暖，防止鸽群密度过大。鸽场应有良好的隔离条件，注意不与野鸟、珍禽接触，严格执行鸽场卫生消毒制度。接种疫苗是行之有效的防治方法，一般可选鸡用的 H5/H9 二价灭活油苗。在 14 日龄时进行第一次接种，以后每隔 3 个月接种 1 次，每只每次 0.3～0.5 毫升，肌内注射。

栗新等（2012）研究了重组禽流感 H5 亚型二价灭活疫苗（H5N1，Re－4＋Re－5）对肉鸽免疫效果，证实了该亚型禽流感灭活疫苗免疫肉鸽的有效性，初次免疫的 Re－4 比 Re－5 抗体形成效果好，第二次免疫效果二者相近，都比初次免疫整体效果好，初次免疫剂量至少 0.4 毫升，二次免疫剂量至少 0.3 毫升。

胡祖余等（2012 年）报道用禽流感 H9 亚型灭活疫苗（ss 株）免疫留种 1 月龄以上青年鸽，首免用 0.3 毫升，二免（3 周后）0.2 毫升可以产生良好的免疫效果。

盐酸金刚烷胺对本病有一定的预防和早期治疗作用，可适当配合使用。混饲每吨饲料加入 100～200 克；混饮，每升水加入 50～100 毫克，但用药剂量太大或时间太长会对种鸽产蛋率和孵化率产生不良影响。一些生物性药物（如干扰素、白细胞介素、免疫球蛋白等）和中草药或中药制剂用于治疗禽流感，早期治疗效果尚可，药物反应小，对鸽的伤害小。

4. 鸽衣原体病

禽衣原体病又称鸟疫、鹦鹉热，是由鹦鹉热衣原体引起的多种禽类感染发病的一种人畜共患传染病，呈世界性分布。肉鸽发病以结膜炎，排硫黄样稀粪，肝、脾肿大，纤维素性心包炎，气囊炎，肝周炎和浆膜炎为特征。

【病原】鹦鹉热衣原体属衣原体科衣原体属，是一种严格的细胞内寄生微生物，能在肝、脾、骨髓的细胞内繁殖并破坏这些组织器官。它具有细胞壁，构造和组成与革兰阴性细菌相似。衣原体因不同发育阶段而呈现两种形态：一种是原生小体，其具有传染性，球形，直径0.2～0.4微米，不运动，无鞭毛菌毛；另一种是网状体，由原生小体发育而成，直径0.6～0.8微米，它可合成DNA、RNA和蛋白质，以二分裂方式分裂繁殖。衣原体对高温的抵抗力不强，在低温环境中可存活较长时间。70%酒精、3%过氧化氢能很快将其灭活。它对抗生素敏感，青霉素、四环素、红霉素等对衣原体均有效。

【流行特点】肉鸽、鹌鹑、火鸡、鹦鹉、雉鸡、鸡、鸭等多种禽鸟和动物都能感染发病。病禽和隐性感染禽是本病的主要传染源，病禽通过呼吸道和消化道排出病原。主要通过呼吸道感染发病，也可通过直接接触、交配和经卵传播，羽螨、虱是本病重要的传播媒介。鸽群中如有1只鸽感染，很快传播全群，发病率较高，但死亡较低。本病对幼禽造成的危害要比成年禽严重得多，2～3周龄乳鸽发病较多，危害性也最大，死亡率可达20%～30%，成年鸽隐性感染。本病无明显季节性，但是鸽场的饲养环境恶劣、营养不良、长途运输等可促进本病的发生和发展。据杨秀环等对北京地区的鸽进行鹦鹉热衣原体流行状况调查，结果几乎所有鸽群都能检出阳性个体，阳性率高的达60%，低的也在10%以上。

【临床症状】鹦鹉热衣原体引起禽类发病的症状呈现多样化，其严重程度常常与禽的营养状况、免疫力、病原株毒力和有无继发或并发感染等有关。病鸽表现精神委顿，羽毛松乱，食欲不振，腹泻，排出灰白色或浅绿色水样稀粪，肛门附近的羽毛常被粪便污染，鸽体消瘦，胸肌萎缩不能起飞。成年鸽的症状一般较轻，且可自愈，典型症状可见一侧或双侧眼结膜发炎，眼睑增厚，眼睛内流出大量水样分泌物，以后则变为黏稠的、脓性分泌物；鼻孔内病初流出水样分泌物，后期变成黄色黏性分泌物；呼吸时发出"咯咯"声音。急性者常突然死亡，少数病鸽出现神经症状。

【病理剖检】病鸽眼结膜增厚，有黏性分泌物。鼻腔和气管中有大量黄色黏性分泌物。气囊壁增厚，有纤维素性渗出物。病死鸽肝及脾明显肿大，有的肿大 3～4 倍，质地变软，局部充血。肝组织表面有芝麻至绿豆大的淡黄色坏死灶。气囊混浊增厚，个别有干酪样物附着；心脏肥大，心包增厚、充血和出血，心外膜被覆纤维素性分泌物；少数病鸽有纤维素性肺炎、肠卡他等病变。胸腹腔和内脏浆膜被覆纤维素性渗出物。

【诊断要点】根据鸽群反复出现的单侧性眼结膜炎，呼吸困难和肝、脾肿大等做出初步诊断。由于本病无特异的症状和病变，所以必须通过实验室检查进行确诊。常用的方法有脏器压片法，即可用肝、脾、心包、心肌、气囊和肾等压片染色镜检。姬姆萨染色衣原体呈紫色，革兰染色衣原体原生小体呈红色，网状体呈蓝色；血清学方法包括补体结合反应和间接红细胞血液凝集试验。在本病的诊断过程中，要注意与禽巴氏杆菌病、支原体病和大肠杆菌病的鉴别。

【预防】目前没有有效的疫苗用于本病的免疫接种，预防该病要从加强日常的饲养管理，保持舍内卫生，做好隔离消毒，杜绝传染来源，不引进血清学检查阳性的种鸽，定期进行检查及预防性投药，避免应激性刺激。鸽舍用具应保持清洁并定期用氢氧化钠或石灰乳彻底消毒，驱杀体外寄生虫。鸽舍内保持适当的湿度，避免病原随尘埃传播。发现鸽患本病应及时封锁，隔离治疗，病死鸽深埋，以防扩大传染。因为该病为人畜共患病，应做好人的防护工作，以防互相感染。据调查，部分禽用活疫苗可污染鹦鹉热衣原体，此传染源不容忽视。

【治疗】可用土霉素肌内注射或口服，每只 5 万～8 万国际单位，每天用药 1 次，连用 5 天。群发时，大群用氨基糖苷类药物和四环素类药物拌料，每个疗程 5 天，连用 2 个疗程，中间停药 2 天。若混合感染支原体病时，可用泰乐菌素 0.8 克/升水，连续饮水 3 天。

5. 肉鸽副伤寒

鸽副伤寒是由鼠副伤寒沙门菌引起的一类细菌性传染病，病鸽以下痢、关节炎和运动神经功能障碍为特征，是肉鸽主要细菌性传染病之一。该病常与鸽Ⅰ型副黏病毒病、毛滴虫病、败血支原体病合并发生，以致造成严重的损失。

【病原】肉鸽副伤寒绝大多数由鼠伤寒沙门菌哥本哈根变种引起，有鞭毛能运动，为革兰阴性杆菌，兼性厌氧菌。对一般的消毒药敏感，60℃ 5 分可杀死禽肉中的病菌。

【流行特点】每年夏秋多发，垂直传播是重要的传播途径，带菌卵孵化时，胚胎可能死亡，也可能孵出病雏。消化道也是重要的传播途径，可通过污染饲料、饮水、用具等造成传播。此外，还可通过呼吸道、眼结膜和损伤的皮肤感染。本病多数发生在成熟前的鸽，童鸽发病率高，死亡率也较高。鸽场发病时感染率为 20%左右。病鸽治愈后会成为永久带菌者，粪便中持续排出病原菌危害鸽群。带菌排菌的老鼠也能成为重要的传染源。潜伏期 12 小时或稍长。

【临床症状与病理剖检】潜伏期 12～18 小时或稍长。幼鸽呈急性败血经过，随发病年龄的增大，症状也趋向缓和而成为亚急性、慢性或隐性经过。本病有肠型、内脏型、关节型和神经型之分。这些类型可单独出现，也可混合感染。

(1)肠型　病原侵入鸽的肠道后，会穿过肠壁引起严重的炎症，肠道的消化吸收功能明显减弱。病鸽食欲减退或废绝，排出灰绿色带恶臭的粪便，中间为未消化的食物，周围是泡沫状的黏液和水。剖检可见肠道卡他性炎症，充血及出血，肝脏明显的肿大。多在 3～7 天内死亡。

(2)关节型　当肠型进一步发展时，病原透过肠壁进入血流，形成败血症，再转到关节等其他部位而引起这些部位的炎症，关节发红、发肿、发热、疼痛、机能障碍，在肢体关节尤其踝、肘关节更为多见和明显。病鸽为了减轻疼痛，常垂翅或提腿，以减轻患肢负重。切开关节囊可以见到淡黄色炎症渗出物、脓液或干酪物，关节面粗糙粘连。

(3)神经型　此型不多见。病鸽因脑脊髓受损害而表现出共济失调，头颈歪扭，或头部低下、后仰、侧扭等神经症状。病变一般为脑脊髓出血，充血，其他内脏无明显眼观病变。

(4)内脏型　在体内形成菌血症后常侵入体内各个器官，特别是肝、脾、肾、心和胰脏，全部或部分脏器出现针头至粟粒大、油污状的灰黄色结节，以肝脾的结节较明显，并有肿大，肝呈深浅不等的古铜色，表面有大小不一的灰白色坏死灶。肠道有时也会出现结节状的灰白色坏死灶。雄鸽可能有单侧性睾丸炎，炎症一侧睾丸肿大1至数倍，或见点状坏死灶。当器官严重受损时，病鸽精神沉郁，呼吸困难，机体衰弱以致死亡。

【预防】由于目前本病无菌苗可用，又无检出阳性带菌鸽的有效办法，因此预防本病的要点是搞好平时的饲养管理及防疫，如定期对鸽舍进行清扫、消毒，对鸽群进行检查检疫，选用健康的种鸽种蛋，人工孵化时应注意种蛋的消毒以及孵化场、育雏室的用前用后消毒，不引进带菌鸽，若场内已被污染或已有本病存在，应定期进行预防性投药。同时注意饲料卫生。

肉鸽由于是多年种用，同时又是亲鸽自己哺喂，加之外环境因素，沙门菌感染率在临床上多于鸡，阳性率可达20%～30%，如此高的阳性率使肉鸽尤其是乳鸽、童鸽、青年鸽因沙门菌感染死亡仅次于毛滴虫病。因此，肉鸽育种工作一定要同时考虑沙门菌净化问题，即使无法实施净化，也应保证核心群阳性率有所降低，否则会因沙门菌病影响育种效果。

【治疗】发现鸽患此病后应及时治疗，防止扩散。可采用0.1%磺胺喹噁啉混料饲服。发病期间除给鸽群用药外，还要做好清洁卫生工作，需每天对地面、鸽笼、用具等进行消毒，病情停息再做一次全面大消毒。补充多种维生素、电解质等，调理肠胃，促进食欲，加速健康恢复。

发现病鸽要及时隔离、确诊和治疗。磺胺类药物和广谱抗菌药对本病均有疗效，但治愈后往往成为带菌者，故平时应投药进行预防。

(1)磺胺类药物　可选用的药物有磺胺嘧啶、磺胺二甲嘧啶、磺胺甲嘧啶，可以0.5%的比例拌于饲料或保健砂中，连用5～7天。

(2)土霉素　土霉素5～15毫克/只，2～3次/天，连用5～6天为1个疗程。

(3)喹诺酮类药物　0.3%氧氟沙星饮水；0.2%环丙沙星饮水；诺氟沙星0.03%～0.04%混饲或以0.02%～0.03%饮水，连用5～7天。

此外，可选用穿心莲、大蒜等中草药及制剂。

6. 鸽大肠杆菌病

鸽大肠杆菌病属于细菌性传染病，是由某些致病血清型或条件致病性大肠埃希杆菌引起鸽不同疾病的总称，包括大肠杆菌性败血症、大肠杆菌性肉芽肿、气囊炎、腹膜炎及输卵管炎等一系列疾病。该病是造成幼鸽死亡的重要病因之一。

【病原】为致病性埃希大肠杆菌，革兰染色呈阴性，菌体较大，呈长杆状，有多种血清型，易产生耐药性。鸽较敏感的大肠杆菌为O157:H7，该血清型菌株也是引起人肠道出血的重要致病因子。该病是一种常发病，但该病难于控制，这是因为大肠杆菌血清型多，各血清型间无交叉保护性，而且不同血清型以及不同地区的大肠杆菌对药物敏感性也不一致。

【流行特点】各种年龄段鸽均可感染，其中以乳鸽和童鸽发病较为严重，可引起大量死亡。成鸽多为散发和零星死亡。感染途径多见于呼吸道，其次是消化道，也可通过蛋传递感染后代。本病无明显的季节性，饲养管理不善，卫生状况不良，气候突变，营养失衡以及其他应激因素都可诱发本病。

【临床症状】本病的潜伏期数小时至3天，常见以下几种类型：

(1)急性败血型　病鸽表现精神沉郁、食欲不振、羽毛松乱、呆立一旁、流泪流涕、呼吸困难、排黄色粪便或黄绿色粪便，全身衰竭而亡。最急性的病例突然死亡。其特征性病变是心包、肝周围及气囊覆盖有淡黄色或灰黄色纤维性分泌物，肝的质地较坚实，有时有古铜色变化。

(2)大肠杆菌性肉芽肿型　较明显的肉眼变化是胸腹腔脏器出现大小不等、近似枇杷状的增生物，呈弥漫性或密集团形，切开可见内容物为干酪样。

(3)其他类型　均是局部性感染灶。其炎症呈化脓坏死，干酪样渗出等变化。

【病理剖检】打开胸、腹腔可见气囊壁混浊、增厚，有黄白色干酪样分泌物附着；心包膜增厚，附着有大量分泌物，心包膜和胸腔粘连；心包内积有多量的淡黄色胶冻样物，部分病鸽心脏表面可见到灰白色的高粱米粒大的突起(肉芽肿)；肝肿大，表面有淡黄色纤维蛋白膜附着；腹腔内有许多纤维素性分泌物，肠系膜粘连。脾脏肿大、充血、有坏死点，肠管积液，肾苍黄、肿大；脑膜下出血。

【诊断】根据发病情况、临床症状和病理变化可做出初步诊断，确诊必须进行病原菌的分离、鉴定，必要时可进行血清学鉴定。急性败血型造成多个脏器的纤维素性炎症与鸽衣原体病、链球菌病应做鉴别诊断，后者常见皮下、肌肉、浆膜水肿及龙骨皮下有血样液体，鸽衣原体病还有单侧性眼炎发生的症状；肉芽肿型大肠杆菌病初诊时应与黄曲霉菌素慢性中毒诱发的肝癌相区别，后者形成的结节外表有肉眼可见的绒毛状菌丝体。

【防治】

(1)预防　加强饲养管理，鸽舍及环境均需定期消毒，特别是饮水器和饲料槽的清洁，这样可减少病原微生物的含量。提供充足平衡的营养，并且尽量减少各种应激因素。坚持自繁自养有利于本场(群)的净化；加强检疫，防止引进带菌鸽(蛋)。控制鸽群的饲养密度，防止过分拥挤。保持空气流通、新鲜，防止有害气体的危害。

(2)药物治疗　发病后及时隔离发病鸽，或治疗或淘汰。最佳的治疗药物就是对应不同的鸽舍挑选其敏感药物进行对症治疗。丁胺卡那霉素、庆大霉素、氧氟沙星、头孢噻呋、诺氟沙星、环丙沙星、链霉素、新霉素等均可用于本病的防治，但需注意不同地区的大肠杆菌对药物敏感性也各不一致。诺氟沙星或盐酸环丙沙星，按 0.01%～0.02%拌料，连用 5～7 天；庆大霉素，按 0.03%～0.04%饮水，连用 5 天。重症建议用庆大霉素肌内注射：每羽每次 5 000～8 000 国际单位/千克体重，1 次/天，连用 3 天。

彭子旺(2011)报道用中药方剂配合西药取得很好疗效。方法取黄连 40 克，黄芩 30 克，栀子 20 克，当归 30 克，赤芍 20 克，地榆炭 15 克，牡丹皮 15 克，木通 15 克，知母 20 克，肉桂 15 克，甘草 30 克，粉碎成末，每只鸽 1～2 克，并配合环丙沙星使用，每天拌料 1 次，连用 4 天后治愈。

7. 鸽霍乱

鸽霍乱又称巴氏杆菌病或鸽出血性败血症，是由多杀性巴氏杆菌引起的家鸽和野鸽的一种急性、接触性传染病。临床以出血性败血症并伴有下痢为特征。

【病原】为多杀性巴氏杆菌。本菌是革兰阴性、无鞭毛、不运动、不形成芽孢的卵圆形短小杆菌，少数近似球形，长 0.6～2.5 微米，宽 0.2～0.4 微米。多呈单个或成对存在。在组织、血液和新分离培养物中的菌体呈明显的两极着色，许多血清型菌株有荚膜，用亚甲蓝、瑞氏染色均可着色。巴氏杆菌对各种理化因素和消毒药的抵抗力不强。在直射阳光和干燥条件下，很快死亡。对热敏感，加热 56℃ 15 分、60℃ 10 分可被杀死。在室温下较普通冰箱内可存活更长的时间。巴氏杆菌在粪中可存活 1 个月，尸体中可存活 1～3 个月。对酸、碱及常用的消毒药很敏感，5%～10%生石灰水、1%漂白粉、1%氢氧化钠、3%～5%石炭酸、3%来苏儿、0.1%过氧乙酸和 70%酒精等均可在短时间内将其杀死。

【流行特点】所有的鸽场都可发生此病，但以童鸽和成年(产)鸽多见，参赛的信鸽、密度较大的群养鸽及远途运输的鸽也容易暴发此病。通过病鸽排泄物污染饲料、水和笼具以及与病鸽接触，使健康鸽受到感染，带菌的动物和外来人员也可成为本病的传播媒介。

【症状】本病潜伏期 2～9 天。分为最急性型、急性型及慢性型。

(1)最急性型　临床可不见任何症状，鸽子突然倒地死亡。死前多数有骤然乱跳、拍翼挣扎等动作，这样的病例一般是在肥壮高产的鸽群中和流行前出现。

（2）急性型　病程1～2天，常见的症状有发热、厌食、精神不振、羽毛粗乱、口渴、嗜睡、鼻瘤无光、张口呼吸、呼吸急促、口排黏液，同时可见病鸽下痢、腹泻，排灰黄或带绿色、白、灰褐色的恶臭粪便。从原发急性败血期幸存下来者，可转为慢性或康复。

（3）慢性型　多见于流行后期，由急性转化而来，亦可由于低毒力菌株感染所致。症状多呈现为局部感染，如关节肿胀、跛行，飞行障碍，鼻窦、翅关节、足等处常发生肿胀。眼结膜、咽喉部及鼻腔黏液渗出。慢性病鸽可拖延几周后死亡，或长期保持感染状态，或康复痊愈。病程比较长，都在1个月以上。

【病理剖检】病死鸽肌肉、血液暗褐色，皮下、心冠脂肪、心外膜及腹膜等有针尖大出血点；肝肿大，表面弥漫散布针尖大、黄白色坏死点；十二指肠有出血性内容物。

【诊断】根据发病种鸽的临床症状、剖检病理变化初步诊断，确诊需要进行实验室检验。

（1）涂片镜检　分别取心血、肝和脾涂片，用瑞氏染色法染色。显微镜检查，可见两极着色的卵圆形短杆菌。

（2）细菌分离培养　无菌操作采取病死鸽的心血、肝脏组织少许，分别接种鲜血琼脂、普通肉汤培养基，置37℃温箱中培养24小时。结果在鲜血琼脂上，长出圆形、湿润、表面光滑的露滴状小菌落，菌落周围不溶血，表面光滑，边缘整齐；在普通肉汤中，呈均匀混浊，放置后有黏稠沉淀，摇振时沉淀物呈辫状上升。

【防治】

（1）预防措施　鸽霍乱是肉鸽的主要传染病之一，在气候多变、酷热的季节容易发生，养殖户应注意鸽舍的通风和卫生，必要时定期预防性用药，大暑天显得尤为重要，减轻种鸽的热应激。平时要加强鸽舍卫生管理，勤消毒。防止其他鸟类进入。禁止外来人员参观。

霍乱疫苗的免疫效果不够理想。但在鸽霍乱常发或流行严重的地区，可以考虑接种疫苗进行预防。目前国内使用的疫苗有弱毒疫苗和灭活疫苗两种，弱毒疫苗有禽霍乱731弱毒疫苗、禽霍乱(G190E40株)弱毒疫苗等，免疫期为3～3.5个月。灭活疫苗有禽霍乱氢氧化铝疫苗、禽霍乱油乳剂灭活疫苗、禽霍乱蜂胶灭活疫苗、禽霍乱荚膜亚单位疫苗等，免疫期为3～6个月。

(2)治疗　青霉素、链霉素、土霉素、四环素、金霉素、磺胺类药物和喹诺酮类抗菌药对本病均有较好的治疗效果。但巴氏杆菌在实际生产存在一定的耐药性，因此，最好根据药敏试验结果选用敏感的抗菌药物进行治疗，可收到良好的防治效果。在治疗病鸽的同时，对禽舍、饲养环境和饲养管理用具，应彻底消毒或冲洗干净；粪便及时清除，堆积发酵沤熟后利用。将病死鸽全部烧毁或深埋。如果发病数量较多，在防止病菌扩散的条件下，全部病鸽进行急宰处理，肉经加工后利用，内脏、羽毛、污物等深埋。发病群中尚未发病的鸽，可在饲料中拌喂抗生素或磺胺类药物，以控制发病。黄爱芳等(2009)报道，2%环丙沙星预混剂，每100千克饲料拌入350克，连用2～3天，隔1周再用1个疗程，取得很好的疗效。

8. 曲霉菌病

鸽曲霉菌病是由曲霉菌所致的霉菌性疾病，特别是常引起幼鸽的急性暴发，发病率和死亡率均较高；成鸽常表现为呼吸道症状。本病的主要特征是肺和气囊发生炎症和有小结节的形成。

【病原】病原体是烟曲霉和黄曲霉。曲霉菌是一种由菌丝形成的真菌，分布相当广泛，各种环境中都可发现。根据发病部位不同，分别称作肺曲霉菌病、眼曲霉菌病、脑曲霉菌病、皮肤曲霉菌病。肺曲霉菌病病灶不仅局限在肺，也在气囊和气管中发生，还可转移到脑。

曲霉菌在自然界广泛存在，在谷物和稻草中生长繁殖，鸽的饲料如玉米、小麦、高粱等保存不当，尤其在温暖潮湿的环境中，就很容易长霉，鸽舍不注意进行垫料的更换、舍内空气湿度大、通风性不好等均可引起该病的发生。

【流行特点】本病对各种年龄的鸽都易感，发病率和死亡率均较高；成鸽常表现为呼吸道症状。本病的发生，几乎都与生长霉菌的环境有关系，一旦感染，则会有大批病鸽发生。但以幼鸽的易感性最高，常成群急性暴发，成鸽常表现为散发；初生雏鸽的感染，是由于在孵化过程中污染了霉菌造成的。本病在梅雨季节最易发，常因饲料或垫料被曲霉菌污染所致。本病的传播途径是多方面的，鸽只要吸入少量的曲霉菌孢子，即可引起肺和气囊的感染。

【症状】本病一般分为急性型和慢性型两种。

急性型又称为呼吸型或败血型，病初无明显症状，只见病鸽精神沉郁，嗜眠，食欲减少或废绝，对外界的反应淡漠，常有眼炎，重者分泌物为块状干酪样。如病程稍长，则见伸颈张口，呼吸困难，病鸽吸气时见颈部气囊明显扩张，呼吸时发出"嘎嘎"声。

慢性型则症状缓和，病鸽进行性消瘦，眼结膜和可视黏膜发绀，有白色或黄绿色腹泻物，有的可出现头颈歪扭的神经症状，最后衰竭而死。

【病理剖检】急性呼吸型的病例，病变主要见于肺部和气囊。在肺部见有曲霉菌菌落和粟粒大至绿豆大黄白色或灰白色干酪样坏死组织所构成的结节，结节内容物呈豆渣样，其质地较硬，切面可见层状结构，中心为干酪样坏死组织，内含菌丝体，呈丝绒状。严重病例呈败血型病变，还可扩展到气囊，甚至肝肿大，呈灰黄色，质脆，肝表面密布针尖至粟粒大坏死结节。除肺和气囊外，在气管和支气管也能见到霉菌结节病灶，有时在病鸽的消化器官如肠浆膜也发现霉菌结节病灶；嗉囊空虚，仅存少量稍混浊稀薄液体，腺胃黏膜脱落，肌胃角质层下有条块状出血；肠黏膜充血、出血。幼鸽皮肤感染，常见为灰绿曲霉菌，感染部位呈黄色鳞状斑点，病区羽毛干枯，而且容易折断，死鸽表现极度消瘦。

【预防】加强饲养管理，搞好环境卫生，鸽舍内保持清洁干燥，通风良好；不喂发霉变质的饲料，水、料槽要经常清洗，保持垫料干燥无霉。另外，定期用1∶1 500的碘溶液、1∶2 000硫酸铜饮水。人工孵化时，防止孵化器受霉菌污染

【治疗】对病鸽隔离饲养，清扫并对鸽笼、鸽舍消毒，停喂霉变饲料。对于病鸽可用：①0.02%孔雀石绿或结晶紫饮水，连用3天；早期可用0.1%孔雀石绿或结晶紫肌内注射治疗，幼鸽0.1～0.2毫

升，成年鸽 0.4～0.8 毫升，每天 2 次，连用 3 天。②碘化钾饮水，剂量为每千克水中加入 5～10 克。③制霉菌素口服，每只鸽每次 10～20 毫克，每天 2 次，连用 5～7 天；大群治疗可按每 1 000 只鸽每次 50 万国际单位的剂量，拌料饲喂，每天 2 次，连用 2 天。④克霉唑拌料，每 100 只鸽用 1～2 克；或 1%～5%克霉唑软膏外用。

9. 支原体病

肉鸽支原体病又称鸽慢性呼吸道病，是由致病性支原体引起的呼吸道传染病，普遍存在于鸽群中，其主要特征是群体成员有严重的呼吸道症状，呈现呼吸啰音，气囊炎，严重时造成相当大的经济损失。

【病原】本病的病原为鸡败血支原体，为细小的球杆菌，大小为 0.25～0.5 微米。革兰染色呈微弱的阴性，姬姆萨染色着色良好；在固体培养基上经 3～5 天培养，可形成微小的光滑而边缘整齐、中心稍突起、颜色较深呈“荷包蛋”状。菌落能吸附鸡的红细胞，借此与非致病性菌株相区别。

支原体对外界环境的抵抗力不强，一般常用消毒药均能将其杀死。加热 45℃1 小时，50℃20 分即可破坏，在室温下可保存 6 天，在水中很快死亡，在鸽粪中 20℃下可存活 1～3 天，在低温下存活时间长，－30℃可存活 1～2 年；青霉素，磺胺类药物对支原体无作用，但链霉素及广谱抗生素如土霉素、金霉素、红霉素、泰乐菌素有效。

【流行特点】主要通过鸽与鸽之间的直接接触而传播，也可以通过胚胎传给仔鸽。另外，也可通过被污染的粪便、饮水、饲料、器具及飞沫等传播而引起发病。该病一年四季均可流行，但以寒冷及梅雨季节较为严重；各种年龄的鸽均可被感染，其中乳鸽最易发病。垂直传播是本病传递的主要途径，康复病鸽和无明显症状的鸽群内，蛋的带菌率很低，但新发病的母鸽所产的蛋，其带菌率最高，疾病的传播也极为迅速。病鸽将病原体通过胚胎传给乳鸽，使之在鸽场中代代相传。带病的乳鸽若留种出场，本病就很快向外传播，引种时要注意。

【临床症状】病鸽精神不振，食欲减退，繁殖力降低。本病的特点是有呼吸啰音，气囊炎，病程长，死亡率低。病鸽有呼吸啰音，夜间更为显著，常打喷嚏，颜面肿胀，间有咳嗽，呼吸困难，夜间常发出"咯咯"的喘鸣音、呼出气体带有恶臭味。重症鸽眼球突出，眼睛发炎、肿胀、流泪，眼角积有干酪样渗出物。病鸽生长发育受阻，逐渐消瘦，病程较长，最后因衰竭或喉头被干酪样物堵塞而死。

【病理剖检】本病的典型病变是鼻、气管、支气管黏膜潮红、增厚，并有浆液性、脓性或干酪样分泌物。气囊黏膜除有混浊、增厚外，还有斑状或粒状干酪样物。病程长的病例还可出现滑膜肿胀、关节炎、关节内含有混浊的液体或干酪样物。

【诊断】在诊断本病时，注意与鸟疫、传染性鼻炎、鸽毛滴虫病、念珠菌病及曲霉菌病相区别。如需进一步确诊，可进行实验室检查。

(1)鸟疫　有典型的眼结膜炎，而支原体病眼结膜炎极少，且极少呈急性经过，只有个别病例出现死亡。

(2)传染性鼻炎　眼睑高度肿胀和流泪，气囊一般不发生病变。

(3)鸽毛滴虫病和念珠菌病　二者均侵害上消化道而非呼吸道，所以取口腔沉积物镜检可发现毛滴虫或念珠菌。

(4)曲霉菌病　呼吸困难但没有鼻卡他等症状。

【预防】预防本病应特别注意留种鸽的自繁自养，防止由种蛋带入疾病或由病鸽传播疾病。引进种鸽时要进行隔离检查，确认无病后方可合群饲养或配对。鸽场平时要加强饲养管理，饲养密度不宜太高，鸽舍既要通风良好，又要防止受凉。同时供给充足的营养成分，特别是维生素 A 要充足供给，以提高上呼吸道的抗病能力，尽量减少应激因素等。定期进行预防性投药，一旦发现病鸽，应隔离治疗或淘汰。

【治疗】

(1)饮水用药　泰乐菌素疗效显著，0.2%浓度饮水，连用 3～5 天。强力霉素 0.05%～0.07%浓度饮水、红霉素 0.01%～0.02%浓度饮水，连用 3～5 天，一般 2～3 个疗程可控制本病。

(2)保健砂用药　0.1%～0.2%土霉素；0.5%金霉素拌入保健砂中，连用 5 天。

(3)口服给药　链霉素每只每次 50～100 毫克(5 万～10 万国际

单位)，每天2次，连用4～6天。四环素或金霉素，每只每次0.1克，每天2次，连用4～6天。

另外，庆大霉素、北里霉素及壮观霉素等药物对本病均有治疗作用。由于支原体易形成耐药性菌株，为防止产生抗药性，应注意用药要足够剂量，疗程不要太短，一般3～7天；同一鸽群不要长期使用单一药物，最好几种药物交替使用或联合使用。

10. 鸽念珠菌病

鸽念珠菌病又称鹅口疮、念珠菌口炎，是由白色念珠菌引起的一种散发性常见病，其特征是在口腔、咽、食管和嗉囊的黏膜生成白色的假膜和溃疡。如遇到饲养管理不良或某些应激，可突然暴发，造成大批死亡。

【病原】本病的病原体为白色念珠菌，是一种酵母样真菌，在培养基上能产生芽生孢子和假菌丝。菌落形态为白色、圆形、孔脂状隆起、边缘整齐。菌体小而椭圆长2～4微米，革兰染色阳性。

【流行特点】此病多发生于温暖潮湿多雨季节。幼鸽和成鸽都易感染此病，以2周龄至2月龄的幼鸽最易发生此病。病原体随着病鸽的粪便和口腔分泌物排出体外，污染周围的环境、饲料及饮水而感染健康鸽。另外，本病也可通过污染了的蛋壳而传染。恶劣的环境及鸽群的过分拥挤等不良因素均可诱发本病。

【临床症状】病鸽呆滞，羽毛松乱，缩头闭眼，行走迟缓，食欲减少或废绝，渴欲增加。发病初期，鸽的口腔和咽喉内有灰白色斑点，继而溃疡、口烂，口中流出黏唾液，气味酸臭。嗉囊明显膨大和下垂，内容物充实或有波动感，张口呼吸，口内有白色疏松的具有酸臭味的干酪样物，排稀粪，肛门周围不洁，有的有眼炎。病鸽不能采食、饮水，消瘦，最后衰竭而死，病程5～10天。

【病理剖检】病变主要在上消化道，嗉囊黏膜增厚，表面有灰白色坏死假膜，干酪样鳞片状膜，易剥落，有一定硬度。

【诊断】本病在临床症状上常与溃疡症的口溃疡和鸽痘的白喉斑点相混淆，区别在于本病在咽喉上没有大的溃疡结节，体表也无任何痘痂。

【预防】日晒和干燥可有效地预防本病，平时应注意保持鸽舍的清洁和卫生，尽量使鸽舍通风、光亮和干燥，用具、饲料及饮水也应保持清洁卫生，定期检查鸽群。用0.1%硫酸铜溶液喷洒鸽舍，患鸽立即隔离治疗以切断水平传播。梅雨季节，用1∶2 000的硫酸铜水溶液饮水，连用3～5天。避免谷物霉变，用热氢氧化钠水清洗所有的料槽和饮水容器。

【治疗】对于大群可在每千克饲料中添加制霉菌素50～100毫克，连喂7天，并补充维生素A，可减轻病变的程度。饮水中加入0.02%的孔雀石绿或结晶紫，每3天1个疗程，连用2个疗程，前后疗程中间停用2天。

个别治疗时，可向病鸽嗉囊中灌入2%硼酸溶液进行消毒，用药棉蘸0.1%高锰酸钾液清洗假膜，然后用牙签挑出口腔和咽喉内的黏附物，于溃疡外涂碘甘油或紫药水。对严重病鸽可于感染部位涂克霉唑软膏。

11. 葡萄球菌病

禽葡萄球菌病是由葡萄球菌引起的一种禽类非接触性传染病，临诊表现有急性败血症型、慢性关节炎型、脐炎型和眼型等。各种禽类均易感。

【病原】鸽葡萄球菌病是一种由金黄色葡萄球菌引起的鸽急性败血性或慢性传染病。鸽葡萄球菌病的病原为金黄色葡萄球菌。该菌为革兰阳性菌，普通培养基上生长良好，为圆形或卵圆形，37℃ 24小时内即可形成圆形、光滑、湿润、隆起的菌落，常有白色、橘黄色、金黄色色素。菌体成对排列或呈葡萄样聚集在一起(尤其在固体培养基上)，致病性菌株的菌体通常小一些，无鞭毛，不产生芽孢，能产生多种毒素和酶。

金黄色葡萄球菌对外界环境的抵抗力相当强。在干燥环境中可以存活数周，60℃30分才能被杀死。一些菌株对热、常用消毒剂和盐类有较强的抵抗力。对各种药物，尤其是抗生素，很容易产生耐药性。一般的消毒药中，以石炭酸的消毒效果最好。

【流行病学】金黄色葡萄球菌在自然界分布很广，禽类对其的易感性，决定于皮肤或黏膜的完整性、鸽群的抵抗力及环境条件等。通常，皮肤或黏膜表面的破损，是肉鸽感染的主要途径，也可以通过直接接触和空气传播。本病一年四季均可发生，以阴雨、潮湿的季节多发。

【临床症状】鸽葡萄球菌病的潜伏期较短，根据致病菌的侵袭部位和鸽的病症表现，可分为脐炎型、皮肤型、关节炎型和眼炎型 4 种类型。

(1)脐炎型　常发生于 7 日龄以内的乳鸽。发病鸽体质瘦弱，精神很差，饮食减退；卵黄吸收不良，腹部膨大，脐部肿胀、发炎，常常因败血症而死亡。

(2)皮肤型　常发生于 3～4 周龄的雏鸽，多因皮肤或黏膜损伤引起感染，很快表现为局灶性坏死性炎症；有的鸽因腹部皮下炎性肿胀而使皮肤呈蓝紫色，触诊皮下有液体波动感。病程后期，病鸽可能出现皮下化脓性炎症，随后出现坏死性皮炎或全身性感染，食欲废绝，最后因体质衰竭而死，病程 1～2 周。

(3)关节炎型　常发生于青年鸽和成年鸽，发病鸽的趾关节和跗关节肿胀，跛行。病程较长，在 2 周以上。

(4)眼炎型　不同日龄鸽都可能发生。表现为上下眼睑肿胀、闭眼，眼内充满脓汁分泌物而发生眼黏合。结膜红肿，有的有肉芽肿，最后失明，直至因衰竭而死亡。

【病理变化】急性败血型死亡的幼鸽可见其胸腹部呈紫黑色浮肿，剪开皮肤后整个胸腹部皮下充血、溶血，积有大量粉红色或黄红色胶冻样水肿液。腿肌、胸肌有散在的出血斑点或条纹。肝、脾肿大，呈紫红色，病程较长者可见表面有大小不等的白色坏死点。心包积液，呈黄红色半透明状，心冠脂肪、心外膜有时可见出血。关节炎型病例，可见关节肿大，滑膜增厚并充血或出血，关节囊内有浆液性、纤维素性或脓性渗出物，关节周围结缔组织增生而使关节畸形。脐炎型病例病变与临床症状大致相同。

【诊断】根据疾病的流行特点、各型的临床症状及病理变化，一般可以做出初步诊断，而确诊必须通过实验室的细菌学检查。

【防治措施】做好经常性的预防工作，要防止鸽发生外伤，一旦出现外伤后，应做好消毒处理；需加强饲养管理工作，搞好鸽舍的卫生消毒工作；要选用合适的1～2种消毒药定期消毒；通过多种综合性措施，杀灭病原菌，以达到预防疾病的目的。

一旦鸽群发病，要迅速确诊，并分离病原菌进行药物敏感试验，选择敏感性高的药物给全群治疗，可收到较好的治疗效果。用于鸽群葡萄球菌病治疗的药物有：庆大霉素、卡那霉素、红霉素、土霉素、四环素、金霉素、链霉素、磺胺类药物等。

12. 鸽链球菌病

鸽链球菌病是由链球菌引起的一种急性或慢性传染病，急性型多呈败血症经过，慢性型表现多样。各种年龄的鸽均可感染，多数呈地方性流行。

【病原】本病的病原为链球菌，通常为兰氏(Lancefield)抗原血清群C群和D群的链球菌，革兰染色阳性球状菌，老龄培养物有时呈阴性。不形成芽孢，不能运动，呈单个、成对或成链存在。本菌属于兼性厌氧菌。在普通培养基上生长不良，在血液琼脂培养基上，生长成透明、圆形、光滑、隆起的露滴状小菌落，C群兽疫链球菌产生β溶血，D群链球菌呈α型溶血或不溶血。该菌主要侵害雏鸽，变异链球菌对鸽具有特殊的致病性，可导致鸽特别是雏鸽的败血症和死亡。本菌具有很强的致病力，对外界的抵抗力不强，一般60℃ 30分可将其杀死。常用消毒剂如5%石炭酸、2%甲醛、新洁尔灭等5～10分可将其杀死，对青霉素、磺胺类药物较敏感。

【流行特点】病鸽排出的病原污染环境后，通过消化道或呼吸道感染，也可经皮肤和黏膜伤口感染。新生鸽可通过脐带感染，种蛋被粪便污染，可造成晚期胚胎死亡及幼鸽出壳后虚弱带菌。本病的发生往往与饲养管理不当和应激因素有关，多发生于卫生差、通风不良、气候突变等条件下。本病发生无明显季节性，一般为散发或地方流行。发病率差异很大，病死率10%～20%，甚至更高。

【临床症状】不同日龄鸽的临床症状有所不同，最急性病例往往不表现症状或死前仅有几分钟的抽搐。

(1)乳鸽　多为急性经过。精神沉郁，羽毛松乱，呆立不动，怕冷；腹部膨大，脐部发炎，拉灰绿色稀粪；出现神经症状，痉挛，转圈，常因脱水或败血症而死亡。

(2)童鸽、青年鸽　主要表现为急性败血症症状。精神不振，喜卧嗜睡，体温升高，食欲废绝，腹泻；步履蹒跚，运动失调，最后全身痉挛，死亡呈角弓反张状。

(3)成年鸽　表现为慢性经过。呈关节炎型，趾关节和跗关节肿大，跛行，足底部皮肤和组织坏死；腹部膨大下垂，部分出现眼部症状。发病率30%～50%，死亡率低，但淘汰率高。

【病理变化】该病主要病变特征除了雏鸽的急性败血症病变外，兽疫链球菌和粪链球菌引起的急性病例，其病变基本相似，特征是肝脏肿大，被膜下有局限性密集的小出血点；脾脏肿大，呈紫黑色，有时出现坏死灶；肾脏肿大，皮下组织、心包可能有血红色积液；腹膜有浆液性或纤维素性渗出物；乳鸽可见到卵黄吸收不全，脐部发炎肿胀。有时出现喉头充血和有干酪样渗出物，气囊炎等。

【诊断】本病的发病特点、临床症状和病理变化与多种疾病相近似，所以他们只能作为疑似判断的依据，要进行确诊，必须依靠细菌的分离与鉴定。

【防治措施】加强饲养管理工作，严格执行鸽场兽医卫生措施，制定科学合理的消毒制度，加强病死鸽及鸽场环境的处理，从而更好地控制疫病的发生。治疗可选用青霉素、氨苄青霉素、新霉素、庆大霉素、卡那霉素、红霉素、土霉素、金霉素等抗菌药物治疗本病，必要时通过药敏试验筛选最敏感药物进行治疗，则效果更好。在治疗期间，应积极改善饲养管理，努力消除应激因素，才能使疗效更好。

三、肉鸽的寄生虫病

1. 鸽球虫病

鸽球虫病是由多种球虫引起的一种危害养鸽业的肠道寄生性原虫病，可引起腹泻（水样稀粪）、肠道充血或出血、消瘦、生长发育缓慢，严重时能造成大批死亡，给养鸽业带来巨大的经济损失。该病主要危害幼鸽，暴发后死亡率高，损失较大，而成年鸽多为亚临床感染。在国外，鸽球虫的感染普遍存在，感染率在 15.1%～71.9%；在我国仅安徽、云南、河南、上海等部分省市有报道。

【病原】鸽球虫属于孢子虫纲真球虫目艾美耳科艾美耳属。目前世界各国已报道的鸽艾美耳球虫有 8 个种，杨松(2012)报道在上海的肉鸽粪样中共发现了 5 种艾美耳球虫，即拉氏艾美耳球虫、卡氏艾美耳球虫、杜氏艾美耳球虫、鸽艾美耳球虫及原鸽艾美耳球虫。路光(1995)调查了安徽的 1 700 多只家鸽，鉴定出拉氏艾美耳球虫、热带艾美耳球虫。杨月中等(1998)对昆明地区鸽场的调查，也只发现了拉氏艾美耳球虫和热带艾美耳球虫。张晓根等(2000)对郑州肉鸽调查，鉴定出拉氏艾美耳球虫、卡氏艾美耳球虫和原鸽艾美耳球虫 3 种。其中国内外主要流行优势种为拉氏艾美耳球虫和原鸽艾美耳球虫。

【流行特点】鸽球虫病主要通过由病鸽粪污染的饲料、饮水由消化道感染。尤其是鸽舍潮湿、饲养密度大、气候温和更易促使本病的发生。幼鸽发病率、死亡率高，成鸽呈隐性感染，并不断向外排出卵囊，成为传染源。卵囊进入鸽的肠道后，通过繁殖，产生大量的未孢子化卵囊，同时破坏肠壁细胞造成损伤，发生不同程度的炎症从而发病。

【症状】鸽感染球虫病有亚临床型和急性型两种表现类型。

(1)亚临床型　又称无症状型，多见于成鸽或病愈鸽。这些鸽常有不同程度的带虫现象和低水平的抵抗力，在饲养管理及外部环境好的情况下不表现病状，但排出卵囊。

(2)急性型　易出现在 3 周龄左右、没有足够免疫力的童鸽、青年鸽中。患鸽排带黏液水样粪便，重者可见血性下痢，肛门周围有粪污，虚弱消瘦，精神倦怠，死亡率在 15%～17%。

【剖检】主要病变是小肠黏膜发炎充血、出血、坏死；肠内容物稀薄，呈绿色或红色；肝肿大或有黄色坏死点。

【诊断】通过流行病学调查、临床症状、剖检变化初步判断，确诊需要实验室检查。用漂浮法检查粪便，可发现卵囊。取粪便或小肠病变部刮取物少许，放在一张载玻片上，用生理盐水稀释或滴加甘油水溶液1～2滴调和均匀，去掉粗渣，加盖玻片，在显微镜下很容易观察到卵囊和大配子。但在许多情况下，病变是由成熟的裂殖体引起的。在小肠中存在成簇的大裂殖体是艾美尔球虫毒害后的特殊病症。

【预防】搞好本病的预防可以控制发生和流行。搞好鸽舍卫生，及时清除鸽粪和更换垫草，饲料及饮水避免被鸽粪污染，幼鸽和成鸽应分群饲养，及时隔离病鸽，进行治疗，供给充足营养，多喂富含维生素A、维生素B、维生素K的饲料，以减轻幼鸽发病程度。定期给鸽群投服预防性药物。

【治疗】治疗可以选用以下药物。

(1)氨丙啉　0.025%混合拌料，连喂4天。

(2)磺胺喹噁啉钠　0.03%饮水，连用3～5天。

(3)磺胺氯吡嗪钠　0.03%饮水，连用3～5天。

(4)地克珠利　每升水中添加0.1～0.2毫升(即每瓶20毫升对水200升)，连用3～5天。

(5)马杜拉霉素　0.000 5%拌料，用3～5天。

2. 鸽毛滴虫病

鸽毛滴虫病又称鸽口腔溃疡病，是鸽的一种常见原虫病，是对养鸽业危害较严重的疾病之一，给养鸽业造成严重经济损失。鸽毛滴虫寄生于鸽的上消化道，可引起鸽口腔黏膜溃疡，咽喉黏膜、消化道、肝脏等出现黄白色干酪样沉积物。呼吸困难，慢慢消瘦，最后衰竭而死亡。

【病原】属鞭毛虫纲毛滴虫科毛滴虫属的禽毛滴虫，是原生动物的单细胞鞭毛虫。显微镜下，毛滴虫呈梨形或椭圆形，长5～9微米，宽2～9微米，4根典型的游离的前鞭毛，一根轴刺延伸到虫体的后缘外，波动膜起始于虫体前端，终止于虫体后端稍前方。虫体透明、清亮，活体螺旋式翻动前进，纵二分裂繁殖。

【流行特点】任何品种、年龄的鸽及其他禽鸟均可发病。病鸽

(禽)是主要的传染源,其口腔溃疡病灶及唾液内聚集大量虫体,分泌物污染过的饮水和饲料,使健康鸽受到感染,成鸽通过接吻相互感染,种鸽可以通过哺喂而感染乳鸽,也可通过饮水及创伤感染。主要传染途径和寄生损害部位在消化道。一般情况下,成年鸽多为无症状的带虫者,幼鸽可出现严重发病及死亡。其他疾病和应激因素可成为本病的诱因。

【症状】本病潜伏期 4～14 天。根据侵害部位不同,可分为咽型、内脏型和脐型。7～12 日龄的幼鸽,口腔、咽喉和食管黏膜早期发红、粗糙,进一步大面积覆盖着黄白色干酪样物。病变很快扩散到嗉囊,最后因不能吃食、呼吸困难而饥饿、窒息死亡。病原也可通过未闭合的脐孔感染,形成皮下肿块,并可扩散到腹部,出现黄色干酪样坏死灶。成年鸽通常在喙角交界的口腔内侧有黄色干燥斑,病变可持续很长时间。成鸽往往带虫,但临床上不表现症状,会通过鸽乳传递幼鸽。

(1)咽型 是常见的对口腔黏膜危害最大的一型。患鸽因口腔受损而导致吞咽及呼吸困难,精神沉郁,消化紊乱,食欲减少,渴欲增加,排黄绿色稀粪,眼结膜、口黏膜发绀,雏鸽往往呈急性经过,短期内发生呼吸困难而死亡。

(2)内脏型 病鸽羽毛松乱,食欲不振,渴欲增加,有黄绿色黏液性腹泻,有时呼吸时张口伸颈,并伴有咳嗽喘气等症状。本病多发生于出壳 7～30 天的雏鸽、幼鸽。剖检:呼吸道症状与咽型相似;肝脏受侵害时表面有绿豆至玉米粒大、霉斑样放射形的脐状病变;肠型可见肠黏膜增厚,胰腺潮红肿大,盲肠肿大,内有豆腐渣样物质。

(3)脐型 是雏鸽脐口受感染所致。脐部红肿、发炎、切开可见干酪样物,不愿俯伏,病鸽精神呆滞,食欲减少,毛松,消瘦。

【病理变化】病鸽嘴角、咽,甚至食管上段黏膜有局灶性或弥漫性的黄白色、疏松样或脐状的干酪样物覆盖,表面粗糙不平,易剥离。病灶可扩展呈块状、长条状而堵塞食管。

【诊断】可根据咽型及内脏型的特征病变做出初步结论。最好是取喉部或嗉囊黏液涂片镜检,进行确诊。其方法是:用棉签拭取喉部黏液，在滴有生理盐水的玻片上涂抹，然后用显微镜检查，若有毛滴虫，可见到呈梨形、有4条鞭毛的虫体螺旋式运动。

鸽毛滴虫病与念珠菌病和维生素A缺乏症口腔症状相似，有时与念珠菌病合并感染，应加以鉴别诊断。念珠菌病的病理变化特征是病鸽口腔、食管甚至嗉囊黏膜表面形成乳白色膜，与黏膜结合牢固，不易剥离，膜的表面粗糙如地毯样。维生素A缺乏症的病理变化特征是病鸽口腔，食管甚至嗉囊表面形成白色小脓包突于黏膜表面，并在中心部形成凹陷。

【防治】毛滴虫病为肉鸽养殖常见病，以预防为主。平时定期检查鸽群口腔有无带虫，最好每年定期检查数次，怀疑有病者，取其口腔黏液进行镜检。在饲养管理上，成年鸽与童鸽应分开饲养，有条件的成年鸽单栏饲养，幼鸽小群饲养，并注意饲料及饮水卫生。定期检疫净化、消毒和及时预防性投药，是控制本病发生的有效措施。发病后立即隔离病鸽，对鸽舍及用具进行清洗消毒。

发病治疗：0.05%结晶紫溶液或0.05%硫酸铜溶液饮水1周；0.05%二甲硝咪唑水，连用7天，停服3天，再饮7天；0.05%甲硝唑溶液饮水3天，间隔3天，再饮3天；饲料中添加0.5%大蒜素，定期使用，预防和治疗效果也比较好。在治疗的同时，在饲料中添加一些维生素和抗生素，可以提高机体抵抗力，防止继发感染。对少数病鸽可采用手术疗法：用消毒棉签蘸取生理盐水，将病鸽口腔中的伪膜软化并轻轻剥离干净，然后涂以5%碘甘油，每天1次；同时可用甲硝唑或二甲硝咪唑直接投喂，每只半片，每天2次，连续3～5天。

3. 鸽蛔虫病

蛔虫是鸽体内最为常见的寄生虫，可引起鸽蛔虫病，各年龄段鸽均可感染发病，3月龄以下鸽较为易感。但随着年龄的增长，蛔虫的感染机会增多，感染率增高。发病原因是鸽吃了被虫卵污染过的饲料、饮水及泥土而引起。

【病原】本病病原为鸽蛔虫，属于线性动物门线虫纲。鸽蛔虫雄虫长50～70毫米，交合刺等长(1.2～1.9毫米)，雌虫长20～95毫米。鸽蛔虫属直接发育型，雌虫在小肠内产卵，随粪便排出体外，在适宜的条件下，经过17～18天，卵内形成幼虫，幼虫蜕皮后仍留在卵内，即为感染性幼虫。感染性虫卵在胃部或十二指肠孵出，虫体寄生于鸽十二指肠后部的小肠肠腔内，以后钻进肠黏膜，夺取营养物质，破坏肠壁细胞，影响肠的吸收转化功能，并产生有毒代谢产物，导致鸽发病以至死亡。

【流行特点】各种年龄的鸽均可发生，其中以刚分窝的幼鸽最易感。肉鸽只有食进具有感染性的虫卵才会患本病。饲料、饮水、保健砂、泥土、垫料等被带有虫卵的粪便污染，是本病的主要传播途径。

【症状】本病症状的轻重与感染蛔虫的多少有关。轻度蛔虫感染的鸽，常不表现症状；蛔虫较多时，鸽的生长速度、生产性能和食欲等会明显下降，病鸽表现为精神不振，食欲减退，贫血，消瘦，垂翅，啄食羽毛或异物，有时还会出现抽搐及头颈歪斜，甚至出现麻痹等症状。时间较长时，患鸽体重减轻，明显消瘦，感染严重的则表现为便秘与下痢交替，粪便中有时带血或黏液。

【剖检特征】剖检病鸽是诊断本病的主要方法。患鸽肠道苍白、肿胀，小肠上段黏膜损伤，肠道内可见有成串的粉丝状蛔虫，多者可达几百条，有的蛔虫可穿透肠壁，在体内其他器官、部位寄生，并由此导致腹膜炎，肝脏出现线状或点状坏死灶。

【预防】患鸽即使驱虫成功，其肠道机能仍大受影响，因此定期采取措施控制蛔虫的感染极其重要。首先，要避免鸽与粪便接触，清除的鸽粪应集中，成堆发酵以杀灭虫卵。清除鸽粪时，应尽量避免鸽粪污染饲料和饮水。注意饲料饮水卫生，乳鸽出壳后要及时更换巢盆的垫料，饮水器和饲槽要常消毒。其次，要定期进行驱虫，童鸽每3个月驱虫1次，成鸽每年驱虫1次

【治疗】可以选用以下药物驱虫。①盐酸左旋咪唑片，按25毫克/千克体重喂服群鸽。②丙硫咪唑按20毫克/千克体重，早晨空腹口服，也可拌于当天1/3的饲料中服用。③驱蛔灵（枸橼酸哌哔嗪）每天每只半片，晚上喂服，连用2次。④阿苯达唑预混剂每吨饲料500克拌料，仅用一次。用药同时，0.1%敌百虫溶液消毒场地。在驱虫后增加饲料营养，可添加维生素A尽快恢复肠道创伤。对鸽进

行驱虫前，要使鸽处于空腹或半空腹状态，或者在下午用半量饲料混药投服，以确保驱虫效果，最好隔1周再驱1次。

4. 鸽绦虫病

鸽绦虫病是肉鸽最常见的寄生虫病之一。寄生绦虫以头上的小钩和吸盘吸附在鸽肠壁上，鸽的消化吸收机能受到损害，病鸽逐渐消瘦、下痢，久之则影响生长发育和生产性能。

【病原】绦虫属于变形动物门的绦虫纲，寄生于我国家禽的绦虫都属于圆叶目的3个科(戴文科、双壳科和膜壳科)。鸽绦虫病最常见的是寄生在鸽的十二指肠的节片戴文绦虫和寄生在鸽小肠的四角赖利绦虫、棘沟赖利绦虫。绦虫是一种扁平、带状身体分节的寄生虫，虫体由头节和体节构成。虫头节上有吸盘附着在鸽的被寄生部位，呈黄白色，并从宿主(鸽)的肠道内容物中吸取营养物质和排出有害的产物，使鸽子的消化吸收机能紊乱。

【流行特点】绦虫生活史的特征是经过宿主的更换，需要1个或2个中间宿主参与。虫体每天都有一或数个孕卵节片从虫体的后端脱落，随鸽粪便排出体外而污染场地，为构成再次感染创造条件。节片戴文绦虫的中间宿主是蛐蜒和蜗牛等，四角赖利绦虫的中间宿主是蚂蚁。因此，地面散养青年鸽或种鸽容易感染发病，笼养种鸽发病率较低。

【临床症状】本病对幼鸽的感染率最高。轻微的绦虫感染，一般临床上无症状表现，所以该病长期不被人们所重视。重者下痢，粪便黏状或泡沫状，粪中常有脱离的绦虫体节，呈方形或长方形，白色不透明；患鸽精神萎靡，羽毛失去光泽且粗细不整；发育受阻，站立不稳，居于一角，消瘦无神；或有自两腿开始逐渐向全身其他部位扩展的麻痹，严重者可死亡。有的还会继发营养缺乏症和肠道的其他疾患。

【剖检特征】小肠内黏液增多、恶臭，黏膜增厚，有出血点，严重感染时，虫体可阻塞肠道。棘盘赖利绦虫感染时，肠壁上可见中央凹陷的结节，结节内含黄褐色干酪样物。

【诊断】在粪便中可找到白色米粒样的孕卵节片，夏季气温高时，可见节片向粪便周围蠕动，取此类孕节镜检，可发现大量虫卵。对部分重病鸽可做剖检诊断。

【预防】防治本病应经常清除粪便，并堆沤杀虫处理。尤其要注意周围环境卫生的改善，并不断清除鸽场周围的污物杂草和乱砖瓦砾，填平低洼潮湿地段，以减少甚至消灭蚂蚁、蜗牛等中间宿主。同时还应对鸽群定期驱虫，每年至少 1～2 次。

【治疗】①丙硫咪唑：每千克体重 20 毫克，一次内服。②硫双二氯酚（别丁）按鸽每千克体重 150～200 毫克拌料 1 次内服，4 天后再重复用药 1 次。（为慎重起见，在大群驱虫之前，最好做少批驱虫试验，然后全群驱虫）。③氯硝柳胺（灭绦灵），每千克体重 100～150 毫克，一次内服。④槟榔片，每只鸽用 1 克或按每千克体重 1～1.5 克槟榔片，煎汁后早上空腹灌服，可根据病情轻重再服 1 次。

5. 鸽虱病

虱属于节肢动物门昆虫纲食毛目，是家禽常见外寄生虫。它们寄生于禽的体表或附于羽毛、绒毛上，严重影响禽群健康和生产性能，常造成很大的经济损失。鸽虱病是由多种虱寄生在鸽体表，以羽毛、皮屑为食或吸血，对肉鸽养殖危害极大的一种体外寄生虫病。

【病原与生活史】虱是一种无翅昆虫，鸽虱有 11 种，常见的有长羽虱、大羽虱和绒毛虱。虱为半变态的昆虫，虫体小，长 0.5～0.6 毫米，头、胸、腹分界明显，体形扁宽或细长，雌虫产卵时借尾端的生殖足与副性腺分泌的分泌物将卵胶粘于羽毛的基部。卵期 1 周左右，稚虫在卵内发育完成之后，即顶开卵盖爬出。刚孵出的稚虫比成虫小得多，经 2～4 周 3～5 次蜕皮之后成为成虫。虱的卵发育至成虫一般需 1 个月左右。每一种虱都有它一定的宿主，但是一种宿主可能被数种虱寄生，而且各种虱在同一宿主体外常有一定的寄生部位。

【流行特点】虱是一种对不良环境条件抵抗力较差的昆虫，但其繁殖能力很强，1 只雌虫可产卵 12 万个。虱的寿命为几个月。若脱离开鸽体，则 2～5 天后死亡。鸽与鸽密切接触可相互传播，或通过公共用具间接传播。一年四季均可发生，但在秋冬季节，鸽羽毛较夏季的浓密，而羽毛下的温度和湿度适于羽虱的发育和繁殖，因而秋冬多发。

【症状】虱大量寄生时鸽很不安宁，啮食羽毛引起羽毛脱落，皮肤发痒，鸽子用喙啄羽毛，用爪去抓痒，造成皮肤机械性损伤，继发湿疹、丘疹、脓疮等细菌感染，严重时引起全身脱毛。由于不良刺激，鸽表现食欲不振，睡眠不安。长期刺激会导致鸽营养不良、贫血、皮肤感染、体质衰弱、消瘦等慢性病变，严重时可引起死亡。死鸽剖检之前，用浸了热水的黑色布覆在鸽体上，时间不长即可将黑布打开，可见灰白色或灰黑色的羽毛虱伏在黑布上，十分明显。

【诊断】根据明显的临床症状和发现大量羽虱、虱卵即可做出诊断。

【防治】平时应注意搞好鸽舍内、外环境卫生，用杀虫剂定期喷施笼具及周围环境，搞好饲养管理和鸽舍的通风干燥。对新引进的种鸽必须检疫，如发现有鸽虱寄生，应先隔离治疗，痊愈后才能混群饲养。坚持常给鸽洗浴，清洁皮肤，并定期在浴水中加入杀虫剂。在鸽虱流行的养鸽场，可选用0.02%胺丙畏、0.2%敌百虫水溶液、0.03%除虫菊酯、0.01%溴氰菊酯、0.01%氰戊菊酯等药液喷洒鸽舍、产蛋箱、地面及用具等，杀灭其上面的鸽虱。2%～5%烟叶煎剂或烟叶末，喷洒鸽身和巢箱，能杀死虱，且能维持很长时间不受虱的感染。

【治疗】

(1)沙浴法　50千克细沙内加入硫黄粉5千克，充分混匀，铺成10～20厘米厚，让鸽自行沙浴，以杀死羽虱。

(2)药浴法　治疗时最好天气暖和、无风，这样可避免鸽感冒。选择药品有以下几种：0.3%杀灭菊酯溶液、0.2%～0.3%敌百虫溶液、0.7%～1.0%氟化钠水溶液(为了增强氟化钠的效果，可加入0.3%肥皂水)、0.1%溴氰菊酯溶液、湿性硫黄溶液(配法是40千克水加可湿性硫黄180～300克)。各种灭虱药物对虱卵的杀灭效果均不理想，药浴治疗要求进行2次，间隔7～10天，以杀死新孵化出来的幼虱。在进行药浴的同时，还应用同样药物消毒鸽舍，以期较全面地扑杀羽虱。药浴时，将患鸽浸入药液中几秒，将羽毛浸湿。或者将上述药液喷洒于鸽羽毛中，并轻轻搓揉羽毛使药物分布均匀。在寒冷季节要选择温暖晴朗的天气进行。10天后需再治疗1次。

（3）撒粉法　将药物配成粉状，散布于鸽体有羽虱寄生处。常用的药物有：0.5%蝇毒磷撒粉，硫黄粉10克、滑石粉90克混匀，1%马拉硫磷撒粉，5%除虫菊酯粉。

6. 鸽螨病

鸽螨病是由蜱螨目的各科（刺皮螨科、疥螨科）螨虫寄生于鸽体表或表皮内（它们以吸血、咬食组织或羽毛为生）所引起的慢性皮肤病。以接触方式传播，能够引起宿主剧烈的痒感及各种类型的皮肤炎症。

【病原】寄生于鸽的螨常见有鸡刺皮螨、羽管螨、气囊螨、鳞足螨、体疥螨等。各种螨的体形构造相似，有4对足，虫体呈椭圆形或圆形，腹面扁平，有触须和口伸出体外。雌虫比雄虫大；雌虫排卵后，卵便逐渐孵出幼虫，经过1～2次蜕皮发育成若虫（螨没有性器官），再经2～3次蜕皮变为成虫。鸽是螨的常驻宿主。一般寄生于羽毛、羽毛囊、皮下组织和腿的鳞片下面。视种类不同，以吸血、咬食组织或羽毛为生。

【症状】由于螨的种类不同，其寄生部位和所引起的临床症状也不相同。

（1）鸡刺皮螨　也称红螨（血螨），是一种吸血螨，夜间宿在鸽体，白天逃离。对乳鸽和幼鸽危害大，引起夜间烦躁不安，造成贫血和生长受阻，使鸽的可视黏膜呈黄色（正常是鲜红色）。它也是鸽痘和血变原虫的主要传播者。

（2）体疥螨　寄生于鸽的腹部、背部、腿和尾部的皮肤内，致使皮肤产生似痂皮疥癣状皮疹。病鸽有明显的痒感，羽毛脱落，身体衰弱。

（3）鳞足螨　寄生在鸽腿部无毛处脚角质鳞下的组织中，以组织和体液为生，使皮肤发炎和增厚，形成石灰状的鳞状结痂，造成鸽走路困难。

（4）羽管螨　主要寄生在肉鸽翼羽和尾羽的羽管部。对鸽有轻微的损害，主要侵害换羽时的新生羽芽，影响羽毛生长。

(5)气囊螨　寄生在气囊和呼吸道，呈微细、光亮的沙粒状，寄生在气囊中容易被忽视。引起鸽食欲不振，发生气喘，频频打喷嚏，呼吸困难。气囊内还充满黏稠的液体。

【诊断】根据临床症状，在宿主体表或窝巢等处发现虫体即可确诊，但虫体较小且爬动很快，若不注意则不易发现。同时收集羽毛或组织样本，用低倍显微镜观察螨形态，进行分类鉴定。

【防治】预防上要经常保持鸽舍的干燥和清洁，定期消毒，在地面上撒布石灰防潮消毒。另外，夏季每隔4～6周、冬季每隔2～3个月，用0.5%敌百虫喷洒鸽舍1次，这是对付体外寄生虫的最好办法。

治疗可选用以下药物治疗：

(1)撒粉法　将药物配成粉状，散布于鸽体羽毛下。一般可用硫黄粉10克、滑石粉90克，混匀后撒布患处，连用3～5天。同时撒布在栖架、窝巢、鸽箱、墙壁和地面等处。

(2)水浴法　天气晴暖时采用，洗浴液可以选用：①0.22%～0.3%敌百虫溶液。②0.05%～0.1%杀灭菊酯乳油剂溶液。③硫黄62克，肥皂31克加温水(30～38℃)2.5千克，混均匀。④0.2%倍硫磷溶液。注意：浸浴时操作人员应带长橡皮手套；应在鸽喂足饮水后再进行水浴，水浴时间15分左右；洗浴容器最好用铅桶或塑料桶，将鸽逐只浸入水中，留出头部；隔1周后，再浸入1次。

(3)注射法　用0.03%蝇毒磷水乳剂、0.3%杀灭菊酯溶液、阿维菌素或伊维菌素，按每千克体重皮下注射0.2毫克。

(4)涂抹法　对石灰脚(即鳞足螨)的治疗，可先除净增生物(将病鸽的脚浸入温热的肥皂水中，使痂皮变软，除去痂皮)，用0.1%乐杀螨溶液涂擦患处等，或用20%硫黄软膏或2%石炭酸软膏涂擦患处，1天3次，连用3～5天；或每天用0.25%～0.5%倍硫磷溶液浸没腿部10分，连续浸至痊愈。

四、肉鸽营养代谢病

1. 蛋白质与氨基酸缺乏

蛋白质是构成肉鸽机体的主要成分，是各项生命活动的物质基础。如果肉鸽蛋白质长期摄入不足，正常代谢和生长发育便会受到影响。幼鸽时期，合成代谢旺盛，需要大量的蛋白质参与。蛋白质对于鸽的生物价值取决于氨基酸的组成种类，鸽生长发育需 12～13 种氨基酸。食物中的蛋白质必须经过肠胃道消化，分解成氨基酸才能被机体吸收利用，机体对蛋白质的需要实际就是对氨基酸的需要。吸收后的氨基酸只有在数量和种类上都能满足机体需要，才能利用它们合成自身的蛋白质。

【病因】饲料中的蛋白质与氨基酸的含量不足。肉鸽常用饲料中的蛋白质和氨基酸的含量有较大的差异。在谷物类饲料中蛋白质含量较少，营养价值不全，尤其是缺少蛋氨酸和赖氨酸，而动物性蛋白质饲料则蛋白质含量较高，氨基酸的种类较为完善，但肉鸽一般很少使用。如果饲料种类单一，日粮配合不合理，豆类使用较少，可造成蛋白质和氨基酸的缺乏。另外，肉鸽对蛋白质和氨基酸的需要量与龄期、生产性能以及环境温度和日粮能量水平等因素有密切关系。例如，幼鸽阶段、换羽期种鸽需要蛋白质和氨基酸较多。长期不变地使用某一配方，也会引起蛋白质与氨基酸的缺乏。

【临床症状】蛋白质缺乏会引起鸽生长缓慢，发育停滞，畏寒、体温低于正常，食欲减退，消瘦疲劳，体重减轻，贫血，繁殖力减弱或完全丧失，抗病力降低，外伤不易愈合，流血不止。公鸽的精子活力差，受精率和孵化率都偏低。精神沉郁，无力，运动过后呼吸困难且心率快。如蛋氨酸缺乏，可使胆碱或维生素 B_1 缺乏症恶化；赖氨酸缺乏，会引起某些品种的鸽羽毛色素沉着减少；精氨酸缺乏，会使翅膀羽毛向上卷曲，鸽羽毛蓬乱。

【病理变化】尸体剖检时发现多数病鸽消瘦，皮下脂肪消失，水肿，肌肉苍白、萎缩，血液稀薄且凝固不良，胸、腹腔和心包积液，全身几乎无脂肪，心脏冠状脂肪呈胶冻样。

【诊断】蛋白质缺乏症的诊断根据其临诊症状、日粮的蛋白质含量情况可以基本判定。判定时应注意日粮的配料是否单一，日粮单一是引起笼养鸽蛋白质缺乏症的重要原因。

【防治】防治本病的措施就是对症下药，配制营养全面的饲料，增加豆类原粮比例，避免只使用能量饲料。防止日粮单一造成蛋白质、氨基酸不平衡。赖氨酸和蛋氨酸是鸽自身不能合成的，需要在鸽日粮中添加一定的量，以利于蛋白质的有效利用。

2. 维生素缺乏

维生素是家禽生长和代谢所必需的一类营养素，其主要作用是控制和调节新陈代谢。维生素种类繁多，主要分为脂溶性维生素和水溶性维生素两大类。脂溶性维生素包括维生素 A、维生素 D、维生素 E 和维生素 K。而水溶性维生素有 B 族维生素和维生素 C。肉鸽对维生素的需要量极少，但对其生长健康关系却很大，无论鸽体缺乏哪一种维生素都会造成代谢机能障碍，抗病力下降，甚至死亡。

【病因】以下几种情况容易引起维生素缺乏：日粮中维生素含量不足，没有及时通过饮水补充；饲料在加工、储藏、运输和使用过程中，维生素遭受到不同程度的破坏；肉鸽某些生理阶段（如哺喂乳鸽）对维生素的需求量增加容易引起缺乏；肠道疾病使机体对维生素的吸收与利用受到影响，引起缺乏症。各种维生素按其性质不同，来源也不相同，缺乏的症状也不一样。

【维生素 A 缺乏】维生素 A 是鸽生长和修复上皮细胞所必需的营养物质，属脂溶性维生素。缺乏时鸽表现为精神委顿，食欲不振，生长发育不良（消瘦），视觉障碍（干眼，夜盲等症状）。呼吸道和泌尿道黏膜受损害。幼鸽维生素 A 缺乏时易引起肾脏机能障碍，尿酸盐不能正常排泄，造成尿酸盐沉积。防治：可用鱼肝油，每只每次 1～2 滴，连喂 3～4 天，一般即可恢复。平时的预防应注意经常喂饲富含维生素 A 的饲料，或在保健砂中添加复合维生素。肉鸽饲料中含有维生素 A 较多的为黄玉米。

【维生素 D 缺乏】维生素 D 能促进机体对钙的吸收，当维生素 D

缺乏时，鸽体钙、磷代谢障碍，幼鸽发生佝偻病（或软骨病）。维生素D缺乏症主要多发于乳鸽，最早的在10日龄左右出现症状，大多在1月龄前后表现明显，病鸽表现生长停滞，体质虚弱，骨骼发育不良，两腿无力，行走不稳或不能站立，腿骨变软、变脆，易骨折，喙和趾变软，易弯曲。成年鸽缺乏维生素D时主要表现为产蛋减少甚至停产，蛋壳变薄，或经常产软壳蛋，种蛋孵化率降低。少数鸽在产蛋后，往往腿软不能站立。防治：可把维生素D混入饲料中饲喂，另外具有代谢活性的维生素D可经紫外线照射，在皮肤中形成。所以应经常让幼鸽接受日光照射，以防本病发生。治疗佝偻病的幼鸽，可一次喂给维生素D 15 000国际单位。

【维生素E缺乏】维生素E又名生育酚，种鸽维生素E缺乏症表现为繁殖力及所产蛋的孵化率会下降，严重的失去生殖能力，幼鸽会出现类似缺硒的脑软化症和皮下水肿。防治：对不太严重的鸽，如果能及时补充维生素E和硒制剂，则收效较快，对患脑软化症治疗效果不明显。平时在饲料中多添加青饲料、豌豆、发芽的谷类、发芽的小麦等，尽量利用自然来源补给会更好。

【维生素K】维生素K是鸽体内合成凝血酶所必需的物质，是维持血液正常凝固性必不可少的物质，因鸽不能像其他家禽那样在肠道中大量合成，因此易导致维生素K缺乏。维生素K缺乏主要表现为全身性机能障碍，贫血，排血样稀粪。此病多发于雏鸽，当患病鸽有外伤时，血流不止，血色淡，稀薄，有的因流血不止而死亡。防治：病鸽及时补给维生素K，可使凝血功能很快恢复正常，但贫血症状恢复较慢，除需要长期注意补给外，还需要加强饲养管理。维生素K在小麦、大豆、小豆、葵花籽、青饲料中含量较多。

【维生素B_1缺乏】维生素B_1（硫氨素）是鸽体内碳水化合物代谢过程中的重要辅酶。缺乏此维生素的病鸽初期趾的伸肌麻痹，随病程发展，腿、颈、翅的伸肌痉挛，颈向后极度弯曲呈“观星”状，两腿软弱无力，此病症幼鸽较多。维生素B_1含量较多的饲料有大豆、花生、米糠和麦麸。

【维生素B_2缺乏】维生素B_2（核黄素）在碱性环境中可被光破

坏，对热和酸是相对稳定的。维生素 B_2 与蛋白质、脂肪和碳水化合物的代谢有密切的关系，能促进鸽的生长发育，提高鸽蛋受精率。缺乏时会使幼鸽食欲下降，生长停滞，足部神经麻痹。此物质在小米，大豆，青绿饲料中含量较多。

【维生素 B_3 缺乏】维生素 B_3（泛酸）在自然界中分布较广，是一种重要的辅酶组成成分。泛酸缺乏时能引起皮炎，局部的痂块样损伤，特别是在嘴角和眼角边缘。此物质在麦胚，米糠中含量丰富。

【维生素 B_{12} 缺乏】维生素 B_{12}（钴胺素）是一种含有金属元素的维生素，参与碳水化合物与脂肪的代谢，它有刺激骨髓造血的功能。此物质缺乏的雏鸽生长缓慢，食欲欠佳，受精率降低。

【维生素 C 缺乏】鸽体内可以自行制造所需的维生素 C，一般不需特殊的补充。但如果饲料加工不当或遇热性病，则可能发生维生素 C 的不足和缺乏症。主要表现为精神食欲不振，进行性消瘦，贫血及关节炎。防治：维生素 C 缺乏症一般采取对症治疗法，如吃大量的绿色食物，供应糖水，添加酵母粉等，必要时可直接补给维生素 C。

3. 钙磷缺乏症

钙和磷是构成鸽骨骼的主要部分，缺乏时则会患软骨病症，生长缓慢，产软壳蛋、薄壳蛋或砂壳蛋。

【病因】肉鸽的钙、磷补充主要通过保健砂来完成。肉鸽所需的钙质主要来源于保健砂中添加的骨粉、贝壳粉、石粉等，磷主要来源于保健砂中的骨粉、磷酸氢钙。保健砂中钙磷缺乏、钙磷比例不当、维生素 D 缺乏都会引起钙、磷的缺乏。

【临床症状】乳鸽缺钙一般表现为生长发育迟缓，骨骼发育不良，质脆易折断，或变软易弯曲，尤其是腿骨，严重时两腿变形外展，关节肿大，站立不稳，胸廓也变形，与维生素 D 缺乏症相似。此外，血液中血红蛋白和红细胞减少，物质代谢受阻，甚至发生瘫痪或因心肌衰竭、组织出血而死亡。

产蛋鸽缺钙主要表现为采食、产蛋减少，蛋壳变薄、易破，蛋壳上有钙质颗粒，蛋的两端粗糙，严重时产软壳蛋、砂壳蛋，骨质变脆，易骨折。

鸽缺磷时主要表现为厌食、倦怠,生长发育迟缓,骨骼发育不良,严重时的表现与钙缺乏症相似。

【防治措施】预防鸽钙、磷缺乏症的关键在于加强饲养管理,调整饲料中营养成分的比例,保证日粮中钙、磷的供给量,同时调整好钙、磷的比例。可在保健砂中添加鱼粉、骨粉或贝壳粉,以保证钙的含量。此外,可于饲料中适当添加维生素 D,必要时酌情放入适量的鱼肝油,有条件的可让其多晒太阳。

在防治钙缺乏症时,应同时注意防止钙质过多。注意调整保健砂中的含磷量,在补钙的同时要重点补磷,以骨粉、磷酸氢钙等较为适宜。但防治中也应注意避免磷过量,如过量往往会妨碍机体对钙的吸收利用。

4. 微量元素缺乏

微量元素有铁、铜、锰、锌、硒、碘等,主要分布在肌肉、软组织及体液中。对维持鸽正常的生命活动、生长发育与繁殖,与氨基酸、维生素一样都极为重要。当这些元素某一种缺乏或长时间不能满足时,都会引起鸽体不同程度的疾病。

【铁缺乏症】铁是构成血红蛋白、肌红蛋白、细胞染色质及某些组织酶的主要成分之一。缺铁时可引起贫血。正常情况下不易缺乏,但在鸽生长发育期、哺乳期、产卵期需铁量增加,或患寄生虫病、肠道吸收机能障碍时,铁摄入少,常发生缺铁症。铁缺乏时常见鸽的喙、爪等无毛区苍白,食欲降低,生长缓慢,羽毛无光泽。重症者伴有呼吸困难、心率加快、抗病力下降,由于贫血导致死亡。治疗与预防可服用 0.3 克/片的硫酸亚铁,每 60 羽 1 片,每天 1 次,连服 5～10 天为 1 个疗程。

【锰缺乏症】锰与钙、磷代谢、骨骼发育、蛋壳形成有关,是骨骼与肌腱正常发育不可缺少的微量元素。锰缺乏时,可引起幼鸽跟腱滑落,骨骼发育不良,使鸽变得短而粗,关节增大。成鸽体重减轻,种蛋孵化率降低,胚胎呈现软骨营养障碍,大多有明显的水肿,这类胚胎于出壳前 1～2 天出现死亡高峰。防治:添加富含锰的米糠、麸皮等饲料。锰主要来源于氧化锰和硫酸锰。

【铜缺乏症】铜在机体的主要作用是作为某些酶的成分，对血红蛋白的合或起催化作用，促进对铁的吸收。铜对糖代谢也有影响。缺铁、缺铜均导致贫血、食欲不振、消化紊乱、异嗜症。深颜色的羽毛逐步褪色，生长不良。预防措施是在保健砂中或饮水中补充硫酸铜。

【锌缺乏症】锌主要存在于谷物及一些果实中。正常时鸽不会缺锌，但在生命的某一时期，锌需要增加，会引起缺锌。缺锌时雏鸽食欲不振，生长迟缓，羽毛生长不良、易断、易碎或发生卷曲，跗关节肿大及出现鳞片状皮肤。种鸽生软壳蛋或薄壳蛋，生产能力降低，孵化死胚多，破壳困难。锌缺乏会引起鸽食欲不振，生长迟缓。防治：以硫酸锌的形式，添加在保健砂中。保健砂中应补充骨粉、鱼粉，供鸽自由取食。改变饲料配比，增加小麦的比例。

【碘缺乏症】碘是有很高生物活性的一种微量元素，是甲状腺形成甲状腺素所必需的成分。甲状腺素是一种含碘氨基酸，具有调节机体代谢和全身氧化过程的作用。甲状腺分泌不正常，易造成缺碘症。碘缺乏时基础代谢下降，幼鸽生长发育受阻，蛋白质、糖类、脂肪和矿物质代谢紊乱，对传染病抵抗力降低。鸽嗜睡，不愿意活动，无力，易疲劳。病鸽甲状腺肥大、黏液性水肿，羽毛成花边状，蛋重及孵化率都降低。防治：使用碘盐或以碘化钾和碘酸钙的形式，添加在保健砂中。

【硒缺乏症】硒是谷胱甘肽过氧化物酶的构成部分，其主要来源是亚硒酸钠和硒酸钠，缺乏时会严重影响鸽的纯系繁殖。鸽体缺乏硒，与缺乏维生素 E 的症状相似，能引起白肌病和营养性肝坏死。雏鸽胸腹皮下水肿，生长停滞，繁殖机能紊乱。防治：常用亚硒酸钠添加于保健砂中。

【钴缺乏症】钴是动物生命中不可缺少的物质，是血红蛋白形成和机体代谢所必需的微量元素。钴缺乏时，引起抗贫血因子维生素 B_{12} 合成不足，并对神经和内分泌系统有不良的影响，引起严重的营养障碍。如果饲料单调，易造成钴缺乏。缺钴时鸽贫血，羽毛无光泽，无力，异嗜，生产能力和繁殖力下降，幼鸽生长发育受阻。治疗与预防可将 0.3%氯化钴溶液放于饮水中，每羽每天 0.5～1 毫升，连用15天。或将氯化钴与其他微量元素按比例配制，放于保健砂中，供鸽自由服用。

五、肉鸽普通病

1. 肉鸽啄癖

肉鸽啄癖在养鸽生产中时有发生，其啄癖程度因不同状况而有所不同。啄癖出现主要是因为保健砂配制不当、饲养管理不良、饲料搭配不科学以及环境条件恶劣等原因引起。肉鸽啄癖主要表现为啄羽、啄头、啄蛋、啄鼻、啄趾，亲鸽啄刚长出羽毛的幼鸽，造成乳鸽羽毛生长不良，严重影响出栏销售和留种，给肉鸽生产造成不同程度的损失。

【病因】

（1）营养因素　工厂化、集约化养鸽，限制了鸽的户外活动和择食需要，鸽生长、发育、繁殖所需要的营养素完全需要通过日粮和保健砂来提供，一旦饲料、保健砂配制不科学，使用方法不当，就会产生啄癖现象。鸽日粮搭配不科学，玉米所占比例较大，豌豆所占比例较少，缺乏蛋白质和含硫氨基酸，容易引起啄癖。饲料或保健砂中缺乏某些维生素、某些微量元素，或钙、磷比例失调也容易引起鸽子啄癖。鸽处于产蛋旺季，如春季，饲料和保健砂中蛋白质和钙、磷含量不足，也容易诱发啄癖的发生。与其他家禽相比，鸽特别需要食盐，以补充体内必要元素，增强食欲，促进新陈代谢。如果保健砂中不加食盐，往往会引起鸽的啄癖现象。

（2）环境因素　鸽舍温度过高、天气骤变以及卫生条件不好等原因，造成环境不舒适，从而诱发啄癖。鸽舍密度过大、通风不良、饲养环境太嘈杂等多种不良环境都能使肉鸽精神紧张、烦躁不安、无法休息，从而造成啄癖。一些养鸽户为了提高产蛋率和受精率，长时间地增加光照时间或使用过强照明光线，也会引起鸽啄癖现象。

（3）疾病因素　体表寄生虫的叮咬刺激，皮肤外伤感染以及禽痘、坏死性皮炎等皮肤传染病都可以造成啄癖。

(4)遗传因素　某些品种或个体斗性较强，雄鸽驭妻性强，常常发生啄斗其他个体。

【临床症状】

(1)啄羽　患鸽神态不安，时而啄自身羽毛，时而啄其他鸽的羽毛，甚至背部、尾部羽毛被啄光，皮肤裸露。幼鸽羽毛生长不良。

(2)啄头　常发于公鸽对母鸽的啄癖，造成母鸽头部羽毛脱落，皮肤受损，甚至啄破脑壳。

(3)啄蛋　母鸽产蛋后，自己立即啄食，或被其他鸽抢啄食，尤其产薄壳蛋或软壳蛋时，抢食更为严重。

(4)啄鼻　病鸽相互啄鼻，致使鼻端破伤出血，鼻道发炎，炎性分泌物阻塞鼻腔，呈现呼吸困难。

(5)啄趾　患鸽食欲不佳，烦躁不安，时而啄自己的趾，时而啄其他鸽的趾，使趾破伤出血，甚至发炎、溃烂，呈现跛行，或卧地不起。

【预防】保持鸽舍清静，搞好清洁卫生，营造舒适安宁环境。保持灯光稳定，光线柔和。鸽每天光照16小时为宜。科学搭配日粮，科学配制保健砂，在饮水中添加维生素，尽量给鸽日喂三餐，日喂两餐时必须保证每餐饲料量充足。因为羽毛中含硫氨基酸特别丰富，最易引起啄癖。在饲料中掺入1.5%～3%的生石膏粉(硫酸钙)，即可有效地控制缺硫引起的“食羽癖”，并可加速鸽群换羽。

2. 鸽眼炎

鸽眼炎症是指鸽的结膜炎和角膜炎等炎症。本病多见于幼鸽。

【病因】鸽眼炎的发病原因有：①换羽季节或冬秋干燥季节以及饲养密度太大，给料时鸽群惊食而扬起飞尘进入眼内。②不同月龄的鸽混养在一起，大鸽欺侮小鸽，强鸽啄咬弱小鸽，啄伤眼睛，感染发炎。③大龄公母不分栏饲养，常见几只公鸽为争夺母鸽打架，啄伤眼睛。④某些疾病，如维生素A缺乏症、线虫刺激眼睛等也可造成眼炎。⑤鸽眼遭受有刺激的气体与气流的侵害。上述原因引起的眼炎与某些传染病如鸟疫、败血支原体病等的眼炎不同，它们一般不会引起鸽的全身症状和病变。

【临床症状】本病多见于1～3月龄的鸽，常仅发生于一侧眼睛。

病初表现眼无神，眼圈湿润，眼睑肿胀，眼结膜充血、潮红或见有伤痕，流眼泪，后变成黏液性或脓性分泌物，眼睑黏液增多以致封闭眼睛。如把眼睑翻开，即可见黄色块状分泌物。有时还会引起不同程度的角膜混浊和缺损，即角膜表面有一层云雾状灰白色斑，影响视力，严重的角膜糜烂，穿孔失明，有的眼球突出，最后导致眼球萎缩。病鸽还表现因眼睛不适而在背部羽毛上摩擦，或用脚趾抓眼，造成眼附近羽毛脏湿，鼻瘤污秽。一般呈良性经过，失明者甚少。如治疗及时、恰当，则数天可愈。

【防治】无论是结膜炎或角膜炎，应分析和查找引起的病因，然后采取相应措施。主要是保持鸽舍的环境卫生，保持空气清新，防止尘土飞扬；加强饲养管理，采取积极有效方法，以杜绝或减少一切可能引起眼炎症的因子出现；饲料营养要合理搭配，特别要合理补充维生素 A。

治疗本病可采用以下方法：①对病鸽可用 1%盐水洗眼，清除眼内分泌物，再涂上四环素眼膏，每天 2～3 次；也可用 2%硼酸水冲洗眼的患部，先把眼内污物冲洗掉，再涂上金霉素眼膏，反复冲洗涂药，直至治愈。另外再口服鱼肝油 2 滴，以增加维生素 A、维生素 D 用量。②可用醋酸可的松眼药水或氯霉素眼药水滴眼，每天数次。③若鸽群中有较多个体发生单纯性眼炎，可试用：菊花 7 克，谷精草 8 克，夏枯草 8 克，刺蒺藜 8 克，夜明砂 7 克，龙胆草 8 克，青葙子 8 克，甘草 4 克，煎水供 10 只成年鸽饮用，每天 1 剂，连服 3～5 剂。

3. 嗉囊炎

通常讲的嗉囊炎有软嗉病、硬嗉病和嗉囊积液，病程有急性和慢性之分。因嗉囊创伤或病原微生物感染，以及采食一些难以消化的食物等导致。也可继发于口炎、食管炎或毛滴虫、念珠菌等病。手触嗉囊有局部温度升高和痛感，患病鸽精神不振或不安，不愿采食和饮水，严重时还可出现呼吸困难等症状。

【病因】

(1)细菌感染　肉鸽所采食的日粮有轻微霉变或饮水被沙门菌、大肠杆菌等污染。鸽群精神状态尚好，采食、饮水正常，但有部分鸽出现呕吐、泄泻现象，粪便恶臭。如不及时采取措施则可能导致软嗉囊病的发生。

（2）消化不良　短期断料（1～2 天）后恢复喂料，一次采食过多，而饮水又相对不足以至发生硬嗉病。或误食发霉变质的饲料，不易消化的羽毛等。

（3）长途运输　青年鸽引种经过长途运输所发生的嗉囊炎是由于运输笼拥挤产生的应激反应，车厢环境闷热影响到青年鸽的消化功能，致使饲料滞留在嗉囊里发酵、发酸、发臭，欧洲人称酸腐嗉囊炎，日本人称为嗉囊滞留症。

（4）病毒感染　嗉囊炎也可继发于某些病毒性传染病（腺病毒、新城疫）。因为腺病毒时下很难确诊。所以哪一类嗉囊炎是腺病毒的并发症也是无法确诊的。

（5）嗉囊积液　往往是由于采食高盐、高钙保健砂，使鸽子频繁饮水导致积液。

【临床症状】

（1）硬嗉病　患鸽精神沉郁，食欲减退或废绝，饮欲增加，口中发出酸臭味，不愿活动；嗉囊膨起，内部充满食物，触之有坚实感。有的病鸽张口有恶臭的液体流出，因扩张的嗉囊压迫气管而出现呼吸困难，最后因消化及呼吸障碍而死亡。

（2）软嗉病　病鸽精神委顿、食欲减少或废绝，口渴、羽毛粗乱、竖立，常坐着打呵欠。由于嗉囊内的饲料发酵产气，致嗉囊膨胀，突出于颈的下方。嗉囊内食物不多，但充满液体和气体，常从口鼻流出污黄色含有气泡且恶臭的浆液和黏液，并发出酸败气味。严重的病鸽，头颈部反复伸直，下咽困难，频频张嘴，呼吸极度困难，在病的过程中，由于消化紊乱，营养代谢障碍而迅速消瘦衰竭，往往窒息而死。

本病大多呈急性经过，快的数小时死亡。如病期延长，则转变为慢性，嗉囊常常膨大而下垂。

（3）嗉囊积液　手触患鸽的嗉囊有波动感，患病鸽精神不振、食欲不佳、口气酸臭。继发传染病或寄生虫病的患病鸽还可出现呼吸困难、运动失调等症状。

【病理剖解】手触嗉囊犹如面团，按摩嗉囊时可从嗉囊挤出酸臭液体，或有臭味的气体。硬嗉病对病死鸽剖检发现，嗉囊中有大量粗硬、干燥的粒料堆积，内容物坚实，嗉囊壁弛缓而胀满。

【防治】软嗉囊鸽只要把发酵食糜倒空以后清洗嗉囊就可以了。硬嗉病鸽需要隔离饲养、饿食一天，等消化完了再进食。如没有消化，用矿泉水灌入嗉囊，用手指按摩嗉囊内的积食，捏散嗉囊内已发酵的食糜，使之软化成糊状，然后倒提鸽子，鸽头向下，手掌压迫嗉囊将积食全部挤出。嗉囊积食排除以后，用2%硼酸水或苏打水用针筒注入嗉囊反复冲洗，并停水、禁食24小时。第二天早晨喂容易消化的食物，如用开水泡软的面包、糙米等小颗粒饲料，并控食1周。

手术疗法：如嗉囊里的食糜捏不散，倒不出，就用手术治疗。先在嗉囊外部拔掉一撮羽毛，用酒精在皮肤上消毒，再用手术刀把嗉囊切一个2厘米长的切口，轻轻把食糜挖出来，挖空以后清洗嗉囊、缝针，先缝里层，再缝外层。术后禁食24小时，以后喂以易消化食物。

为了恢复肉鸽的消化功能，可灌服“异功散”。方剂组成及用法：党参30克、炒白术30克，茯苓30克，陈皮30克，炙甘草15克。用法：水煎2次，混合药液，候温灌服(此为100羽肉鸽的用量，每毫升含生药1克)。1剂/天，连用3天。功效：益气健脾，行气化滞。

六、肉鸽中毒病

1. 食盐中毒

食盐是鸽体重要的组成成分，也是肉鸽日粮中不可缺少的成分，它在维持机体的水盐代谢平衡，渗透压稳定及体液的酸碱平衡中起重要作用。鸽对食盐的需要量，一般占日粮的0.3%～0.5%，通过添加在保健砂中供给。缺乏食盐时会食欲不振，采食减少，饲料消化利用率降低，常发生啄癖，雏鸽和青年鸽生长发育不良，亲鸽产蛋减少。当肉鸽食入过量的食盐时，会很快出现严重的毒性反应，尤其以幼鸽更为敏感。

【病因】保健砂中含盐量过高(一般添加量为4%～5%)，如保健砂原料混合不均，肉鸽饮水不足，都可造成食盐中毒。

【临床症状】轻度中毒，肉鸽饮欲增加，大量饮水，粪便稀薄，常可见粪便中有水淌出；重度中毒，病鸽精神沉郁，食欲废绝，饮欲增加，不停的喝水，从口鼻流出大量黏液，嗉囊胀大，站立不稳或瘫痪在地，病后期常出现昏迷、呼吸困难及头颈弯曲、仰卧抽搐等神经症状。最后因呼吸衰竭、脱水而死亡。

【病理变化】病鸽皮下组织水肿，心包积液，肺水肿，腹腔积液，胃肠道黏膜充血、出血，肾脏和输尿管有尿酸盐沉积，脑膜血管充血。

【诊断】根据病史调查、临床症状、饲养管理情况及病理变化等一般可以做出初步诊断，确诊必须依据实验室化验饲料、保健砂。

【防治措施】如果怀疑鸽发生了食盐中毒，应该立即停喂所用的饲料和查验饮水情况，并将饲料样品送往相关部门进行化验。轻度中毒时，应供给病鸽充足饮水，在饮水中加入5%的葡萄糖和适量的维生素C制剂，以利解毒。一般可迅速恢复正常。重度中毒的急性病例，可用20%安钠咖液肌内注射，剂量为每只0.1～0.2毫升。

2. 有机磷农药中毒

由于农药的普遍应用，有机磷中毒不断发生。当鸽误食稍多的喷有有机磷农药的种子或作物时，会引起中毒。最急性中毒往往突然死亡。有机磷主要使副交感神经过度兴奋，故中毒鸽表现大量流涎、流泪、流涕，下痢，呼吸加快等。

【病因】有机磷中毒的发生原因主要有以下几方面：使用被有机磷污染的饲料或水源；饲喂刚施药不久便收获的作物饲料；体外驱虫选药不当或用量过大，施药不得法等。

【临床症状】急性中毒时，表现无目的地飞动或奔走，食欲下降或废绝，流泪或流涎，瞳孔缩小，呼吸困难，可视黏膜暗红，精神沉郁，颤抖，排粪频繁，头颈不由自主地向腹部弯曲。后期不能站立，抽搐，昏迷，最后衰竭死亡。

【剖检】死亡肉鸽可见皮下或肌肉有点状出血，上消化道内容物有大蒜味，胃肠黏膜有炎症；喉、气管内充满带气泡的黏液，腹腔积液，肝、肾土黄色，肺淤血、水肿，心肌及心冠有出血点。

【防治】鸽场应注意有机磷农药的保管、储存、使用方法、使用剂量及安全的要求。鸽场及附近使用此类农药时，要严防饲料和饮水受农药的污染。鸽舍内灭蚊时，注意不可使用敌敌畏等强毒农药，应选用天然除虫剂一类的灭蚊药，消灭鸽虱、鸽螨时，也要尽可能不使用敌百虫等。

一旦发生急性中毒，应及时采取措施。应立即停止使用可疑的饲料和饮水，并内服催吐药或切开嗉囊，排出含毒饲料，灌服 0.1%硫酸铜或 0.1%高锰酸钾，或使用颠茄酊喂服 0.01～0.1 毫升。也可用植物油、蓖麻油或石蜡油等泻剂，促进拉稀来排毒，以缓解中毒症状。对个别中毒严重的鸽，可注射特效解毒药：解磷定按每千克体重 0.2～0.5 毫升，一次肌内注射；25%氯磷定，每只鸽 1 毫升；肌内注射硫酸阿托品，每只鸽 0.1～0.2 毫升，可缓解肠道痉挛和瞳孔缩小。对还未出现症状的鸽，也可口服阿托品片加以预防。另外，饲料中增加多种维生素添加剂，并用维生素 C 和葡萄糖液饮水，有助于机体康复。

3. 一氧化碳中毒

一氧化碳俗称煤气，是由于煤炭或木炭在氧气供应不足的状态下，不完全燃烧所产生的。本病多见于北方冬季肉鸽养殖，特别是乳鸽人工哺喂鸽舍。一氧化碳与血红蛋白的亲和力比氧与血红蛋白的亲和力高 200～300 倍，所以一氧化碳极易与血红蛋白结合，形成碳氧血红蛋白，使血红蛋白丧失携氧的能力和作用，造成组织窒息。对全身的组织细胞均有毒性作用，尤其对大脑皮质的影响最为严重。

【病因】一氧化碳是无色、无味、无刺激性气体。我国北方，在环境温度较低的冬季或早春，鸽舍和育肥舍常用煤炉或木炭炉保温时，由于门窗紧闭无通风口、通风不良，或烟囱堵塞、倒烟，或暖炕裂缝等原因，导致鸽舍内空气中一氧化碳浓度过高，雏鸽饲养在此环境中最易中毒。一般情况下，只要空气中含有 0.1%～0.2%的一氧化碳，就会引起中毒；一氧化碳含量超过 3%时，可使肉鸽急性中毒而窒息死亡。如果肉鸽长期饲养在低浓度的一氧化碳气体环境中，易造成生长迟缓、免疫功能下降。

【临床症状】重度中毒者，其体内碳氧血红蛋白可达50%，病鸽表现烦躁不安，不久转入呆立、昏睡或瘫痪，呼吸困难，头向后仰，死前发生痉挛和惊厥；若不及时救治，则导致呼吸和心脏麻痹死亡。轻度中毒者，其体内碳氧血红蛋白达到30%，病鸽呈现呕吐、咳嗽、流泪、心跳加快、呼吸困难，此时，如能让其呼吸新鲜空气，不经任何治疗即可得到康复。如若环境空气未彻底改善，则转入亚急性或慢性中毒，病鸽表现精神沉郁，不活跃，食欲减退，羽毛蓬松，生长缓慢，容易诱发上呼吸道和其他群发病。

【病理变化】剖检可见血管和各脏器内的血液呈鲜红色，尤其是肺、心均呈樱桃红色，各脏器表面尤其是肝、脾、心、肺和血管有点状小出血点。若病程长、慢性中毒者，则其心、肝、脾等器官体积增大，有时可发现心肌纤维坏死，大脑有组织学改变。

【诊断】根据鸽舍冬季生煤火炉排烟不良，人入内即有头昏感及临诊上群发症状和病理变化即可诊断。如能化验病鸽血液内的碳氧血红蛋白则更有助于本病的确诊。

【防治】发现中毒时，最好迅速将鸽群转移到另一间空气新鲜、温度适宜的舍内。无此条件时，要迅速打开门窗换气，同时抢修煤炉，解决供暖问题。严重中毒者，也可皮下注射少量生理盐水或5%葡萄糖溶液以及强心剂对症治疗。本病主要在于预防。鸽舍和人工哺喂育肥室应有通风或空调设备和取暖装置，以保持通风良好、温度适宜。

4. 高锰酸钾中毒

高锰酸钾是肉鸽养殖场常用的消毒剂，用于食槽、饮水器、孵化巢盆的消毒，也可以用于肉鸽洗澡水消毒、肉鸽外伤伤口清洗消毒。在饮水中加入适量高锰酸钾可以达到饮水消毒目的，预防肠炎拉稀。生产中，如果肉鸽饮用高浓度高锰酸钾溶液，会对消化道产生刺激和腐蚀作用，甚至引起中毒症状。

【病因】引起高锰酸钾中毒的原因，多是通过内服途径造成的。肉鸽洗澡水中高锰酸钾浓度过高(0.05%为宜)，出现误饮，饮水中浓度过高，高锰酸钾水饮用水过于频繁或长期饮用，配制饮水时，药物未完全溶解而饮用等。

【症状】肉鸽高锰酸钾中毒症状为：羽毛蓬松、脚软、头颈伸长至笼底，鼻瘤污秽潮湿、色泽暗淡，大群鸽精神沉郁，食欲明显下降甚至废绝。大多数肉鸽表现不同程度腹泻，嘴角流有黏液，嗉囊附近羽毛潮湿。病鸽死亡前大多表现呼吸困难。

【病理剖检】剖检可见消化道黏膜（特别是食管、嗉囊）深褐色或黑褐色，严重时形成弥漫性或局灶性溃疡或腐烂，有的还有出血斑点。口腔、舌、咽部呈褐色，食管、嗉囊，甚至腺胃黏膜也被腐蚀和出现不同程度出血，严重病鸽嗉囊黏膜腐烂变黑甚至穿孔。

【诊断】了解病史和用药情况，鸽群在供给高锰酸钾饮水前健康状况，根据水槽内的高锰酸钾溶液呈现紫褐色程度，判定其浓度，调查连续饮用高锰酸钾水的时间。根据症状和病理剖检，可初步确诊。

【防治】在使用高锰酸钾饮水时，应准确计算用量，并掌握供给次数，而且使用过程中应密切观察鸽群状态。发现疑似中毒，立即全部清除水槽内高锰酸钾水溶液，并冲洗干净。紧急投喂高糖奶粉液或新鲜牛奶，少数严重鸽给予人工灌服鸡蛋清后再喂高糖奶粉液。立即供给清洁的饮水，并在其中加入多种维生素等营养物质。保健砂中拌入一定量的酵母片、益生菌制剂恢复肠道菌群。

5. 磺胺类药物中毒

磺胺类药物是防治鸽细菌性传染病和原虫病的常用药物，但应用不当也会引起中毒。中毒多是由于长时间或大剂量给鸽投服的结果。其毒性作用主要是损害肾脏，破坏肠道正常栖居菌群，抑制肠内维生素 K 和 B 族维生素的合成，干扰钙的代谢和蛋壳合成，以及引起黄疸、过敏反应、免疫抑制等。

【病因】主要与磺胺类药物的使用剂量、使用时间及肉鸽的年龄有关。肉鸽一次误服大剂量的药物，或连续用药时间在 7 天以上，都能引起严重中毒。此外，幼鸽、体质瘦弱或饲料中缺乏维生素 K 时，更易引起中毒。

【临床症状】发生磺胺类中毒后，病鸽表现为精神委顿，羽毛松乱，食欲减退或废绝，烦渴，全身虚弱，贫血，黄疸，呼吸困难。病鸽下痢，粪便呈酱油色，有时也呈灰白色。幼鸽生长停滞，产蛋鸽产蛋量急剧减少，出现软壳蛋或薄壳蛋，蛋壳粗糙。急性中毒主要表现为贫血或眼睑出血，有时还有兴奋、摇头、惊厥、麻痹等神经症状，严重的出现死亡。

【病理变化】死亡个体剖检，可见皮下、胸肌及腿内侧肌肉有点状或斑状出血，腺胃、肌胃角质膜下及肠管黏膜出血。肝脏肿大，呈紫红或黄褐色，有出血斑点，胆囊扩张，脾脏肿大。肾脏肿大，呈土黄色，有出血斑。产蛋母鸽输卵管变粗，充满白色尿酸盐。心包积液，心外膜出血，血液稀薄，凝血时间延长。

【防治】使用磺胺类药物时，用量要计算准确，饲料用药搅拌应均匀，连续用药时间一般不超过5天。尽量选用含抗菌增效剂的复合磺胺类药物，治疗肠道疾病时，应尽量选用在肠道内吸收率低的磺胺类药物。同时，应注意用药的同时提高饲料中B族维生素和维生素K的含量，供给充足的饮水。1月龄以下的乳鸽和产蛋鸽应尽量避免使用磺胺类药物，青年鸽对磺胺类药物的耐受性相对较强。

在应用磺胺类药物时，一旦发现中毒，应立即停止用药，供给充足的饮水，也可饮用1%～2%碳酸氢钠（小苏打）溶液或5%葡萄糖水，同时添加多种维生素（特别是维生素K、维生素C），症状严重的病例每只口服25～50毫克维生素C，或肌内注射50毫克维生素C，或与叶酸同时进行肌内注射。